国家自然科学基金 11702240（直升机系统气弹响应稳定性及分岔行为研究）
国家自然科学基金 11547215（直升机旋翼/机身耦合动不稳定性的物理机理及方法研究）

机械工程计算动力学

周　薇　刘大琨　周临震　成玉群　**主编**

天津出版传媒集团
天津科学技术出版社

图书在版编目（CIP）数据

机械工程计算动力学 / 周薇等主编. -- 天津 : 天津科学技术出版社, 2024. 11. -- ISBN 978-7-5742-2523-7

Ⅰ. TH113

中国国家版本馆 CIP 数据核字第 2024H5M642 号

机械工程计算动力学

JIXIE GONGCHENG JISUAN DONGLIXUE

责任编辑：王　冬

责任印制：兰　毅

出　　版：天津出版传媒集团
天津科学技术出版社

地　　址：天津市和平区西康路35号

邮　　编：300051

电　　话：（022）23332377

网　　址：www.tjkjcbs.com.cn

发　　行：新华书店经销

印　　刷：河北万卷印刷有限公司

开本 710×1000　1/16　印张 16.75　字数 280 000

2024年11月第1版第1次印刷

定价：98.00元

前言
preface

随着现代工业的发展，机械系统变得日益复杂，涉及多个领域的交叉研究，如材料科学、流体动力学和自动化控制等。在工业革命的推动下，机械工程的设计和分析方法逐渐演变为复杂的多学科交叉技术。与此同时，计算技术的迅猛发展使复杂动力系统的分析和模拟成为可能。在这样的背景下，机械工程中的动力学研究尤为重要。动力学是研究物体运动及其原因的科学，在机械工程中的应用非常广泛，包括振动分析、机械设计、系统控制等方面。

在现代工程中，许多机械系统在设计和运行过程中需要精确的动力学分析，以确保系统的安全性、稳定性和效率。这不仅涉及常见的线性振动问题，还涉及非线性动力学现象，如混沌运动和复杂系统的耦合行为。随着科技的进步，工业设备和机械系统的设计要求也越来越高。对机械系统进行准确的动力学建模和分析，能够有效预测和优化系统的性能，延长使用寿命。例如，在汽车工业中，车辆的悬挂系统、发动机的振动特性分析对于整车的舒适性和安全性至关重要；在航空航天领域，飞行器的结构振动和稳定性分析是设计过程中的重要环节；能源行业中的风力发电机、核电站的设备振动分析也对设备的稳定运行具有重要意义。通过深入的振动分析和动力学研究，工程师可以更好地理解复杂机械系统的行为，从而在设计和操作中作出更明智的决策。这不仅有助于提高生产效率，延长设备寿命，还能够显著降低维护成本和事故风险。

本书全面地阐述了机械工程中动力学分析的基本理论和应用方法，全书共分为 7 章，系统地介绍了从单自由度系统到无限自由度系统的动力学分析。第 1 章和第 2 章分别介绍了单自由度和多自由度系统的振动分析，第 1 章详细介绍了单自由度系统的基本振动理论、无阻尼和有阻尼系统的自由振动、简谐力激励下的受迫振动以及一般周期激励下的振动分析，第 2 章介绍了多自由度系统的振动理论、固有频率与固有振型、无阻尼系统的自由振动和受迫振动、比例阻尼系统的振动以及一般黏性阻尼系统的振动；第 3 章探讨了无限自由度线性系统的振动行为，包括弹性杆的纵向振动、弹性轴的扭转振动和弹性梁的弯曲振动；第 4 章至第 6 章专注于非线性动力系统的研究，第 4 章讨论了非线性动力系统的建模方法，包括理论建模和实验建模，第 5 章介绍了非线性动力系统的定性分析方法（如稳定性理论、相平面分析和奇点分析），第 6 章深入探讨了非线性动力系统的近似解析方法，包括谐波平衡法、摄动法、平均法、多尺度法以及切比雪夫级数方法；第 7 章则集中于混沌运动与控制，分析了工程中常见的混沌现象及其分析与判断方法。

本书具有全面性和实用性，通过系统地介绍动力学分析方法，为读者提供了一个完整的知识体系，不仅包含传统的线性振动分析，还深入探讨了非线性动力学和混沌理论，满足了从初学者到高级研究人员的不同需求。书中提供了大量的实际应用案例，能够帮助读者更好地理解理论知识并应用于实际问题。本书还通过图示、表格和数值模拟结果，使复杂的理论更加直观易懂。这本书是机械工程师和动力学研究人员的理想参考书，也是学生和研究人员学习动力学的宝贵资源。

目录
contents

第1章　单自由度系统

1.1　单自由度系统的振动

1.1.1　振动的基本知识

1. 振动的定义

提到振动，人们会自然联想到生活中随处可见的振动现象，如水面因受到外力作用产生振动而形成波纹、人耳因声波使鼓膜振动而听到声音、人的血液因心脏不断跳动而流动、人眼因光波的振动而看见周围的物体等。本书所说的振动主要指的是机械振动，即机械产品经过动态设计后整体结构在多数情况下的振动响应。

机械振动通常简称为振动，是一种在工程实践中经常遇到的物理现象，表现为物体在外力干扰下，在某一平衡位置附近进行的周期性往复运动。最直接的机械振动示例就是一个挂在弹簧上的物体因受到外界扰动后所展示的上下摆动。在更广泛的工程应用中，振动更是随处可见，如桥梁在车辆驶过时产生的振动，或是由于转子不平衡产生的汽轮机和发电机的振动，这些都属于振动现象。那么，什么是振动呢？为了便于理解，振动的定义可以表述为在特定的物理条件下，任何振动物体围绕其平衡位置的往复性机械运动。这种运动可以是简单的单一频率振动，也可以是复杂的包含多种频率成分的振动，但无论是简单的振动还是复杂的振动，它们最基本的特征都是围绕一个平衡点的周期性运动，这一点也是理解和分析各种机械振动现象的关键。

既然振动如此常见，那么振动到底是好是坏？这个问题的回答是双向的。在日常生活中，不平整的道路会使汽车产生振动，海上航行的轮船在遇到大浪时会颠簸不安，飞机的机翼颤振和发动机的异常振动可能导致严重的飞行事故，这些都会严重影响乘客的安全和健康。在工业生产中，振动的存在会降低精密仪器的测量和加工精度以及机械设备的运行效率，并加速机械结构的疲劳和磨损，从而缩短设备的使用寿命。机械振动还会产生噪声，这不仅会影响工作环境的舒适性，还可能对人的听力造成损害，特别是位于居民区附近的工业活动（如工厂机器的运行、交通工具的行驶等）很可能因振动而产生噪声，干扰到居民的日常生活和休息。从这个层面上讲，振动会带来一定的危害。

但当我们更深入地理解振动的机理时就能发现，机械振动还存在许多有益的方面，研究人员能够利用机械振动不断开发出新的应用方式，从而有效地将这一现象转化为有益的技术和解决方案。从 19 世纪瑞士人发明的利用摆振进行计时的钟表，到现代使用晶振进行精确计时的石英钟，都充分利用了振动的原理；而振动筛选机、振动研磨机和振动测量传感器等各种工业设备也都是基于振动技术开发的实用工具，在生产过程中发挥着重要作用。这些应用充分展示了振动技术的积极作用，推动了科技和工业的发展，也为日常生活带来了便利和进步。通过创新的工程应用，振动的积极潜力能够被进一步挖掘，预示着它在未来科技中的地位将会不断提高。因此，理解和控制机械振动是现代工程技术中一个重要的课题。

基于振动现象的多样性和复杂性，人们想要有效地处理振动问题，必须深入了解振动的本质，弄清楚振动产生的根本原因，然后通过识别和理解振动的规律预测振动的潜在影响，并根据具体情况制定策略，采取适当的措施以防止振动引发的结构损坏或功能失效等有害影响，同时要利用振动的积极作用，实现在各种工程和技术应用中的优化。

2. 一般振动问题

对于一般的振动问题，人们将产生振动的结构称为“系统”，把作用于系统的所有外部激励因素称为“输入”，将系统对于输入的响应称为“输出”。一般振动问题的组成如图 1-1 所示。

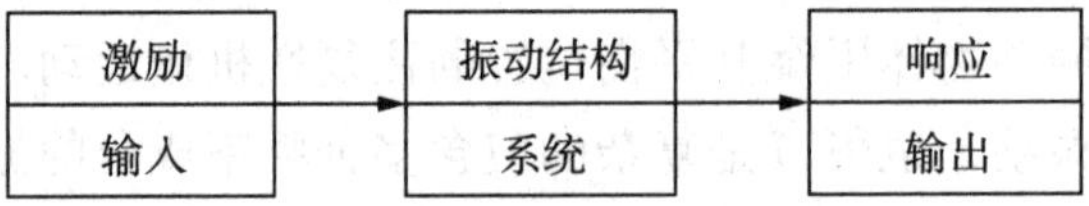

图 1-1　一般振动问题的组成

根据图 1-1 可知，一般振动问题可以转化为输入、系统和输出三个部分之间的关系推导问题，这不仅有助于清晰地理解和分析振动的产生及传播过程，还能详细地分析如何通过外部激励影响系统以及系统如何响应这些激励并产生输出。这种模型化的方法是工程和科学领域分析动态系统行为的基础，被广泛用于振动控制、噪声管理、结构健康监测等多个重要领域。

既然明确了振动问题的组成，我们就可以根据不同的研究目的采用不同的研究方法。一般的振动问题主要分为以下三类。

（1）已知激励和系统特性，求系统响应。这一问题也被称作系统动力响应分析，是处理振动问题的一种基本方法，属于振动学中的正问题。在许多情况下，传统的静力分析无法满足现代工程对产品设计的复杂要求，因此系统动力响应分析逐渐受到了更多的重视。在进行这种分析时，工程师首先需要根据已知的激励和系统特性简化振动系统，形成一个合理的数学模型；然后通过应用特定的数学方法（如差分方程、傅里叶分析等）来求解这一模型，从而得到关于系统响应的详细信息（如位移、应力等关键参数），这些数据有助于评估振动结构设计的合理性。如果发现系统的动态响应不能满足设计要求，工程师就必须对结构进行必要的修改。通过这种方法，工程师能够在设计阶段预测和解决可能的问题，提高产品的性能，从而在多种工程应用中获得满意的结果。

（2）已知激励和系统响应，求系统特性。这一问题也被称为振动的反问题或系统识别问题。这类问题实际上起源于振动的正问题，即当系统响应不满足设计要求时，工程师常常需要对系统结构进行修改。传统上，结构修改主要依赖经验进行，这种方式往往具有一定的盲目性，导致修改后的结构效果不尽人意，且效率低下。在实际应用中，除了一些特殊的非线性问题，大多数振动问题中的输入、系统及输出之间存在确定性的关系。基于这种关系，研究者在假定系统性质为线性、定常和稳定的基础上，开发了多种系统识别技术，能够精确地从已知的激励和响应数据中逆向计算出系统的关键参数。这种系统识别技术可以更科学地指导结构的优化和调整，从而提高设计的准确性和效率，确保系统性能达到预期目标。系统识别技术在工程实践中的应用能够极大地提高问题解决的效率和精度，成为现代工程分析十分重要的一部分。

（3）已知系统特性和系统响应，求激励。这一问题也被称为振动问题的第二种反问题或环境预测问题，在实际工程应用中非常常见，尤其是在汽车和飞机的运行以及地震、风浪等自然因素引起的建筑物振动分析中。这些情况下的振动结构的性质通常是已知的，系统的动力响应也可以通过各种传感器和测量技术轻易地获得，只不过实际作用于这些结构的外部激励往往难以直接测量或确定。为了准确预测和分析在这些特定外部激励下原有结构及新设计结构可能产生的动力响应，工程师必须精确地确定这些激励的性质。这种问题的解决通常依赖于高级数学和物理模型，并结合现代计算技术，通过逆向工程方法从已知响应推导出未知激励，这不仅有助于更好地理解和评估现有结构的抗震或抗风性能，还能为新结构设计提供重要的参考数据。通过这种方式，工程师可以设计出更为安全和稳定的结构，以抵御未来可能遇到的各种环境激励，有效预防潜在的安全问题。

3. 振动的分类

（1）振动系统根据激励的类型可以分为三种主要形式。

①自由振动。这种振动发生在系统受到初始干扰（如初位移或初速度）之后，或者原有的外部激励被取消后。这种情况下，系统在没有任何持续外力作用的条件下，会按照其固有的自然频率进行振动。自由振动通常用来研究系统的固有特性，如自然频率和阻尼比等，这种振动的衰减行为主要由系统内部的阻尼特性决定。

②强迫振动。当受到持续的外部力（如周期性力、随机力等）作用时，系统会产生强迫振动。这类振动的频率和幅度不仅受到外力特性的影响，还受到系统自身特性的制约。工程中常见的机械设备上的不平衡力、交通工具在不平整路面上行驶时的振动等都属于强迫振动，研究强迫振动对于设计防振措施和提高结构的动态响应至关重要。

③自激振动。这种振动类型在系统中因输入和输出之间存在反馈回路而产生。自激振动不需要外部激励的持续作用，系统内部的能源补充足以维持振动的产生。典型的自激振动包括空气动力学引起的颤振、机器中的摩擦产生的振动等。自激振动的研究对于理解和控制不稳定振动行为至关重要，特别是在防止灾难性故障方面，如桥梁崩塌或飞机部件失效等。

（2）振动系统的输出或响应可以根据振动规律分为四种主要类型。

①简谐振动。简谐振动是最基本的振动形式，其振动量可以表示为时间的正弦或余弦函数。简谐振动是理想化的模型，它假设系统无阻尼且激励完全为周期性的。在实际应用中，许多复杂的振动行为可以近似为简谐振动，特别是在工程设计和分析中。这种振动形式能够使分析变得简单，因为它允许使用线性振动理论来预测系统的行为。

②周期性振动。周期性振动是一种更广泛的振动类型，其振动量不再只是正弦或余弦函数，而是可以表示为任何形式的周期函数。周期性振动包括由多个简谐振动组合而成的复合振动，每种组成都可能有不同的频率和幅度。周期

性振动在机械系统中非常常见，如由多个旋转部件引起的振动。

③瞬态振动。瞬态振动的振动量可以表示为时间的非周期函数，这种振动通常在系统受到瞬间冲击或突变激励时出现，并在一定时间后消失。瞬态振动对于理解系统如何对突发事件作出反应非常重要，如在地震工程中分析建筑结构的响应，或在车辆碰撞分析中评估结构的安全性。

④随机振动。与上述振动类型不同，随机振动的振动量不是时间的确定性函数，而是具有随机性质。这种振动通常源自复杂的自然现象或不可预测的工程环境，如车辆在不规则路面上行驶产生的振动，或风力作用下的桥梁振动。随机振动的分析通常需要应用概率统计方法，以评估系统的行为和可靠性。

（3）振动系统按照自由度的不同可以分为三种类型。

①单自由度系统的振动。单自由度系统的振动是最简单的振动系统类型，其中系统的动态行为可以通过一个单一的独立广义坐标来描述。例如，一个质量块挂在弹簧上并在重力作用下进行垂直运动的系统，其位置的变化可以用一个坐标（即垂直位移）来表示。单自由度系统常用于基本的振动学教学和简单系统的动态分析，其数学模型相对简单，容易理解和求解。

②多自由度系统的振动。在更复杂的工程应用中，许多系统不能只通过一个坐标来描述，而是需要多个独立坐标来定义系统的状态。这种类型的系统可能包括多个质量块、弹簧和阻尼器，每个部件都可以进行独立的运动。例如，一座建筑物在地震作用下产生振动时，每一层的运动都可以视为一个独立的自由度。多自由度系统的分析涉及更复杂的数学模型和计算方法，如矩阵运算和模态分析。

③弹性体振动。对于连续介质（如桥梁、大型机械臂或飞机翼等），振动分析变得更加复杂。这些系统可以被视为具有无穷多自由度的系统，它们的每一部分都可以独立振动，而这些振动又相互依赖。这种类型的振动分析通常需要使用偏微分方程来描述，涉及复杂的数值方法和有限元分析技术，以模拟和预测系统的动态响应。弹性体振动分析对于确保结构的完整性和功能安全至关重要，特别是在设计防震、抗风等性能时。

（4）在振动分析中，系统的行为可以通过系统描述的微分方程分为线性振动和非线性振动两大类。

①线性振动。这类系统的动力学分析可以通过常系数线性微分方程来描述。在这些方程中，系统的惯性力、阻尼力和弹性力与加速度、速度及位移分别成正比。线性振动的关键特征是响应与激励之间保持线性关系，即系统的输出是

输入的线性函数。这种简化假设使问题的求解和理解变得相对容易。线性振动的解通常包括固有频率和模态的分析，这些都是设计和调整机械系统时非常重要的方面。例如，通过线性振动分析，工程师可以预测和控制机械部件在正常运行条件下的振动行为，从而优化机械部件的性能。

②非线性振动。对于许多实际系统，其动态行为并不能完全由线性微分方程描述，而是需要用包含非线性项的非线性微分方程来描述，如方程中可能包括与位移的高次幂成正比的项，或者阻尼和刚度系数随位移或速度的变化而变化。非线性振动分析更为复杂，因为系统的行为可能包括跳跃、分岔或混沌等现象，这些都是线性系统所不具备的。非线性振动分析在高速旋转机械、大幅度运动的结构等领域尤为重要。

1.1.2 单自由度系统振动的理论分析

1. 一般的振动分析

一个振动系统本质上是一个动力系统，其外部激励和系统的振动响应均随时间变化，所以在工程和科学的实践中正确理解和预测这些动态响应是至关重要的。由于大多数工程系统的结构和运作机制相当复杂，全面地将所有实际因素纳入数学模型中会使问题的解决变得极其困难。为了有效地应对这些挑战，工程师通常采取简化模型的策略，即只考虑系统中最关键的特性。这种方法虽然忽略了一些可能的影响因素，但仍能够在不牺牲过多准确性的前提下，精确预测系统在特定输入下的行为。例如，在设计一个桥梁时，工程师可能会只考虑主要载荷的影响，而忽略风速较小时的风载作用。众多工程实践表明，即使对于复杂的振动系统，这种适当的简化也能使工程师大致了解系统的动力学行为，这种方法不仅能使问题的处理变得可行，还能在保证足够精度的同时，显著提高分析和设计的效率。这种策略还有助于在初期设计阶段快速评估多种设计方案，确定最有可能成功的设计策略，为后续的详细分析和优化打下坚实的基础。工程师能够通过这种平衡方法在复杂的实际应用中实现对振动问题的有效控制和解决，从而确保系统的功能和安全性。一般的振动分析主要分为以下几步。

（1）建立振动系统物理模型。进行机械系统振动研究的首要任务是确定与所研究问题有关的系统元件和外界因素，构建对应的物理模型，从而理解系统如何对外部激励作出反应。这一过程通常涉及在复杂系统中识别和简化关键组件。例如，汽车在不平坦道路上行驶时会由于路面的不平整发生颠簸，进而引发汽车的振动。虽然汽车由车身、悬挂系统、轮胎等多种组件组成，每个组件都在不同程度上影响着汽车的整体性能，但在这种振动情况下，相比于车身和其他硬性部件，悬挂系统的弹簧和轮胎的柔性对于吸收路面带来的冲击更为关键。因此，一个合理的简化模型需要主要考虑这些柔性组件的特性，适当忽略相对刚硬的车身变形。通过建立这样一个简化的理想物理模型，工程师可以有效地模拟汽车对颠簸的响应，从而进行振动分析。汽车颠簸引发振动的简化物理模型如图 1–2 所示。

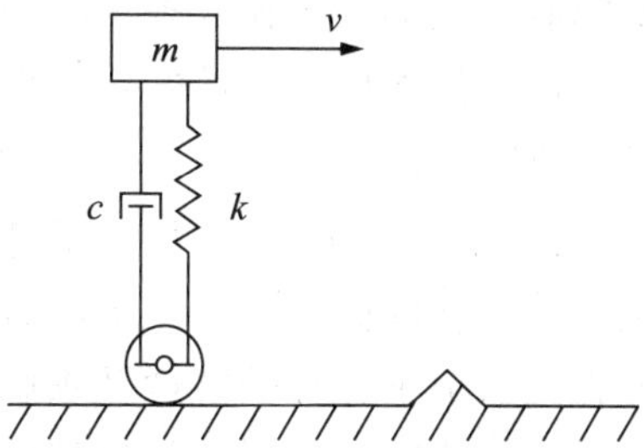

图 1–2　汽车颠簸引发振动的简化物理模型

图 1–2 的模型虽然简化了实际情况，但通常能够提供与实际系统相接近的分析结果，足以用于初步设计和问题诊断。但适用于某一分析的物理模型并不一定适用于所有情况，对于不同的工程问题，工程师可能需要根据具体的分析目标和精度要求重新评估和调整模型。例如，如果分析需要更高的精度，工程师可能就需要考虑汽车其他部件的动态特性，甚至是车辆在不同速度下的动态行为，这可能涉及更复杂的模型和更高级的计算技术。因此，工程师在进行振动分析时，必须清楚地理解各个因素对系统响应的影响，并能够根据需要灵活选择或修改物理模型。这种能力不仅能优化设计，还能确保在遇到复杂工程挑战时采取合适的解决策略。通过这样的分析，工程师可以在设计阶段预测潜在问题，从而采取预防措施，提高系统的性能。

（2）建立振动运动微分方程。建立物理模型是机械工程中解决振动问题的关键步骤，其目的是揭示系统的重要特性并得到描述系统动力学行为的方程。在得到所研究系统的物理模型后，应用物理定律对模型进行分析是必要的步骤，这有助于构建描述系统特性的方程。振动问题的物理模型通常表现为振动微分方程的形式，这种形式可以精确地表达系统的动态行为和响应。建立振动运动微分方程需要先选取系统的广义坐标，广义坐标能够代表系统中各组成部分的位移和旋转等动态参数；然后根据牛顿第二定律、定轴转动微分方程、拉格朗日方程等力学理论，构建描述系统动态的运动微分方程。牛顿第二定律适用于直接根据力和加速度关系建模的情况；拉格朗日方程则适用于更复杂的系统，特别是那些受约束和具有多自由度的系统，因为它能够从能量守恒的角度提供一种更为系统和全面的建模方法。对于多自由度振动系统，除了上述基本方法，工程师还可以利用其他技术和方法来建立系统的方程，如哈密顿原理或达朗贝尔原理等，这些方法有助于处理系统中存在的各种动态相互作用和非线性特性，使模型更加贴近实际，从而更准确地预测和分析系统在实际运行中的表现水平。通过这些数学模型，工程师能够预测系统在各种工况下的性能，分析可能出现的问题，并据此优化设计。这不仅能提高设计的可靠性和效率，还能为处理更复杂的振动问题打下坚实的理论基础。

（3）求解振动运动微分方程。一旦运动方程被建立，下一步就是求解，这是了解和分析机械系统振动特性的关键步骤。求解方程的方法主要分为解析法和数值方法，选择哪种方法取决于方程的特性及求解的复杂性。对于线性振动方程，解析法是首选，因为它可以提供明确的解析解，这些解通常可以直接表示为时间的函数，如三角函数或指数函数。这种方法的优势在于能够直接得到系统在任意时间点的位移、速度和加速度，从而完整地描述系统的动态行为。解析解不仅有助于深入理解系统的物理特性（如固有频率和阻尼比），还能明确地显示系统响应随时间变化的精确路径。对于非线性振动方程，解析法往往不可行，因为非线性方程可能不具有封闭形式的解，或者解析解极为复杂，难以直接应用。在这种情况下，数值方法成为必要的工具。数值方法包括有限差分法、有限元分析和 Runge–Kutta 方法等，可以通过逐步逼近的方式来计算方程的解。这些方法通过离散化时间和空间变量，能够将连续的微分方程转换为一系列可以用计算机算法求解的离散问题。使用数值方法求解振动问题可以得到系统在离散时间点的响应数据，这对于揭示非线性效应如何影响系统行为尤为重要。例如，在考虑材料的非线性特性或复杂边界条件时，数值解可以提供系统响应的详细视图，帮助工程师评估和优化设计。无论是解析解还是数值解，最终得到的数学表达式为时间函数形式的振动位移、速度和加速度提供了洞察力。这些表达式不仅能表明系统运动的性质，还能揭示系统性质与外界作用之间的复杂关系。通过这种方式，工程师可以更好地理解和预测系统在实际操作中的表现水平，从而设计出更加可靠和有效的机械系统。

（4）分析方程结果。有了方程的解之后，进一步的分析是必不可少的，这有助于揭示分析结果对设计的具体指导作用。这种分析通常包括评估解的特点和规律、检查解是否满足系统的设计要求以及是否与结构的特点相协调。例如，通过分析振动响应的频率内容，工程师可以判断是否存在可能引起共振的风险，这对于避免潜在的结构故障至关重要。解的分析还可以指导对结构的优化设计，如果分析结果显示现有设计未能有效抑制或隔离振动，工程师可能需要对设计进行修改，如增加阻尼、改变结构的刚度或者调整系统的质量分布。这些修改能够改进系统的动态响应，使系统更能满足操作安全、耐用性和性能效率的要求。在进行这些分析时，工程师还可以利用方程的解来进行敏感性分析，探究不同设计参数变化对系统行为的影响，这有助于识别哪些参数是设计中的关键因素，以及它们如何影响系统的整体表现水平。通过对这些关键参数进行精细调整，工程师可以优化设计，实现性能的最大化。最终，这些分析结果可提供实际操作中系统性能的详细预测，并为解决具体工程问题提供最佳方案，不仅能提高设计的可靠性和实用性，还能确保系统在预期的工作条件下表现出最优性能，从而在保证安全和效率的同时，延长设备的使用寿命。

2. 单自由度系统的振动分析

单自由度系统（single degree of freedom system, SDOF system）是振动分析中最基本和最简单的模型，为人们理解和探究更复杂的振动系统提供了基础条件。那么到底什么是单自由度系统呢？单自由度系统指的是一种只需一个广义坐标就能完全描述其质量振动的系统。典型的单自由度系统如图 1-3 所示。

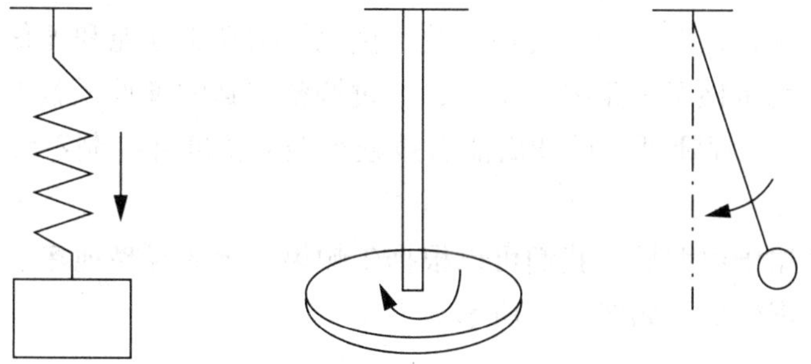

（a）弹簧-质量系统　　（b）扭振系统　　（c）单摆

图 1-3　典型的单自由度系统

单自由度系统由于仅涉及一个坐标方向的振动，因此其结构和分析相对简单。工程师可以通过深入分析单自由度系统，清晰、直观地掌握机械振动的核心概念、基本原理以及解决问题的方法，从而更好地理解单一元素的振动行为，并为研究更为复杂的多自由度系统和无限自由度系统建立理论基础。在实际应用中，如在建筑工程、机械制造、航空航天等领域，单自由度模型经常被用来分析初步的动态响应和进行系统设计的基础研究，从而有效地预测和控制各种机械设备和结构的振动现象，提高它们的性能，延长使用寿命。例如，通过对单自由度系统进行分析，工程师可以预测在特定外力作用下系统的自然频率和阻尼行为。因此，单自由度系统不仅是振动学领域的基石，也是设计和分析各种工程结构和机械设备中十分重要的一环，工程师和研究人员通过掌握这一系统的动态特性，能够更好地设计出安全、高效且经济的机械系统。

在理论分析中，所有的单自由度系统都可以通过抽象化处理被简化为一个基本的振子模型。在这个模型中，系统中所有的质量被假定集中在一个点上，这一点被称为当量质量点，通常表示为质点 m。同样，系统的所有弹性特性也被假设为集中在一个单一的弹簧上，这个弹簧具有当量刚度，其弹性系数表示为 k。由于系统在发生振动时会因系统内部摩擦或外部介质的阻力而产生能量耗散，因此这个振子模型中必然包含一个阻尼元件，其阻尼系数为 c。因此，一般的单自由度振动系统中通常包括三个主要部分：一个具体的质量点 m、一个弹性系数为 k 的弹簧以及一个阻尼系数为 c 的阻尼元件。这样的简化使复杂的动力学问题变得易于处理和分析。系统的动态行为不仅受这些内部特性的影响，还可能受外部激振力 F 的作用，这种力可以是周期性的，也可以是随机的，如机械设备上的不平衡负载或结构受到的风载等。基于这种单自由度振动系统的分析，工程师可以确定系统在各种动态荷载下的响应，包括振动的幅度、频率和衰减行为，这对于设计防振系统、优化结构动态性能和评估系统在特定动态荷载下的稳定性至关重要。例如，通过调整弹簧的弹性系数 k 和阻尼元件的阻尼系数 c，工程师可以设计出能有效减小振动幅度并控制系统自然频率的机械系统。

了解了振子模型后，我们可以根据牛顿第二定律轻易地建立起单自由度振动系统的物理模型，如图 1–4 所示。

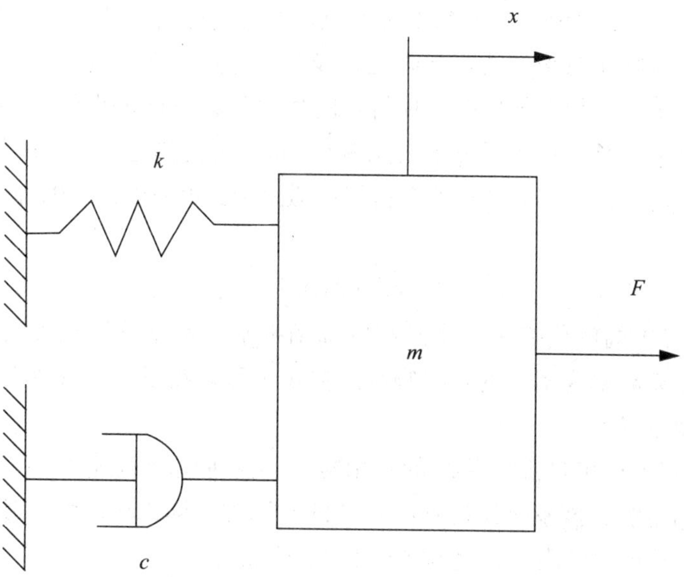

图 1-4 单自由度系统的物理模型

在单自由度系统的物理模型中，系统的弹性系数 k 和阻尼系数 c 被假设为常数，系统的广义坐标则以水平方向的 x 坐标表示。基于牛顿第二定律，我们可以推导出描述系统动态行为的微分方程，即

$$F(t) = m\ddot{x} + c\dot{x} + kx \tag{1-1}$$

式中，m 为质量；$\ddot{x}$ 为质量点的加速度；$\dot{x}$ 为速度；x 为位移；$F(t)$ 为作用在系统上的外力，为时间 t 的函数。

式（1-1）是一个典型的二阶线性非齐次微分方程，它准确地描绘了单自由度振动系统在外力作用下的动态响应。方程的右边包含了与系统固有特性相关的三个主要部分，即质量、阻尼和刚度，这些共同定义了系统的自然频率和阻尼比。左边的 $F(t)$ 为外加激振力，表示系统的输入特性，这个力可能是周期性力、随机力或任何其他形式的动态荷载，系统的响应特性会随着外加激振力的变化而变化。方程中的阻尼系数 c 不仅会影响系统达到稳态的速度，还会影响振动的衰减率，在实际应用中，工程师通过适当的阻尼设计可以显著提高系统的性能，这一点在减震器和地震工程应用中尤为明显。

在机械动力学中，根据外力 F 的不同类型和特性，单自由度系统可以进一步分类。例如，如果 F 是一个恒定的力，系统将表现为一个简单的强迫振动问题；如果 F 是随时间变化的（如正弦波形或其他周期性函数），系统将产生复杂的周期性响应，这种响应的性质和特点可以通过解析或数值方法来详细研究。单自由度系统根据系统是否存在阻尼以及是否受到外部激励的影响可以分为四种不同的情况，每种情况对应一种特定的物理现象和数学处理方法。

（1）无阻尼单自由度系统的自由振动。这种情况描述了一个理想化的系统，该系统没有阻尼存在，也没有外在持续的激励力，即 c=0、F=0，此时式（1–1）会变成

$$m\ddot{x}+kx=0 \tag{1–2}$$

式（1–2）的解代表了一个纯粹的简谐振动，系统的振动由其质量和刚度决定，其振动频率为系统的自然频率，揭示了系统在没有任何外力和阻尼影响下的固有动态特性。

（2）有阻尼单自由度系统的自由振动。这种情况描述了一个现实世界中普遍存在的系统，该系统没有外在持续的激励力，即 F=0，但有阻尼存在，可能表现为摩擦或空气阻力，此时式（1–1）会变成

$$m\ddot{x}+c\dot{x}+kx=0 \tag{1–3}$$

这种系统的振动会随时间逐渐衰减，直到完全停止。方程解析解表明系统响应取决于阻尼比的大小，可表现为过阻尼、临界阻尼或欠阻尼响应。

（3）无阻尼单自由度系统的受迫振动。这种情况描述了一个没有阻尼，但有外部激励的系统，即仅 c=0，此时式（1–1）会变成

$$m\ddot{x}+kx=F(t) \tag{1–4}$$

这种情况下系统的响应不仅取决于其固有属性（质量和刚度），还受外力形式的强烈影响。如果 $F(t)$ 是周期性的，系统可能显示出共振现象，特别是当激励频率接近系统的自然频率时。

（4）有阻尼单自由度系统的受迫振动。这是最一般的情况，涵盖了阻尼、外部激励和系统固有特性的综合影响，解这一方程可以展示系统在实际操作条件下的行为，包括振动的幅度、频率和衰减率。系统的稳态响应特别重要，它反映了在持续外力作用下系统达到的动态平衡状态。

1.2　无阻尼单自由度系统的自由振动

1.2.1　振动微分方程分析

1. 振动微分方程的解

根据上述内容可知，无阻尼单自由度系统的自由振动由于 c=0、F=0，因此其振动微分方程为$m\ddot{x}+kx=0$。为了更详细地解释该方程，我们可将其转化为以下形式：

$$\ddot{x}+\omega_0^2 x=0 \tag{1-5}$$

式中，ω_0代表系统的固有圆频率。

ω_0的值可以根据式（1–6）得出，即

$$\omega_0=\sqrt{\frac{k}{m}} \tag{1-6}$$

式（1–5）是一个齐次二阶常系数线性微分方程，令$x=\mathrm{e}^{st}$（$\mathrm{e}^{st}\neq 0$），代入式（1–5）可得到特征方程：

$$s^2+\omega_0^2=0 \tag{1-7}$$

解这个特征方程，得到两个复数解：

$$s=\pm\mathrm{i}\omega_0 \tag{1-8}$$

这两个解代表了系统的固有频率，其中 i 是虚数单位。因为特征根是纯虚数，所以系统将执行纯粹的正弦或余弦振动，而不会有指数增长或衰减。

利用特征方程的解，我们可以写出式（1–2）的通解：

$$x=c_1\mathrm{e}^{\mathrm{i}\omega_0 t}+c_2\mathrm{e}^{-\mathrm{i}\omega_0 t} \tag{1-9}$$

2. 振动微分方程相关概念的计算

为了更符合实际物理意义，我们可以利用欧拉公式将解转化为实数形式，因为实际系统的响应是实数值。欧拉公式如下：

$$\mathrm{e}^{\mathrm{i}\theta}=\cos\theta+\mathrm{i}\sin\theta \tag{1-10}$$

应用式（1–10）可将式（1–9）重写为

$$x = C_1 \cos \omega_0 t + C_2 \sin \omega_0 t \tag{1-11}$$

式中，C_1 和C_2 都是由初始条件决定的实数常数，由初始条件中的初始位移和初始速度决定。

对于无阻尼单自由度系统，位移 x 的表达可以转换成更通用的三角函数形式，这有助于直接表示振动的初始条件（初始位移和初始速度），即

$$x = A \sin(\omega_0 t + \psi_0) \tag{1-12}$$

式中，A 为振幅，表示系统从静平衡位置振动的最大偏离；ψ_0为初始相位角，表示振动在 t=0 时的相位；ω_0为系统的固有圆频率，表示系统振动的自然频率，单位是 rad/s。

振幅 A 可以通过以下公式计算：

$$A = \sqrt{C_1^2 + C_2^2} \tag{1-13}$$

初始相位角ψ_0可通过以下关系确定：

$$\psi_0 = \arctan\left(\frac{C_1}{C_2}\right) \tag{1-14}$$

无阻尼单自由度系统完成一次完整振动所需的时间称为周期，用 T_n 表示，单位为 s。系统在 1 s 内完成振动的次数称为固有频率，用f_n 表示，单位为 Hz。周期 T_n 与频率f_n 互为倒数，可以通过以下公式表示：

$$T_n = \frac{2\pi}{\omega_0} \tag{1-15}$$

$$f_n = \frac{1}{T_n} = \frac{\omega_0}{2\pi} \tag{1-16}$$

式中，ω_0为系统的固有圆频率，与系统的质量 m 和弹簧的弹性系数 k 有关，取值为$\sqrt{\frac{k}{m}}$。

3. 初始时刻的概念计算

假设 t=0 时，位移$x = x_0$，速度$\dot{x} = \dot{x}_0$，将其代入式（1-11）中，可以得到 C_1 和 C_2 的值，即

$$C_1 \cos(0) + C_2 \sin(0) = C_1 = x_0 \tag{1-17}$$

接下来，我们对式（1-11）求导，得到速度表达式：

$$\dot{x} = -C_1\omega_0 \sin\omega_0 t + C_2\omega_0 \cos\omega_0 t \tag{1-18}$$

应用初始位移条件$C_1 = x_0$，可得

$$-x_0\omega_0 \sin(0) + C_2\omega_0 \cos(0) = C_2\omega_0 = \dot{x}_0 \tag{1-19}$$

从而得到

$$C_2 = \frac{\dot{x}_0}{\omega_0} \tag{1-20}$$

将确定的 C_1 和 C_2 的值代入式（1-11），可得

$$x = x_0 \cos\omega_0 t + \frac{\dot{x}_0}{\omega_0}\sin\omega_0 t \tag{1-21}$$

根据式（1-13）和式（1-14）可以计算出振幅 A 和初始相位角ψ_0，即

$$A = \sqrt{x_0^2 + \left(\frac{\dot{x}_0}{\omega_0}\right)^2} \tag{1-22}$$

$$\psi_0 = \arctan\left(\frac{\omega_0 x_0}{\dot{x}_0}\right) \tag{1-23}$$

通过振幅和初始相位角的确定，我们可以精确地描述系统在任意时刻的位置，这对于工程设计和故障分析等应用场景至关重要。

1.2.2 实例解析

在工程实践中，许多复杂的结构系统可以通过某些简化处理等效为单自由度系统，以便进行动力学分析。这种简化非常有用，它可以使用简单的数学模型来预测和分析系统的行为。例如，在地震工程中，高层建筑的动态响应常常通过单自由度模型来分析，即将整个建筑视为一个等效的质量点，用一根等效的弹簧来模拟建筑的刚度，阻尼则代表能量耗散机制，这个模型可以用来估计建筑在地震作用下的最大位移、加速度和内力；车辆的悬挂系统可以被模拟为一个单自由度系统，用以分析车辆在不平路面行驶时的动态性能，在这种模型中，车辆的车身被视为质量点，悬挂和减震器则分别对应弹簧和阻尼器；用于模拟设备在各种振动环境下性能的振动台也可以简化为单自由度模型，其中台面的质量、台面与驱动机构之间的弹簧刚度和阻尼被用于定义系统的动力学特

性。将复杂系统简化为单自由度模型允许工程师使用解析或数值方法来解决实际问题，这在工程设计和分析中极为重要。通过对这些基本模型进行研究，工程师可以更好地理解和控制结构系统在各种外力作用下的行为。

1.单自由度扭转振动系统

单自由度扭转振动系统是一个由刚性圆盘和轴组成的系统，其中圆盘可以绕轴自由扭转。

现假设圆盘为均质刚体，轴为均质体，且在分析中忽略轴的质量，仅考虑其刚度。此时，扭转力矩 T 对圆盘施加一个力，使圆盘绕轴产生角位移 θ，计算扭转角 θ。

根据材料力学公式，扭转角 θ 的表达式为

$$\theta=\frac{Tl}{GJ} \tag{1-24}$$

式中，l 为轴的长度；G 为材料的切变模量；J 为截面的转动慢量，对于圆截面，$J=\frac{\pi d^4}{32}$，d 为轴的直径。

轴的扭转刚度 k_0 定义为单位扭矩所产生的单位角位移的倒数，即$k_0=\frac{\mathrm{T}}{\theta}$，将其代入式（1–24）可得

$$k_0=\frac{GJ}{l} \tag{1-25}$$

给定的系统可以描述为一个具有转动惯量 J 和扭转刚度 k_0 的动力系统。系统的运动微分方程为

$$J\ddot{\theta}+k_0\theta=0 \tag{1-26}$$

式（1–26）表明系统的角加速度$\ddot{\theta}$与角位移 θ 成比例，且方向相反。

对于给定的初始条件$\theta(0)$（初始角位移）和$\dot{\theta}(0)$（初始角速度），系统的自由振动响应为

$$\theta(t)=\theta(0)\cos\omega_0 t+\frac{\dot{\theta}(0)}{\omega_0}\sin\omega_0 t \tag{1-27}$$

这表示扭转振动系统的响应是角位移随时间变化的简谐振动，初始条件决定了振动的相位和振幅。这个扭转振动模型可用于分析和设计各种机械系统，以确

保系统在操作条件下的结构完整性和动态稳定性。

2. 单摆系统

单摆系统由一个固定的支点和一个挂在下面的摆锤组成，摆锤可在重力作用下自由摆动。摆锤通过一条理想化（无质量、无伸缩）的绳或杆与支点相连。

当摆锤振动时，其角位移用 θ 表示。对于小角度振动，摆锤所受的恢复力主要是由重力的分力引起的，这个分力与角度 θ 成正比。因此，单摆的运动微分方程可以表示为

$$\ddot{\theta}+\frac{g}{L}\sin\theta=0 \tag{1-28}$$

式中，g 为重力加速度；L 为摆长。

对于小角度振动，我们可以令$\sin\theta\approx\theta$来线性化此方程，即

$$\ddot{\theta}+\frac{g}{L}\theta=0 \tag{1-29}$$

由上述线性化的运动方程可知，单摆的固有圆频率ω_0为

$$\omega_0=\sqrt{\frac{g}{L}} \tag{1-30}$$

这表示单摆的固有频率与摆锤的质量无关，仅取决于重力加速度和摆长。这是一个重要特性，说明单摆系统的动态响应主要受系统的几何参数影响。

由固有频率ω_0可以进一步计算单摆的振动周期 T：

$$T=\frac{2\pi}{\omega_0}=2\pi\sqrt{\frac{L}{g}} \tag{1-31}$$

式（1-31）表明，单摆的振动周期与摆锤的质量无关，只与摆长和重力加速度有关，这一特性使单摆可用于测量时间和确定地球重力加速度。通过分析单摆，我们可以更好地理解如何通过调整系统的几何参数来控制振动特性，这在各种工程应用中都非常重要。

1.3 有阻尼单自由度系统的自由振动

1.3.1 阻尼的分类

在无阻尼系统的理想模型中，系统的振动理论上可以无限持续下去，振幅永不衰减。然而，在现实世界中，任何机械结构都不可能完全摆脱阻尼的影响，因为能量在不同形式之间的转换过程中总是伴随着损耗，这种能量的耗散在物理学中被称为“阻尼”，阻尼是影响系统动态特性的重要因素。

从微观角度来看，当结构发生振动时，材料内部分子间的相对运动会产生热效应，这种热效应通常是不可逆的，表明在振动过程中部分能量会转化为内部热能而被耗散掉。此外，材料在受到周期性的应力作用下可能会由于本身的不均匀性在内部出现微小的塑性变形，这些变形虽小，但也是能量耗散的一个途径，因为它们不参与振动能量的有效传递。除了材料内部的因素，结构的连接节点和支座也是阻尼产生的重要位置，这些节点往往涉及不同材料或结构部分的相对运动，如滑动或滚动接触，这些运动会因摩擦而产生热能，进而耗散动能。同样，结构周围的介质（如空气或水）也会对结构的振动产生阻力，通过流体的黏性阻尼作用来消耗振动能量。此外，当结构振动能量从结构本体传递到地基或地基所在的土壤等介质时，介质内部的摩擦也会起到阻尼作用，地基内的摩擦不仅能耗散结构的振动能量，还能影响振动波的传播特性。在动力学模型中，为了简化分析并量化这些复杂的能量耗散过程，人们常常引入一个综合反映能量耗散效果的力——阻尼力。阻尼力的引入虽然增加了计算的复杂性，却能更准确地预测实际结构的响应，有助于设计更为安全和稳定的工程结构。

常见的阻尼为黏性阻尼、迟滞阻尼和摩擦阻尼三类。

1. 黏性阻尼

在讨论黏性阻尼（viscous damping）时，我们需要明确这种阻尼力的物理本质及其在动力学分析中的重要作用。黏性阻尼亦称黏滞阻尼，指物体在黏性介质中移动时受到的与速度成正比的阻力，这种阻尼力可以用公式表示为

$$F_{\mathrm{vd}}(t) = -c\dot{y}(t) \tag{1-32}$$

式中，$F_{vd}(t)$ 为黏性阻尼力；c 为阻尼系数，是描述黏性阻尼特性的关键参数，反映了介质的黏性强度和系统的阻尼效果；$\dot{y}(t)$为物体的位移速度，负号表示阻尼力的方向与速度方向相反。

黏性阻尼的线性特性使黏性阻尼在动力学模型中尤为重要，由于阻尼力与速度成线性关系，因此相关的运动方程通常表现为一阶线性微分方程，这大大降低了数学处理和解析计算的复杂度。例如，在机械振动、建筑结构的地震响应分析等领域，黏性阻尼模型提供了一个有效的数学工具来预测和控制系统行为。黏性阻尼模型也可以与其他阻尼模型（如结构阻尼或摩擦阻尼）结合，以更真实地模拟复杂系统的动态响应。运用有限元方法等数值分析技术，工程师可以详细研究不同阻尼策略下的系统性能，优化设计并增强系统的抗灾能力。

2. 迟滞阻尼

迟滞阻尼（hysteretic damping）亦称为结构阻尼或材料阻尼，是描述材料因内部摩擦产生能量耗散的一个模型，非常适用于描述由内部材料特性引起的阻尼行为，如在金属、聚合物及其他复合材料中常见的能量损失。

在简谐振动的情况下，迟滞阻尼力 $F_{hd}(t)$ 不仅与位移 $y(t)$ 成正比，还与位移的相位相同，这意味着阻尼力相对于位移的相位超前 90°。迟滞阻尼力的数学表达式为

$$F_{hd}(t) = -i\zeta ky(t) \tag{1-33}$$

式中，i 为虚数单位，表示阻尼力与位移相位相差 90°；ζ 为迟滞阻尼系数，代表阻尼的强度；k 为系统的劲度系数，与系统的硬度有关。

由于阻尼力 $F_{hd}(t)$ 和弹簧力 $F_s(t)=-ky(t)$ 相关，而弹簧力本身就是位移 $y(t)$ 的线性函数，因此在复数形式下，迟滞阻尼力可以表示为

$$F_d(t) = i\zeta F_s(t) \tag{1-34}$$

这说明迟滞阻尼力是弹簧力的一个复数倍，其中虚数部分 i 表示迟滞阻尼力是振动位移的响应，且在相位上超前。

迟滞阻尼的一个关键特性是它提供了一个更适合描述实际材料行为的阻尼模型，特别是在材料表现出非线性或频率依赖性阻尼行为时。在结构工程、汽车工程和航空航天工程等应用中，正确模拟迟滞阻尼对于设计更为有效和安全的结构系统，以及为实际工程问题提供解决方案，都具有重要的工程意义和应用价值。

3. 摩擦阻尼

摩擦阻尼（frictional damping）又称为干摩擦阻尼，涉及因摩擦产生的能量耗散，这种阻尼形式在许多机械系统中尤为重要。当讨论摩擦阻尼时，我们通常用 $F_{fd}(t)$ 来表示摩擦阻尼力，这种力的特点是，它与物体的运动速度的方向相反，但大小与速度的大小无关，仅取决于摩擦系数和正压力。摩擦阻尼力的表达式可以表示为

$$F_{fd}(t) = -f \cdot F \cdot \mathrm{sgn}[\dot{y}(t)] \tag{1-35}$$

式中，$F_{fd}(t)$ 为摩擦阻尼力；f 为动摩擦系数，代表了滑动界面之间的摩擦特性；F 为摩擦接触面间的正压力，通常由外部荷载或系统本身的结构压力提供；$\dot{y}(t)$ 为物体的速度，而 $\mathrm{sgn}[\dot{y}(t)]$ 是一个符号函数，用来表示速度的方向，这个函数的结果是 +1 或 –1，取决于速度是正还是负。

式（1–35）的核心在于，摩擦阻尼力的方向总是与物体运动的方向相反，其大小固定，只由摩擦系数和正压力决定，这使摩擦阻尼特别适合描述那些与速度大小无关，只与方向有关的阻尼情形。

在实际应用中，摩擦阻尼经常出现在滑动接触的机械系统中，如轴承、机械接头以及其他有相对滑动部件的机构，这种阻尼可以有效地消耗能量，从而降低系统的自由振动幅度。例如，建筑结构中的隔震系统常利用摩擦阻尼来吸收地震能量，从而保护主结构免受严重损害。此外，在机械设计中，工程师通过利用摩擦阻尼减少部件的振动，可以延长机械设备的使用寿命并减少噪声。

1.3.2 黏性阻尼单自由度系统的自由振动方程

下面仍以图 1–4 所示的单自由度系统模型为例进行阐述，该系统是一个典型的质量 - 弹簧 - 阻尼系统，包括一个质量块 m、一个弹性系数为 k 的弹簧以及一个阻尼系数为 c 的黏性阻尼器。

假设系统的自由振动（F=0）开始时质量块位于原点 x=0 处，并将水平方向定义为 x 轴。质量块在沿 x 轴方向移动时，它受到来自弹簧的恢复力和阻尼器产生的阻尼力。弹簧力是质量块位移的函数，表示为 $-kx$，这意味着力的方向总是指向平衡位置并试图将质量块拉回原点。由于黏性阻尼器的存在，系统还会产生一个与质量块速度成正比的阻尼力 $-c\dot{x}$，该阻尼力的方向与速度方向相反，起到减缓质量块运动的作用。结合这两种力，可以得到系统的运动方程：

$$m\ddot{x} + c\dot{x} + kx = 0 \tag{1-36}$$

这是一个典型的二阶线性常系数微分方程，描述了有阻尼的自由振动。在这种系统中，振幅随时间逐渐减小，这是由于能量逐渐以热能或声能的形式耗散出去。

作为一个线性齐次二阶微分方程，它的解可以表示为$x = Ce^{at}$，将其代入式（1–36）中，得到

$$m(a^2)Ce^{at} + c(a)Ce^{at} + kCe^{at} = 0 \tag{1–37}$$

因为Ce^{at}不为零，我们可以将式（1–37）简化为

$$ma^2 + ca + k = 0 \tag{1–38}$$

式（1–38）是一个典型的二次方程，可以使用二次方程的求根公式来解析，解得 a 的值为$\dfrac{-c \pm \sqrt{c^2 - 4mk}}{2m}$。

在此基础上，我们定义阻尼比ξ和无阻尼自然频率ω_0如下：

$$\xi = \frac{c}{2\sqrt{mk}} \tag{1–39}$$

$$\omega_0 = \sqrt{\frac{k}{m}} \tag{1–40}$$

这样，特征方程的解可以重写为

$$a = -\xi\omega_0 \pm \omega_0\sqrt{\xi^2 - 1} \tag{1–41}$$

或者更常见的复数解形式：

$$a = -\xi\omega_0 \pm \mathrm{i}\omega_0\sqrt{1 - \xi^2} \tag{1–42}$$

这个解表示系统的自由响应，其中包括一个指数衰减项和一个振荡项。ξ的值决定了系统的振动特性。

1. 欠阻尼情况（$\xi < 1$）

在有阻尼自由振动系统中，特别是欠阻尼情况下，系统的动态响应可以通过解析方法得到，该方法利用了初值条件来确定系统的特定响应。下面我们将详细分析和计算初始扰动如何决定系统的行为。

欠阻尼状态下特征方程的解 a 为复数，则系统的通解为

$$x(t) = e^{-\xi\omega_0 t}(C_1 \cos\omega_d t + C_2 \sin\omega_d t) \tag{1–43}$$

式中，C_1 和 C_2 为由初始条件确定的待定常数；ω_d 为阻尼系统的固有振动角频率，计算公式如下：

$$\omega_d = \omega_0\sqrt{1-\xi^2} \tag{1-44}$$

式（1-43）可以表示为单一的正弦波形式，更容易从中解析初始条件，即

$$x(t) = A\mathrm{e}^{-\xi\omega_0 t}\sin(\omega_d t+\phi) \tag{1-45}$$

式中，A 为初始振幅，ϕ 为初始相位，这两个参数都由系统的初始条件确定。

假设系统的初始位移为 x_0，即 $x(0)=x_0$，初始速度为 $\dot{x}_0$，即 $\dot{x}(0)=\dot{x}_0$。将这些初值条件代入式（1-45）中，得到

$$x(0) = x_0 = A\sin(\phi) \tag{1-46}$$

$$\dot{x}(0) = \dot{x}_0 = A\omega_d\mathrm{e}^{-\xi\omega_0\cdot 0}\cos(\phi) - \xi\omega_0 x_0 \tag{1-47}$$

由式（1-46）和式（1-47）可解出 A 和 ϕ，即

$$A = \frac{x_0}{\sin(\phi)} \tag{1-48}$$

$$\phi = \arctan\left(\frac{x_0\omega_d}{\dot{x}_0 + \xi\omega_0 x_0}\right) \tag{1-49}$$

将 ϕ 代入 A 的表达式中，得到更精确的 A 表达式：

$$A = \sqrt{x_0^2 + \left(\frac{\dot{x}_0 + \xi\omega_0 x_0}{\omega_d}\right)^2} \tag{1-50}$$

在讨论有阻尼的自由振动系统时，特别是在欠阻尼情况下，系统的振动响应具有周期性且随时间衰减，即振幅按指数曲线逐渐减小，直到最终接近于零。振幅的衰减可以通过振幅前的衰减因子 $\mathrm{e}^{-\xi\omega_0 t}$ 表达，这是一个随时间 t 的增加而递减的指数函数。这种递减模式意味着振动是周期性的，周期 T_d 为 $\dfrac{2\pi}{\omega_d}$ 而且每个振动周期的最大位移都比前一个小，形成了一个逐渐收敛的振动图像，如图 1-5 所示。在图像上，这种振动可以被想象为被两条曲线 $x = A\mathrm{e}^{-\xi\omega_0 t}$ 和 $x = -A\mathrm{e}^{-\xi\omega_0 t}$ 所限制，这两条曲线呈指数衰减，表示随着时间的流逝，系统的能量逐渐耗散，振幅逐渐减小。

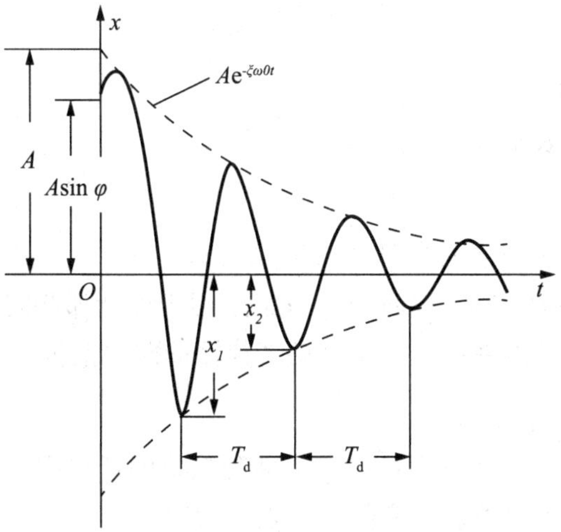

图 1-5　欠阻尼系统的衰减振动示意图

当阻尼比ξ=0 时，系统转变为无阻尼状态的特例。在这种情况下，系统的振动不会衰减，因为不存在能量耗散的机制。此时的振动方程可简化为

$$x(t) = A\sin(\omega_0 t + \phi) \tag{1-51}$$

这表明振动将以振幅 A 无限期地进行，显示为一个纯正弦波形。当然，这种振动模式在理想环境中可以观察到。

2. 临界阻尼情况（ξ=1）

在临界阻尼状态下，特征方程的解表示为

$$a = -\omega_0 \tag{1-52}$$

在这种情况下，由于阻尼比正好达到阻止振荡的程度，系统的自由振动响应表达式如下：

$$x(t) = (C_1 + C_2 t)e^{-\omega_0 t} \tag{1-53}$$

式中，C_1 和 C_2 为由初始条件确定的待定常数。

假设初始条件$x(0) = x_0$，$\dot{x}(0) = v_0$，我们可以确定系数的值，即

（1）由$x(0) = x_0$，可得 $C_1=x_0$。

（2）由$\dot{x}(0) = v_0$以及 x（t）的导数，可得

$$v_0 = C_2 e^{-\omega_0 t} - \omega_0 (C_1 + C_2 t)e^{-\omega_0 t} \tag{1-54}$$

令 t=0，可得

$$v_0 = C_2 - \omega_0 x_0 \tag{1-55}$$

解得$C_2 = v_0 + \omega_0 x_0$。

因此，通解可表示为

$$x(t) = \left[x_0 + (v_0 + \omega_0 x_0)t\right]\mathrm{e}^{-\omega_0 t} \tag{1-56}$$

这种形式的解可以表示非往复的衰减运动，其中 x（t）随时间 t 的增长而衰减至零，没有振动特性。这种解决方案适用于设计那些需要快速达到稳定状态而不产生过多振荡的系统，如某些精密仪器的防震措施。

3. 过阻尼情况（$\xi > 1$）

在过阻尼状态下，阻尼力足以完全抑制系统的任何振动形式，此时系统特征方程的解为两个不相等的负实数根，表示为

$$a = -\xi\omega_0 \pm \omega_0\sqrt{\xi^2 - 1} \tag{1-57}$$

式中，ξ为阻尼比；ω_0为无阻尼自然频率；$\sqrt{\xi^2 - 1}$确定了两个根之间的差异，但因为$\xi > 1$，所以这个根号中的值是实数，所以两个解也是实数。

这种情况下的通解表达式为

$$x(t) = C_1\mathrm{e}^{\lambda_1 t} + C_2\mathrm{e}^{\lambda_2 t} \tag{1-58}$$

式中，C_1 和 C_2 为由初始条件确定的待定常数。这种情况下的解表示系统的振动不仅不会发生，会以两个不同的指数衰减速率逐渐返回静止状态。在实际的工程应用中，如电气仪表常常利用过阻尼特性来抑制仪表指针的振动，确保指针在受到干扰后能够平滑且迅速地返回到正确位置而不会产生任何振动，从而提高读数的精确度和可靠性。

1.4 简谐力激励下的受迫振动

1.4.1 简谐力激励和受迫振动的基本概念

简谐力是动力学分析中的一个核心概念，指的是作用于系统上随时间以简谐（正弦或余弦）方式变化的力。简谐力能够模拟许多现实世界中周期性的动

力作用（如机器振动、建筑结构在风或地震影响下的响应等），在工程学、物理学和其他相关领域中十分常见。

简谐力的表达式可以表示为

$$F(t) = F_0 \cos(\omega t + \phi) \tag{1-59}$$

式中，F_0为力的最大值；ω为激励的角频率，表示激励作用的速度或频率；ϕ为初始相位，指 t=0 时激励的相位。

简谐力的重要性在于其数学形式的简洁性和周期性，这使简谐力成为分析和理解复杂振动系统行为的理想工具，特别是傅里叶级数的存在允许人们将周期性力展开为不同频率的简谐激励的叠加，这在交变电流电路分析和振动分析等领域特别有用，可以帮助工程师预测和设计系统在周期性外力作用下的稳定性和响应行为。在更广泛的应用场景中，即使激励力不是严格的简谐形式（如随机或复杂的周期性力），它们也可以通过数学工具（如傅里叶级数或傅里叶变换）分解为一系列简谐分量。对于非周期性的力，傅里叶变换提供了一种将这种力表示为无限宽频率范围内的简谐激励分量的和的方法，使非周期性力的动态响应成为可能的分析对象。

对于动态系统而言，由外部激励的持续作用所产生的振动类型为受迫振动，这种振动与自由振动有着根本的区别。在自由振动中，系统在初始激发后会自行振动，并逐渐衰减直至停止，这是因为系统没有外部能量输入来补偿由阻尼引起的能量耗散。相比之下，受迫振动中的系统会得到连续的外部能量供应，这些能量补偿了因阻尼和其他耗散效应而失去的能量，因此系统可以持续不断地振动。受迫振动的特点是其响应频率由外部激励的频率决定，而不是由系统的自然频率决定，这一点是受迫振动研究中非常关键的，因为系统的响应将直接依赖外部激励的性质，包括激励的频率、幅度和形式。例如，一个机械结构如果受到周期性的力的作用（如机器操作中的循环荷载或建筑结构在风荷载下的振动），它将表现出与这些力同频率的振动行为。在工程实践中，受迫振动的分析至关重要，这种振动可能产生共振现象，特别是当外部激励的频率接近或等于系统的自然频率时，系统的振幅会急剧增加，从而引发结构失效或其他安全问题。因此，理解和控制受迫振动对于确保机械和结构的安全运行至关重要。

1.4.2 简谐力激励下系统的受迫振动方程

1. 简谐力激励下系统的受迫振动方程的解

当一个系统（如质量 - 弹簧 - 阻尼系统）受到简谐力的作用时，其响应通常也是周期性的，但振幅和相位可能会由于系统的固有属性而发生变化。现假设存在如图 1-6 所示的受迫振动系统。

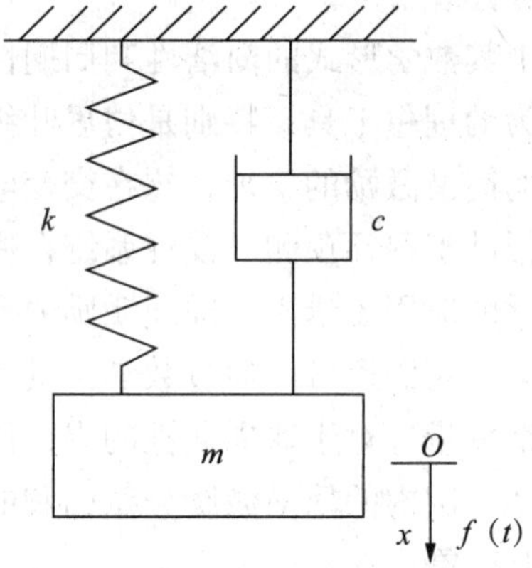

图 1-6 简谐力激励下的受迫振动系统

取图 1-6 中系统的平衡位置为坐标原点，以过原点竖直向下的轴为坐标轴 x，根据牛顿第二定律，可以用二阶常微分方程来描述该受迫振动系统的状态，即

$$m\ddot{x}+c\dot{x}+kx=f(t) \tag{1-60}$$

式中，m 为质量；c为阻尼系数；k为弹性系数；$f(t)$ 为简谐激振力。

系统受到的简谐激振力 $f(t)$ 可表示为复数形式，以简化数学处理和分析过程，其复数形式可以表示为

$$f(t)=F_0\mathrm{e}^{\mathrm{i}\omega t} \tag{1-61}$$

式中，F_0 为简谐激振力的最大值，ω 为激励的角频率，表示每秒激励的循环次数，两者共同定义了激励力的特性。

在实际应用中，物理系统响应的是力的实部，因此将复数形式的激振力转换成实部和虚部的组合形式是必要的。由欧拉公式可知

$$\mathrm{e}^{\mathrm{i}\omega t}=\cos(\omega t)+\mathrm{i}\sin(\omega t) \tag{1-62}$$

因此，简谐激振力 $f(t)$ 可以分解为实部和虚部两个部分，即

$$f(t)=F_0\left[\cos(\omega t)+\mathrm{i}\sin(\omega t)\right] \tag{1-63}$$

式中，实部$\mathrm{Re}\,f(t)=F_0\cos\omega t$ 表示与余弦波形相对应的物理力，这个力是周期性的并且与时间的余弦函数有相同的频率；虚部$\mathrm{Im}\,f(t)=F_0\mathrm{i}\sin\omega t$表示与正弦波形相对应的虚拟力，通常在物理应用中不直接作为实际力，但在理论分析和信号处理中非常重要。

根据式（1–60）和（1–61）可得

$$m\ddot{x}+c\dot{x}+kx=F_0\mathrm{e}^{\mathrm{i}\omega t} \tag{1-64}$$

式（1–64）的各项除以 m，并假设$\xi=\dfrac{c}{2m\omega_0}$ 为系统的阻尼比，代表了系统阻尼力的大小相对于临界阻尼的比例；$\omega_0=\sqrt{\dfrac{k}{m}}$ 为无阻尼系统的固有角频率，即系统在没有阻尼的情况下自然振动的频率；$B=\dfrac{F_0}{k}$为系统在 F_0 作用下产生的静位移，即当外力作用于系统而系统处于静止状态时的位移。式（1–64）经变形后为

$$\ddot{x}+2\xi\omega_0\dot{x}+\omega_0^2x=B{\omega_0}^2\mathrm{e}^{\mathrm{i}\omega t} \tag{1-65}$$

式（1–65）是一个典型的线性非齐次微分方程，其解包含两部分：对应于齐次方程的通解$x_1(t)$和非齐次方程本身的特解$x_2(t)$。总解可以表示为

$$x(t)=x_1(t)+x_2(t) \tag{1-66}$$

在欠阻尼条件（$\xi<1$）下，系统的固有振动不会立即停止，而是以振幅逐渐减小的方式振动，此时系统的响应特征可以由能够显著展示振动衰减特性的齐次方程的通解表示。因此，欠阻尼情况下振动的齐次方程的通解可以表示为

$$x_1(t)=\mathrm{e}^{-\xi\omega_0 t}(C_1\cos\omega_{\mathrm{d}}t+C_2\sin\omega_{\mathrm{d}}t) \tag{1-67}$$

式中，C_1 和 C_2 为由初始条件确定的积分常数，它们决定了振动的初始相位和振幅；$\omega_{\mathrm{d}}=\omega_0\sqrt{1-\xi^2}$ ，是阻尼系统的固有角频率，反映了阻尼作用下振动频率的变化。

式（1–67）清楚地描述了振动如何随时间衰减，这种衰减主要由指数项 $\mathrm{e}^{-\xi\omega_0 t}$ 控制，它显示了阻尼力如何影响系统能量的耗散，而且阻尼系数 ζ 越大，

能量耗散得越快，振动衰减得也越迅速。这种振动响应称为暂态响应，它会随时间的变化而变化并最终消失，使系统达到或接近静态平衡。暂态响应不会持续存在，随着时间的推移，系统的动态行为会衰减至无显著振动。理解并能够预测暂态响应对于工程设计至关重要，尤其是在机械、土木和航空工程等领域，合适的阻尼设计可以显著减少因外部扰动或操作错误引起的结构应力和潜在损伤。例如，在地震工程中，适当的阻尼可以控制建筑结构的振动反应，减少由地震引起的破坏。

当系统受到形式为$F(t)=F_0\mathrm{e}^{\mathrm{i}\omega t}$的简谐激振力时，我们可以设想其特解 $x_2(t)$ 是以与激振力频率相同但相位和振幅不同的形式响应的，这种特解通常采用复数形式，可以简化系统响应的计算和分析。因此，式（1–65）的特解可以设为

$$x_2(t)=X\mathrm{e}^{\mathrm{i}\omega t} \tag{1–68}$$

式中，X 为特解的响应幅值，是一个复数，是振幅和相位的综合表达。

在已知特解 $x_2(t)$ 的情况下，利用导数的线性特性可得

$$\dot{x}_2(t)=\mathrm{i}\omega X\mathrm{e}^{\mathrm{i}\omega t} \tag{1–69}$$

$$\ddot{x}_2(t)=-\omega^2 X\mathrm{e}^{\mathrm{i}\omega t} \tag{1–70}$$

将式（1–69）和式（1–70）代入式（1–65）中可得

$$(-\omega^2 X+2\mathrm{i}\xi\omega_0\omega X+\omega_0^2 X)\mathrm{e}^{\mathrm{i}\omega t}=B{\omega_0}^2\mathrm{e}^{\mathrm{i}\omega t} \tag{1–71}$$

整理后得到

$$X(\omega_0^2-\omega^2+2\mathrm{i}\xi\omega_0\omega)=B{\omega_0}^2 \tag{1–72}$$

从而求得 X:

$$X=\frac{B{\omega_0}^2}{\omega_0^2-\omega^2+2\mathrm{i}\xi\omega_0\omega} \tag{1–73}$$

根据式（1–66）、式（1–67）、式（1–68）和式（1–73），可得式（1–65）的总解为

$$x(t)=\mathrm{e}^{-\xi\omega_0 t}(C_1\cos\omega_\mathrm{d}t+C_2\sin\omega_\mathrm{d}t)+\frac{B{\omega_0}^2}{\omega_0^2-\omega^2+2\mathrm{i}\xi\omega_0\omega}\mathrm{e}^{\mathrm{i}\omega t} \tag{1–74}$$

$H(\omega)$ 是激励频率的复函数，也被称为复频响应函数，表示系统对外部简谐激励的响应，其计算公式为

$$X=H(\omega)F_0 \tag{1–75}$$

将式（1–75）代入式（1–73）可得

$$H(\omega)=\frac{\omega_0^2}{k(\omega_0^2-\omega^2+2\mathrm{i}\xi\omega_0\omega)} \tag{1-76}$$

根据 $H(\omega)$ 的表达式可知，该函数通过 ω_0 和 ξ 描述了系统的固有动态特性，使我们可以清晰地看到振幅和相位如何受到阻尼比和激励频率的影响。

为了更好地实现复频响应函数 $H(\omega)$ 的计算和应用，我们引入频率比 $\overline{\omega}$，即

$$\overline{\omega}=\frac{\omega}{\omega_0} \tag{1-77}$$

将式（1-77）代入式（1-76），可得：

$$H(\omega)=\frac{1}{k\left(1-\overline{\omega}^2+2\mathrm{i}\xi\overline{\omega}\right)} \tag{1-78}$$

将复数频响函数转换为振幅和相位的形式，表达式为

$$H(\omega)=\frac{1}{k\sqrt{(1-\overline{\omega}^2)^2+(2\xi\overline{\omega})^2}}\mathrm{e}^{-\mathrm{i}\theta(\omega)} \tag{1-79}$$

振幅放大系数（动态系统在简谐力激励下的响应 X 与静态位移 B 的比值）$\beta(\omega)$ 和相位差（动态系统的输出响应与输入激励之间的相位差）$\varphi(\omega)$ 分别为

$$\beta(\omega)=\frac{1}{\sqrt{(1-\overline{\omega}^2)^2+(2\xi\overline{\omega})^2}} \tag{1-80}$$

$$\varphi(\omega)=\arctan\left(\frac{2\xi\overline{\omega}}{1-\overline{\omega}^2}\right) \tag{1-81}$$

将 $\beta(\omega)$ 和 $\varphi(\omega)$ 应用到稳态响应中，得到稳态响应 $x_2(t)$ 的表达式：

$$x_2(t)=B\beta(\omega)\mathrm{e}^{\mathrm{i}[\omega t-\theta(\omega)]} \tag{1-82}$$

因此，式（1-74）可以表示为

$$x(t)=\mathrm{e}^{-\xi\omega_0 t}(C_1\cos\omega_\mathrm{d}t+C_2\sin\omega_\mathrm{d}t)+B\beta(\omega)\mathrm{e}^{\mathrm{i}[\omega t-\theta(\omega)]} \tag{1-83}$$

2. 动态系统受到正弦形式的外力激励的情况

当动态系统受到正弦形式的外力激励时，即 $f(t)=F_0\sin(\omega t)$，系统的响应

由两部分组成：一个是自由振动的衰减部分（瞬态响应），另一个是对持续激励的直接响应（稳态响应）。

瞬态响应部分即式（1–83）中的第一项：

$$x_{\text{transient}}(t)=\mathrm{e}^{-\xi\omega_0 t}(C_1\cos\omega_{\mathrm{d}}t+C_2\sin\omega_{\mathrm{d}}t) \tag{1-84}$$

式中，C_1 和 C_2 为由初始条件确定的常数，确定了响应的初始振幅和相位；$\mathrm{e}^{-\xi\omega_0 t}$ 为衰减因子，它随着时间的增长而减小，说明振动幅度逐渐减小；$\omega_{\mathrm{d}}=\omega_0\sqrt{1-\xi^2}$ 为阻尼自然频率，略低于无阻尼自然频率 ω_0。

瞬态响应部分描述了系统从初始条件开始，未受外力激励时的自由振动如何随时间逐渐衰减。

稳态响应部分即式（1–83）中的第二项，只不过由于外部激励为正弦形式，因此其表达式也发生变化，即

$$x_{\text{steady}}(t)=B\beta\sin(\omega t-\theta) \tag{1-85}$$

式中，$B=\dfrac{F_0}{k}$ 为外力在静态情况下产生的位移；β 为振幅的调节因子（放大系数），取决于系统的阻尼、刚度和质量；$B\beta$ 为响应的振幅；θ 为相位差，表示系统响应相对于激励的相位延迟。这一部分描述了系统对持续的外部正弦激励的响应，显示系统在达到动态平衡后如何以激励的相同频率响应，只是振幅和相位发生变化。

总响应 $x(t)$ 应是这两个部分的和，综合考虑了系统从静止状态到动态平衡的完整过程，即瞬态响应随时间衰减，最终消失，只留下稳态响应，这是系统对持续激励的长期行为。$x(t)$ 的表达式为

$$x(t)=\mathrm{e}^{-\xi\omega_0 t}(C_1\cos\omega_{\mathrm{d}}t+C_2\sin\omega_{\mathrm{d}}t)+B\beta\sin(\omega t-\theta) \tag{1-86}$$

在讨论系统的受迫振动响应时，我们需要特别考虑初始条件，以理解简谐激励情况下的瞬态和稳态响应，现给定初始条件为

$$x(0)=x_0,\ \dot{x}(0)=\dot{x}_0 \tag{1-87}$$

将其代入式（1–84）可得：

$$C_1=x_0+B\beta\sin\theta \tag{1-88}$$

$$C_2=\frac{\dot{x}_0+\xi\omega_0 x_0+B\beta(\xi\omega_0\sin\theta-\omega\cos\theta)}{\omega_{\mathrm{d}}} \tag{1-89}$$

将求解出的系数 C_1 和 C_2 代入式（1–86）中，可得

$$x(t)=\mathrm{e}^{-\xi\omega_0 t}\left((x_0+B\beta\sin\theta)\cos\omega_\mathrm{d}t+\left(\frac{\dot{x}_0+\xi\omega_0x_0+B\beta(\xi\omega_0\sin\theta-\omega\cos\theta)}{\omega_\mathrm{d}}\right)\sin\omega_\mathrm{d}t\right)$$
$$+B\beta\sin(\omega t-\theta) \tag{1–90}$$

简化后，为

$$\begin{aligned}x(t)&=\mathrm{e}^{-\xi\omega_0 t}(x_0\cos\omega_\mathrm{d}t+\frac{\dot{x}_0+\xi\omega_0x_0}{\omega_\mathrm{d}}\sin\omega_\mathrm{d}t)+\\&B\beta\mathrm{e}^{-\xi\omega_0 t}(\sin\theta\cos\omega_\mathrm{d}t+\frac{\xi\omega_0\sin\theta-\omega\cos\theta}{\omega_\mathrm{d}}\sin\omega_\mathrm{d}t)+\\&B\beta\sin(\omega t-\theta)\end{aligned} \tag{1–91}$$

式（1–91）清楚地阐述了系统在动态负载作用下的行为：第一项是瞬态自由振动，描述了系统的自由振动，自由振动随时间衰减，表现为阻尼振荡，这部分振动的幅度和形式由初始条件（即系统的初始位移和速度）决定；第二项是伴随自由振动，是由外部简谐激励引起的振动的一部分，表现为衰减的自由振动，虽然与激励的形式有关，但其衰减特性与瞬态响应类似，也会随时间消失；第三项是稳态响应，是系统对持续简谐激励的长期响应，表现为与外部激励同频的简谐振动，其振幅和相位偏移由系统的动力学特性以及激励的频率和幅度决定，与初始条件无关。

在系统的动力学分析中，瞬态响应虽然在初始阶段很重要，但随着时间推移，它们将衰减并最终消失。因此，长期分析通常关注的是稳态响应，因为稳态响应决定了系统在持续外部激励下的最终行为。稳态响应为工程师提供了一种评估和设计机械系统以应对外部激励的有力工具。通过合理设计系统的阻尼、刚度和质量，工程师可以有效控制瞬态和稳态响应，从而优化系统性能并确保系统安全、可靠地运行。

1.5 一般周期激励下的振动分析

1.5.1 傅里叶级数展开

前面介绍了简谐力激励下系统的受迫振动，但在实际工程应用中，人们遇到的激励往往是非简谐的，如往复式压缩机和内燃机产生的不平衡惯性力，或齿轮啮合过程中的周期性激振力等，这些力虽然周期性明显，但其形式并非简单的正弦或余弦波，而是更为复杂的周期函数。根据傅里叶分析，只要满足狄利克雷条件（周期函数在一个周期内必须是单值且有限的，最多只有有限个第一类间断点并且有界变差），任何周期函数都可以分解为一系列简谐函数的和，即傅里叶级数。通过傅里叶分析，工程师可以详细了解各个频率分量如何影响整体系统的响应，从而更精确地预测和控制这些动态特性。例如，在设计阶段，工程师通过优化系统的动态响应，可以减少由于共振引起的不必要的振动和噪声，提高机械设备的性能，延长使用寿命；傅里叶分析也为诊断和故障分析提供了理论基础，使维护和故障排除过程更加科学和有效。

对于满足条件（在一个周期内分段、单调且连续）的周期函数$f\left(t\right)=f\left(t+T\right)$，我们可以将其展开为傅里叶级数：

$$f(t)=\frac{a_0}{2}+\sum_{n=1}^{\infty}\left(a_n\cos n\omega t+b_n\sin n\omega t\right) \tag{1-92}$$

式中，a_0、a_n、b_n 均为傅里叶系数；ω为基频，计算公式为$\omega=\frac{2\pi}{T}$，T 为周期。

傅里叶系数 a_0、a_n、b_n 的计算公式如下。

常数项 a_0 代表函数的平均值或直流分量，计算公式为

$$a_0=\frac{2}{T}\int_0^T f(t)\mathrm{d}t \tag{1-93}$$

余弦系数 a_n 能够衡量函数与各个余弦波的相似度，计算公式为

$$a_n=\frac{2}{T}\int_0^T f(t)\cos(n\omega t)\mathrm{d}t \tag{1-94}$$

正弦系数 b_n 能够衡量函数与各个正弦波的相似度，计算公式为

$$b_n = \frac{2}{T}\int_0^T f(t)\sin(n\omega t)\mathrm{d}t \tag{1-95}$$

傅里叶级数展开的过程主要包含以下步骤：第一，确定函数 $f(t)$ 的周期 T，这是计算基频 ω_0 的关键；第二，计算傅里叶系数 a_0、a_n、b_n，计过程中的积分可能需要数值方法来求解，特别是当 $f(t)$ 的表达式复杂或无法获得解析解时；第三，根据计算出的系数构造傅里叶级数，随着级数项数 n 的增加，级数逐渐收敛至原函数 $f(t)$。

在线性动力学系统中，如果输入（外力）是几个不同的函数的和，那么系统的输出（响应）将是各个输入单独作用产生的响应的和，这种性质称为线性系统的叠加原理，它极大地简化了复杂输入条件下响应的分析，特别是对于周期力的情况。换言之，当一个一般的周期力 $f(t)$ 作用在系统上时，根据傅里叶理论，这个力可以分解为无数个简谐分量（谐波），每个分量具有基频的整数倍频率。这些分量形式为

$$f(t) = \sum_{n=0}^{\infty}(A_n \cos n\omega t + B_n \sin n\omega t) \tag{1-96}$$

式中，A_n、B_n 均为傅里叶系数；ω_0为基频。

对于每一个谐波分量 $A_n \cos n\omega_0 t$ 和 $B_n \sin n\omega_0 t$，线性系统的响应可以独立计算。在理想条件下，系统对每个谐波的响应达到稳态时，将不再随时间变化，只与谐波的频率和幅度有关。这些响应通常可以通过求解对应的线性微分方程来得到，形式如下：

$$m\ddot{x} + c\dot{x} + kx = A_n \cos n\omega t + B_n \sin n\omega t \tag{1-97}$$

一旦计算出系统对每个谐波分量的稳态响应，整个系统在原始周期力 $f(t)$ 作用下的稳态响应即为这些单独响应的总和，即

$$x(t) = \sum_{n=0}^{\infty} x_n(t) \tag{1-98}$$

式中，$x_n(t)$ 为系统对第 n 个谐波分量的响应。

通过傅里叶级数和线性系统的叠加原理，工程师可以精确地预测和控制在各种周期力作用下的系统行为，这对于设计优化、故障诊断和系统维护等方面具有极大的实际应用价值，确保了解决方案的精确性和实用性，使响应预测更加可靠和有效。

1.5.2 一般周期激励下的受迫振动方程

在进行周期性力的分析时，为了简化傅里叶级数的计算，我们可对式（1-92）进行改写。周期力 $f(t)$ 可以表示为

$$f(t) = f_0 + \sum_{n=1}^{\infty} f_n \sin(n\omega t + \alpha_n) \tag{1-99}$$

式中，f_0 为常力分量，也就是周期函数的平均值或直流分量，取值 $\frac{a_0}{2}$；f_n 和 α_n 分别为第 n 个谐波分量的幅值和初始相位。

幅值 f_n 的计算公式为

$$f_n = \sqrt{a_n^2 + b_n^2} \tag{1-100}$$

式中，a_n、b_n 均为傅里叶系数，可以通过对应的积分公式计算获得。

初始相位 α_n 的计算公式为

$$\alpha_n = \arctan\left(\frac{b_n}{a_n}\right) \tag{1-101}$$

式（1-101）计算的是每个谐波的初始相位，需要根据 a_n 的正负来确定相位的正确象限。

因此，在一般周期力作用下，系统的振动微分方程可以写成

$$m\ddot{x} + c\dot{x} + kx = f_0 + \sum_{n=1}^{\infty} f_n \sin(n\omega t + \alpha_n) \tag{1-102}$$

这个微分方程的解包含两部分：一部分是齐次方程的通解，通常涉及自然模态和固有频率，代表系统的自由振动，这部分动态响应会由于阻尼的存在逐渐消失，表现为暂态响应；另一部分是特解，代表系统对持续周期激励的长期行为，即稳态响应，可以通过特定的方法（如使用复数表示法或者频率响应函数）来求解。

方程通解的计算由齐次方程 $m\ddot{x} + c\dot{x} + kx = 0$ 来确定，设存在阻尼比 ζ 和固有频率 ω_0，两者取值如下：

$$\zeta = \frac{c}{2\sqrt{mk}} \tag{1-103}$$

$$\omega_0 = \sqrt{\frac{k}{m}} \tag{1-104}$$

在欠阻尼情况下，即$\zeta<1$ 时：

$$x(t)=\mathrm{e}^{-\zeta\omega_n t}(A\cos\omega_{\mathrm{d}}t+B\sin\omega_{\mathrm{d}}t) \tag{1-105}$$

式中，A 和 B 为由初始条件确定的积分常数，它们决定了振动的初始相位和振幅；$\omega_{\mathrm{d}}=\omega_0\sqrt{1-\zeta^2}$，是阻尼自然频率。

方程的特解由非齐次方程得出，每个谐波分量的响应可以单独求解，然后用叠加原理合成整体响应。对于单个谐波分量$f_n\sin(n\omega t+\alpha_n)$，稳态响应 x_n（t）可以使用受迫响应的形式：

$$x_n(t)=X_n\sin(n\omega t+\alpha_n-\psi_n) \tag{1-106}$$

式中，X_n 为振幅；α_n为外力的初始相位；ψ_n为系统动态特性引起的相位延迟。

振幅X_n的计算公式如下：

$$X_n=B_n\beta_n \tag{1-107}$$

式中，B_n为系统在力幅f_n作用下产生的静位移；β_n为动力放大系数，表示系统在 n 次谐波分量作用下的位移振幅的动力放大效应。

B_n的计算公式如下：

$$B_n=\frac{f_n}{k} \tag{1-108}$$

β_n的计算公式如下：

$$\beta_n=\frac{1}{\sqrt{(1-\omega_n^2)^2+(2\xi\omega_n)^2}} \tag{1-109}$$

式中，$\omega_n=\dfrac{n\omega}{\omega_0}$为归一化频率，$\omega$ 为激励的角频率，ω_0 为系统的固有频率；ζ为系统的阻尼比。

相位差ψ_n的计算公式如下：

$$\psi_n=\arctan\left(\frac{2\xi\omega_n}{1-\omega_n^2}\right) \tag{1-110}$$

系统在周期力f（t）作用下的总稳态响应可以表示为所有谐波响应的和，即

$$x(t)=\frac{f_0}{k}+\sum_{n=1}^{\infty}B_n\beta_n\sin(n\omega t+\alpha_n-\psi_n) \tag{1-111}$$

式中，$\frac{f_0}{k}$为常力分量f_0产生的静态位移分量，而每个谐波分量的响应由对应的B_n、β_n和ψ_n确定。

式（1-111）反映了在周期性激励下，线性系统的振动响应不仅取决于激励的频率和幅度，还受系统的固有频率和阻尼比的影响。振幅表示每个频率分量对总响应的贡献程度，而相位差表示由于系统的惯性和阻尼特性产生的响应相位与激励相位之间的偏移。动力放大系数描述了在特定频率下，系统响应相对于静态位移的放大情况，这在谐振点附近尤为重要，因为此时的响应可能会显著增大。这样的分析方法对于设计和评估受周期性力影响的机械系统非常重要，可以帮助工程师预测系统在实际操作条件下的行为，从而进行适当的设计调整，以避免不希望的共振现象。

在周期性激励下，系统振动的总响应$x(t)$是齐次解（暂态响应）和所有受迫响应（稳态响应）的总和，暂态响应会随着时间的推移而衰减，最终由稳态响应主导系统的振动行为。

课后练习

1. 一个质量为m的物体通过弹簧（弹性系数为k）与地面相连。假设没有阻尼，且系统没有外力作用。

（1）求系统的固有频率ω_n。

（2）求系统的周期T。

（3）如果系统初始位移为x_0，初始速度为v_0，写出系统的运动方程。

2. 对于一个质量为m，通过弹簧（弹性系数为k）与地面相连的单自由度系统，其固有频率ω_n为（　）

A. $\omega_n=\sqrt{\frac{k}{m}}$　　B. $\omega_n=\frac{k}{m}$

C. $\omega_n=\frac{m}{k}$　　D. $\omega_n=\frac{1}{2\pi}\sqrt{\frac{k}{m}}$

3. 对于一个阻尼比 $\zeta<1$ 的系统，其响应曲线是什么样的？（　）

A. 简谐振动　　　　B. 过阻尼响应

C. 临界阻尼响应　　D. 欠阻尼响应

第2章　多自由度系统

在实际工程中，仅用一个独立坐标常常难以正确描述系统运动。例如，图2–1（a）为汽车垂向和俯仰振动模型，我们可将车轮及悬架简化成弹性系数为k_1和k_2的两个弹簧，车体简化为刚性杆，此时汽车振动为车体的垂向平动 u 和俯仰运动θ，独立坐标 u 和θ形成二自由度系统；若考虑车体绕其纵向轴线的滚动，则需要增加一个独立坐标φ，车体可简化为刚性平板，前后两对车轮简化成弹性系数分别为k_1和k_2的两对弹簧，如图 2–1（b）所示，此时汽车整体成为三自由度系统。对于飞机的地面振动，也可以建立类似的力学模型。

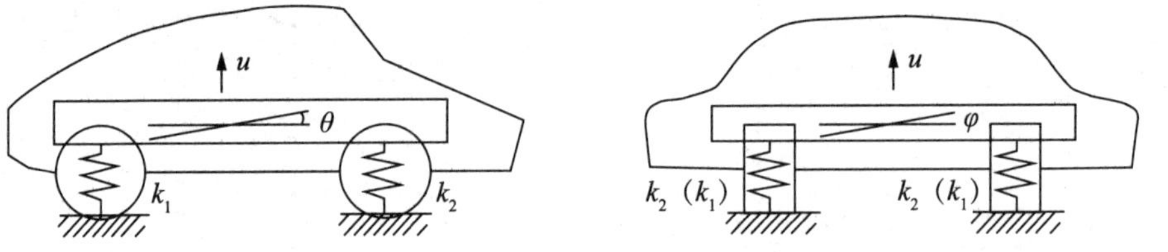

(a) 简化后的侧视图　　(b) 简化后的正视图

图 2–1　汽车简化力学模型

最简单的多自由度系统是二自由度系统。自由度由一增加到二会使系统动力学发生质变，带来一系列新概念，而二自由度与三自由度以及更高自由度系统的区别主要体现在自由度数量和系统的复杂程度上。因此，二自由度系统是多自由度系统的基础。

2.1　多自由度系统的振动

2.1.1　多自由度系统的基本概念

上一章详细探讨了单自由度系统的动态特性，单自由度系统是实际振动系统中最基础的模型，因其简单性（仅需一个独立坐标描述系统状态）而在初学者教育和基础振动研究中广泛应用。但在现实世界中，许多实际工程系统并不是孤立的，而是由众多相互连接的子系统或部件组成，具有复杂性和连续性，无法直接用单自由度模型精确描述。这种情况下，工程师为了全面描述这类复合系统，通常会引入多个独立坐标，用每个坐标代表一个自由度系统，从而将复杂的连续系统简化并离散化为多自由度系统，有助于实现分析和设计。多自由度系统（multi-degree of freedom systems, MDOF system）其实就是那些拥有两个或更多独立运动自由度的动力学系统，其中的坐标称为广义坐标，广义坐标的数量直接决定了系统的自由度数量。换言之，多自由度系统中的运动状态无法仅通过一个单一的坐标或变量来完全描述，而是需要多个独立的坐标来描述系统的完整运动状态。

与单自由度系统相比，多自由度系统的振动分析更为复杂，因为多自由度系统涉及的计算量更大，分析方法也需要相应地调整，最直观的就是一个单自由度系统只有一个固有频率，而拥有 n 个自由度的多自由度系统具有 n 个固有频率。为了更好地理解，我们可以利用同一情况的不同系统组成来进行详细分析。以汽车在路面上行驶时产生的上下运动为例，我们可以观察并构建不同的振动模型。首先，考虑最基本的情况，我们可以将车辆和乘坐的人视为一个整体质量，并只考虑阻尼和弹簧的影响，这种方法构建的是一个单自由度振动模型，此模型非常简化，主要用于初步的教育和理论引导，它没有考虑人与车、车与轮胎、轮胎与路面之间的相互作用，因此其应用范围和精确度有限。为了提高模型的实用性和精确度，我们可以将车辆和乘坐的人的质量分开考虑，同时继续考虑阻尼和弹簧的影响，此模型是一个进步，因为它开始考虑到人与车之间的耦合运动，这种处理方式构建了一个二自由度振动模型，虽然可以在某些情况下提供更好的动态行为预测，但它仍然忽略了车与轮胎以及轮胎与路面之间的相互作用，这在实际应用中可能导致预测不够精确。为了考虑所有重要因素，并进一步提升模型的精确度和实用性，我们可以将车辆、轮胎和乘坐的人的质量独立考虑，并综合阻尼和弹簧的影响，这样的构建考虑了人与车、车与轮胎、轮胎与路面之间的复杂耦合关系，构建出的自然是多自由度振动模型，此模型能够更精确地描述和预测复杂的动态系统行为，特别是在处理复杂的路面条件和不同速度下的行驶反应时，能提供更为详尽和实用的信息。

为了高效和精确地处理这类系统，工程师开发了几种核心分析方法，具体包括振型叠加法和模态分析法（或坐标变换法）。振型叠加法基于线性叠加原理，将系统的响应表示为各个振型的叠加。这种方法首先需要计算系统的所有振型（或称模态形状），每一振型都对应一个特定的固有频率，系统在外力作用下的总响应是每个单独振型响应的线性组合，其中每个振型的贡献由其相应的模态坐标决定，这种方法尤其适用于外力频率接近或等于系统某一固有频率的情况。模态分析是分析多自由度系统振动的另一种基本方法，其核心思想是模态。所谓模态指的是多自由度系统中任一系统按照任一固有频率进行自由振动时，系统各部分的稳态响应幅度将呈现出一种特定的、不随时间变化的比例关系。基于这种特殊的比例关系，模态分析可将复杂的、相互耦合的多自由度运动方程转化为若干个相互独立的单自由度系统的运动方程，转换后我们就可以应用单自由度系统的解法来求解这些方程。但这也意味着模态分析过程需要先识别系统自由振动的基本特征，然后利用这些特征来变换运动的微分方程，从而得到一组独立的单自由度运动方程。模态分析通常采用矩阵方法，因为这种方法不仅能有效处理系统的固有频率问题，还能通过矩阵的特征值和特征向量来进行模态分析，为人们提供了一种强有力的工具来探究和解决振动问题。

2.1.2 多自由度系统的振动微分方程的建立

在系统的振动分析和建模过程中，选择合适的力学原理至关重要，能够直接影响数学模型的构建和解决方案的有效性。力学原理可以根据其数学形式和基本概念分为不同类别，每种类别有其独特的应用场景和优势，其中常用的是微分力学原理。微分力学原理包括非变分的微分原理和变分的微分原理，前者的典型代表有牛顿定律和拉格朗日方程，后者的典型代表有虚功原理。牛顿定律是比较直观的力学原理之一，关联了力和加速度，是解决直线运动和转动问题的基础，适用于大多数工程问题。拉格朗日方程是一种非常有用的力学描述方法，特别适用于处理复杂的动力学系统，尤其是存在多个约束时。与牛顿定律直接处理力和加速度的关系不同，拉格朗日方程通过使用能量的概念来表达系统的动态行为，从而避免直接处理力的分解和约束的问题。虚功原理主要用于系统中存在约束时的分析，表明系统的真实运动路径上，约束力对任何虚位移所做的功为零，此处仅做提及，不做介绍。

1. 牛顿定律法

牛顿定律作为基础的力学原理，可以对一些简单的多自由度系统建立动力学方程，具体的分析过程与单自由度系统类似。图 2–2 为典型的多自由度系统。

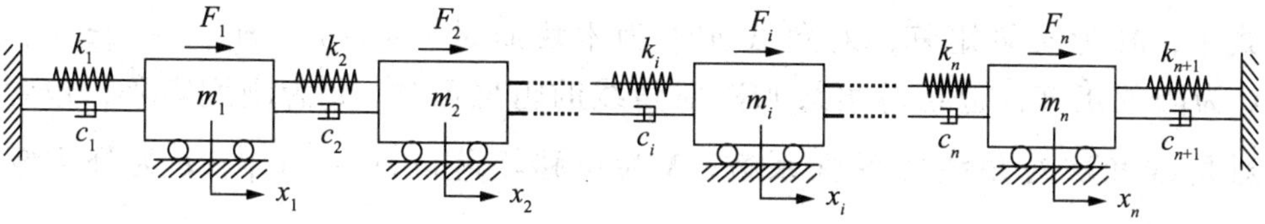

图 2–2　典型的多自由度系统

图 2–2 中存在 n 个木块，这些木块通过多个线性弹簧和黏性阻尼器相连接，在外力 F 的作用下沿水平方向小幅振动。以木块的水平位移为广义坐标，向右为正方向。

选择木块 m_i 对其进行受力分析。根据图 2–2 可知，木块 m_i 两侧弹簧的弹性系数分别为 k_i 和 k_{i+1}，相邻木块之间的黏性阻尼系数分别为 c_i 和 c_{i+1}。木块 m_i 所受的弹簧力可以表示为 k_i（x_i-x_{i-1}）和 k_{i+1}（$x_{i+1}-x_i$），阻尼力为$c_i(\dot{x}_i-\dot{x}_{i-1})$和$c_{i+1}(\dot{x}_{i+1}-\dot{x}_i)$，结果如图 2–3 所示。

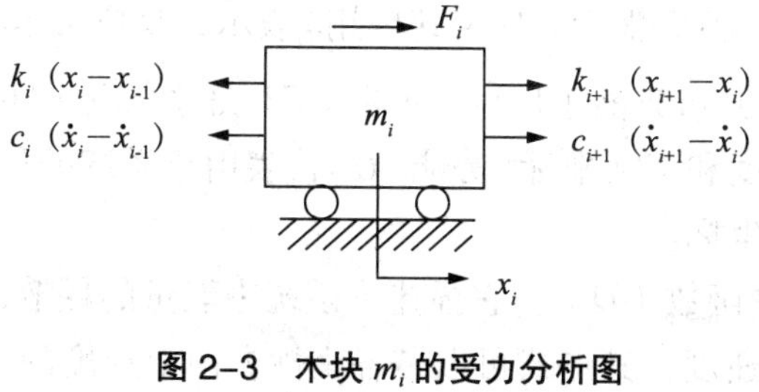

图 2–3　木块 m_i 的受力分析图

根据这些力并结合牛顿第二定律，我们可以写出 m_i 的动力学方程：

$$m_i\ddot{x}_i=F_i+c_{i+1}(\dot{x}_{i+1}-\dot{x}_i)+k_{i+1}(x_{i+1}-x_i)-c_i(\dot{x}_i-\dot{x}_{i-1})-k_i(x_i-x_{i-1}) \quad (2\text{–}1)$$

整理上述方程，得到更为一般的形式：

$$m_i\ddot{x}_i+(c_i+c_{i+1})\dot{x}_i-(c_i\dot{x}_{i-1}+c_{i+1}\dot{x}_{i+1})+(k_i+k_{i+1})x_i-(k_ix_{i-1}+k_{i+1}x_{i+1})=F_i \quad (2\text{–}2)$$

根据式（2–2）可得木块 m_1 的方程：

$$m_1\ddot{x}_1+(c_1+c_2)\dot{x}_1-c_2\dot{x}_2+(k_1+k_2)x_1-k_2x_2=F_1 \tag{2-3}$$

m_2 的方程为

$$m_2\ddot{x}_2+(c_2+c_3)\dot{x}_2-(c_2\dot{x}_1+c_3\dot{x}_3)+(k_2+k_3)x_2-(k_2x_1+k_3x_3)=F_2 \tag{2-4}$$

依此类推可以得到所有木块的方程，但如果一一列举，太过烦琐，我们可以用矩阵形式表示，进而得出整体系统的方程为

$$\boldsymbol{M}\ddot{\boldsymbol{X}}+\boldsymbol{C}\dot{\boldsymbol{X}}+\boldsymbol{K}\boldsymbol{X}=\boldsymbol{F} \tag{2-5}$$

式中，$\boldsymbol{M}$ 为质量矩阵，对角线元素为木块质量（m_1，m_2，m_i，…，m_n）；$\boldsymbol{C}$ 为阻尼矩阵，包含对角线和次对角线的阻尼系数；$\boldsymbol{K}$ 为刚度矩阵，包含对角线和次对角线的弹性系数；$\boldsymbol{X}$ 为位移矩阵 $[x_1,x_2,\cdots,x_n]^{\mathrm{T}}$；$\boldsymbol{F}$ 为外力矩阵 $[F_1,F_2,\cdots,F_n]^{\mathrm{T}}$。

这样的表示能够确保所有动力学关系的正确反映，并有助于通过数值方法进行系统分析和求解。

2. 拉格朗日方程法

在机械工程和动力学中，建立振动系统的动力学方程常用的方法有牛顿定律法和拉格朗日方程法，其中牛顿定律法适合较简单的系统，拉格朗日方程法则更适合处理复杂系统或者系统中的约束较多的情况。

使用拉格朗日方程法建立方程之前需要先明确几个基本定义。

（1）广义坐标和广义速度。广义坐标用 q_i 表示，是描述系统配置的变量，指的是系统中第 i 个独立坐标。广义速度用 $\dot{q}_i$ 表示，是广义坐标的时间导数。

（2）动能（T）和势能（U）。动能（T）是系统运动状态的能量表示，通常依赖于广义速度和广义坐标。势能（U）代表由于系统的位置而具有的能量，通常只依赖于广义坐标。

（3）能量散失函数（D）。它描述了系统中能量的耗散，如阻尼。这一函数通常依赖于广义速度，其形式可以是各坐标方向上速度的平方与相应的阻尼系数的乘积之和除以 2。

拉格朗日方程依据的是拉格朗日函数 $L=T-U$，其形式如下：

$$\frac{\mathrm{d}}{\mathrm{d}t}\left(\frac{\partial T}{\partial \dot{q}_i}\right)-\frac{\partial T}{\partial q_i}+\frac{\partial U}{\partial q_i}+\frac{\partial D}{\partial \dot{q}_i}=F_i(t) \tag{2-6}$$

式中，$\frac{\partial T}{\partial \dot{q}_i}$ 是动能 T 对广义速度的偏导数，表示振动在第 i 个坐标方向上的动量；

$\frac{\mathrm{d}}{\mathrm{d}t}\left(\frac{\partial T}{\partial \dot{q}_i}\right)$ 表示系统第 i 个坐标动量的时间导数，对应惯性力的负值；$\frac{\partial T}{\partial q_i}$表示与广义坐标 q_i 直接相关的惯性力或惯性力矩的负值，若 T 与 q_i 无关，则此项为零；$\frac{\partial U}{\partial q_i}$表示势能关于广义坐标的偏导数，对应弹性力或重力的负值；$\frac{\partial D}{\partial \dot{q}_i}$表示阻尼力的负值，是能量散失函数 D 关于广义速度的偏导数；$F_i(t)$为广义激振力，表示振动系统中第 i 个坐标 q_i 方向上的激振作用力。广义激振力考虑了外部作用于系统的力，如驱动力或外部扰动。若某些激振力已通过 T、U、D 表示，则在方程中不再重复考虑这些力。

当处理动态系统中的激振力时，我们通常需要区分这些力能否通过系统的动能 T 或势能 U 来表示。如果激振力不适合以动能或势能的形式表达，我们需要直接计算这些激振力，并将其效果直接应用于相应的广义坐标，这样的处理对于分析和设计振动系统非常关键，特别是在系统受到复杂外部激励时。例如，在航空航天工程中，飞行器可能受到突变的气流或其他外部扰动，这些激振力需直接考虑其对系统的即时影响；在汽车行驶中，路面的不平坦可能导致非周期性的冲击力作用于车辆，这些力的直接计算对于车辆悬挂系统的设计至关重要。具体步骤包含以下几步。

第一，激振力的直接计算。如果激振力不能直接通过系统的能量表达形式来表示，我们需要针对具体的外部作用力进行建模，直接求出作用在各广义坐标方向上的激振力 F_i。例如，机械系统可能受到非周期性的冲击力或随机力，这些力的效果不能简单地通过改变系统的总能量来模拟。

第二，惯性力和弹性力的直接表达。对于那些本质上属于惯性力或弹性力的激振力，我们可以直接计算这些力的具体表达式。例如，加速度依赖的力可以直接作为惯性力处理；与位移直接相关的力则可以视为弹性力。这种方法避免了动能和势能的复杂间接计算，使力的作用更加直观和易于处理。

第三，方程的修改。当引入直接计算的激振力后，原来的拉格朗日方程需要作出相应修改以包含这些直接作用的力。方程的一般形式变为

$$\frac{\mathrm{d}}{\mathrm{d}t}\left(\frac{\partial T}{\partial \dot{q}_i}\right)-\frac{\partial T}{\partial q_i}+\frac{\partial U}{\partial q_i}+\frac{\partial D}{\partial \dot{q}_i}+F_i^{\mathrm{ext}}=F_i(t) \tag{2-7}$$

式中，F_i^{ext}表示除通过能量形式表达的力之外的直接作用力。

2.2 固有频率与固有振型

2.2.1 固有频率

对于多自由度系统而言，无阻尼的自由振动表示没有阻尼力和外在激励力，主要涉及质量矩阵 $\boldsymbol{M}$ 和刚度矩阵 $\boldsymbol{K}$ 的耦合。

无阻尼的 n 个自由度系统的自由振动可以用一般微分方程表示，如下

$$\begin{bmatrix} m_{11} & \cdots & m_{1n} \\ \vdots & \ddots & \vdots \\ m_{n1} & \cdots & m_{nn} \end{bmatrix}\begin{bmatrix} \ddot{x}_1 \\ \vdots \\ \ddot{x}_n \end{bmatrix}+\begin{bmatrix} k_{11} & \cdots & k_{1n} \\ \vdots & \ddots & \vdots \\ k_{n1} & \cdots & k_{nn} \end{bmatrix}\begin{bmatrix} x_1 \\ \vdots \\ x_n \end{bmatrix}=\begin{Bmatrix} 0 \\ \vdots \\ 0 \end{Bmatrix} \tag{2-8}$$

式（2-8）可以用以下矩阵方程表达：

$$\boldsymbol{M}\ddot{\boldsymbol{x}}+\boldsymbol{K}\boldsymbol{x}=\boldsymbol{0} \tag{2-9}$$

式中，$\boldsymbol{M}$ 为一个$n\times n$的质量矩阵，代表系统的质量分布；$\boldsymbol{K}$ 为一个$n\times n$的刚度矩阵，代表系统的刚性；$\ddot{\boldsymbol{x}}$为位移向量的二阶导数，即加速度向量；$\boldsymbol{x}$为位移向量。

假设系统的振动形式均为简谐振动（所有质量块具有相同的频率ω和相位ψ），我们可以得出方程的一般解为

$$x_i=A_i\sin(\omega t+\varphi)\ (i=1,\ 2,\ \cdots,\ n) \tag{2-10}$$

根据式（2-10）可得位移向量$\boldsymbol{x}$的表达式为

$$\boldsymbol{x}=\boldsymbol{A}\sin(\omega t+\varphi) \tag{2-11}$$

式中，$\boldsymbol{A}$ 为对应于 ω 的特征向量，表示系统以一定频率做自由振动时，各物块振幅的相对大小，取值为$\begin{bmatrix} A_1 \\ \vdots \\ A_n \end{bmatrix}$。

将式（2-11）的二阶时间导数（即加速度）代入式（2-8），得到

$$\begin{cases} (k_{11}-m_{11}\omega^2)\ A_1\sin(\omega t+\varphi)+\cdots+(k_{1n}-m_{1n}\omega^2)\ A_n(\omega t+\varphi)=0 \\ \vdots \\ (k_{n1}-m_{n1}\omega^2)\ A_1(\omega t+\varphi)+\cdots+(k_{nn}-m_{nn}\omega^2)\ A_n(\omega t+\varphi)=0 \end{cases} \tag{2-12}$$

式（2-12）是一个关于 A_i 的 n 元线性齐次方程组，可以用矩阵表示为

$$\boldsymbol{M}\left[-\omega^{2A}\sin(\omega t+\varphi)\right]+\boldsymbol{KA}\sin(\omega t+\varphi)=\boldsymbol{0} \tag{2-13}$$

由于$\sin(\omega t+\varphi)$不为零，式（2-13）可化简为

$$(\boldsymbol{K}-\omega^2\boldsymbol{M})\boldsymbol{A}=\boldsymbol{0} \tag{2-14}$$

定义$\boldsymbol{B}=\boldsymbol{K}-\omega^2\boldsymbol{M}$为系统的特征矩阵，非零解的存在条件要求特征矩阵的行列式为零，即

$$\begin{vmatrix} k_{11}-m_{11}\omega^2 & \cdots & k_{1n}-m_{1n}\omega^2 \\ \vdots & \vdots & \vdots \\ k_{n1}-m_{n1}\omega^2 & \cdots & k_{nn}-m_{nn}\omega^2 \end{vmatrix}=0 \tag{2-15}$$

式（2-15）可简写为

$$\det \boldsymbol{B}=0 \tag{2-16}$$

特征矩阵的行列式为 0 引出了一个寻找系统固有频率的数学问题，其求解过程涉及计算矩阵$\boldsymbol{K}-\omega^2\boldsymbol{M}$的所有元素，这个矩阵被称为系统的动态刚度矩阵。该行列式展开后形成了一个关于ω^2的 n 次多项式方程，通常称为系统的频率方程或特征方程，具体形式为

$$\omega^{2n}+a_1\omega^{2(n-1)}+a_2\omega^{2(n-2)}+\cdots+a_{n-1}\omega^2+a_n=0 \tag{2-17}$$

式中，$a_1,a_2,\cdots,a_n$是由系统的质量和刚度矩阵的元素决定的系数。

如果系统是正定的，式（2-16）就会具有 n 个正的实根。每个根ω_i^2之所以是非负的，是因为负数的根会产生复数频率，在物理上没有意义（除非考虑有阻尼的情况）。每个根对应系统的自然频率，代表系统在特定自然频率下的一个可能振动模式（或振型），这是一个特征值，其平方根ω_i是系统的固有频率。固有频率是系统在特定振型下自然振动的频率，这些频率是结构设计和动态分析中非常重要的参数，因为它们直接关系到系统的动态响应。系统的固有频率通常从小到大排列，其中最小的固有频率ω_1称为基频，是系统最容易激发的频率。随着阶数的增加，固有频率逐渐升高，反映了系统更高阶振型的动态特性。

2.2.2　固有振型

根据式（2-16）求得 n 个固有频率后，接下来可以将每个固有频率ω_i代入特征方程组中，即将振动方程组中的频率项替换为已求得的固有频率，并求解

由此产生的齐次线性方程组，进而求解各振型对应的振幅比。具体步骤如下。

第一，将固有频率ω_i代入式（2–14），可得

$$(\boldsymbol{K}-\omega_i^2\boldsymbol{M})\boldsymbol{A}_i=\boldsymbol{0} \tag{2–18}$$

式中，$\boldsymbol{A}_i$为与固有频率ω_i对应的特征向量，它表示系统以频率ω_i进行自由振动时，各组成部分振幅的相对大小，展示了系统在特定自然频率下振动时各部分的相对运动方式。

第二，选择一个振幅（如A_1）作为参考，设A_1=1，这样做可为方程组中的其他振幅提供一个比例基准，从而求解相对振幅比，即$\left(\dfrac{A_2}{A_1},\dfrac{A_3}{A_1},\cdots,\dfrac{A_n}{A_1}\right)$。具体表达形式如下：

$$\begin{cases}(k_{11}-m_{11}\omega_i^2)\cdot 1+(k_{12}-m_{12}\omega_i^2)\cdot A_2+\cdots+(k_{1n}-m_{1n}\omega_i^2)\cdot A_n=0\\(k_{21}-m_{21}\omega_i^2)\cdot 1+(k_{22}-m_{22}\omega_i^2)\cdot A_2+\cdots+(k_{2n}-m_{2n}\omega_i^2)\cdot A_n=0\\ \vdots \\(k_{n1}-m_{n1}\omega_i^2)\cdot 1+(k_{n2}-m_{n2}\omega_i^2)\cdot A_2+\cdots+(k_{nn}-m_{nn}\omega_i^2)\cdot A_n=0\end{cases} \tag{2–19}$$

求解上述方程组后得到的振幅比可以表示化为一个振幅向量$\boldsymbol{A}^{(i)}$，即

$$\boldsymbol{A}^{(i)}=\begin{bmatrix}1\\ \dfrac{A_2}{A_1}\\ \vdots\\ \dfrac{A_n}{A_1}\end{bmatrix}=\begin{bmatrix}1\\ A_2^i\\ \vdots\\ A_n^i\end{bmatrix} \tag{2–20}$$

式中，每个向量$\boldsymbol{A}^{(i)}$对应于第i个固有频率ω_i的振型，被称为第i阶振幅向量或主振型向量。

在多自由度无阻尼系统中，每个自由度可以具有独立的固有频率，每个固有频率都对应一个固有振型。通过振型的叠加，我们可以构造出系统对任意初始条件的响应。这种方法是线性叠加原理的直接应用，非常适用于线性系统的动力学分析。

对于每个固有频率和固有振型，系统的振动可以表示为一个简谐振动形式，即

$$\boldsymbol{x}(t)=\boldsymbol{A}^{(i)}\sin(\omega_i t+\varphi_i) \tag{2–21}$$

式中，φ_i为相位，由初始条件确定。

由于系统是线性的，因此每个独立振动的解可以叠加成总解，对于一个有 n 个自由度的系统，其响应$\boldsymbol{x}(t)$是所有独立振动解的叠加：

$$\boldsymbol{x}(t)=\sum_{i=1}^{n}\boldsymbol{A}^{(i)}\sin(\omega_i t+\varphi_i) \tag{2-22}$$

由式（2-21）可知，n 个自由度的系统的响应由振幅$\boldsymbol{A}^{(i)}$和相位φ_i共 $2n$ 个参数决定，这些参数主要由初始条件（如初始位移和初始速度）来确定。如果已知系统在 t=0 时的位移和速度，我们可以根据相应的线性方程组来求解$\boldsymbol{A}^{(i)}$和φ_i，这种方式可使每个振动模式的贡献被准确地量化，使系统的动态响应可以完整地预测和分析，这在结构工程、航空航天、汽车工程等领域的动态分析中是基础且关键的。

1. 固有振型之间的正交性

当质量矩阵 $\boldsymbol{M}$ 与刚度矩阵 $\boldsymbol{K}$ 都是对称矩阵时，n 自由度振动系统中 n 个固有频率对应的 n 阶固有振型之间关于 $\boldsymbol{M}$ 和 $\boldsymbol{K}$ 都是正交的，这意味着不同振型在质量矩阵 $\boldsymbol{M}$ 和刚度矩阵 $\boldsymbol{K}$ 的作用下是相互独立的。这一理论可以用数学式证明。

对于一个 n 自由度的振动系统，每个固有频率ω和对应的振型向量 $\boldsymbol{A}$ 满足以下关系式：

$$\boldsymbol{KA}=\omega^2\boldsymbol{MA} \tag{2-23}$$

从 n 个主振型中任取两个，如$\boldsymbol{A}^{(i)}$和$\boldsymbol{A}^{(j)}$，将其代入上述关系式，可以得到

$$\boldsymbol{KA}^{(i)}=\omega_i^{\ 2}\boldsymbol{MA}^{(i)} \tag{2-24}$$

$$\boldsymbol{KA}^{(j)}=\omega_j^{\ 2}\boldsymbol{MA}^{(j)} \tag{2-25}$$

将$\boldsymbol{A}^{(j)\mathrm{T}}$（$\boldsymbol{A}^{(j)}$的转置）左乘式（2-24），并将$\boldsymbol{A}^{(i)\mathrm{T}}$左乘式（2-25），可以得到

$$\boldsymbol{A}^{(j)\mathrm{T}}\boldsymbol{KA}^{(i)}=\omega_i^{\ 2}\boldsymbol{MA}^{(i)}\boldsymbol{A}^{(j)\mathrm{T}} \tag{2-26}$$

$$\boldsymbol{A}^{(i)\mathrm{T}}\boldsymbol{KA}^{(j)}=\omega_j^{\ 2}\boldsymbol{MA}^{(j)}\boldsymbol{A}^{(i)\mathrm{T}} \tag{2-27}$$

由于质量矩阵 $\boldsymbol{M}$ 和刚度矩阵 $\boldsymbol{K}$ 都是对称矩阵，我们可以得出

$$\boldsymbol{A}^{(j)\mathrm{T}}\boldsymbol{MA}^{(i)}=\boldsymbol{A}^{(i)\mathrm{T}}\boldsymbol{MA}^{(j)} \tag{2-28}$$

$$A^{(i)\mathrm{T}}KA^{(j)}=A^{(j)\mathrm{T}}KA^{(i)} \tag{2-29}$$

将式（2–28）和式（2–29）两个正交性条件代入式（2–26）和式（2–27），得到

$$A^{(i)\mathrm{T}}KA^{(j)}=\omega_i^{\ 2}MA^{(i)\mathrm{T}}A^{(j)} \tag{2-30}$$

$$A^{(i)\mathrm{T}}KA^{(j)}=\omega_j^{\ 2}MA^{(i)\mathrm{T}}A^{(j)} \tag{2-31}$$

由于$i \neq j$且$\omega_i \neq \omega_j$，式（2–30）与（2–31）相减可得

$$(\omega_i^2-\omega_j^2)A^{(i)\mathrm{T}}MA^{(j)}=0 \tag{2-32}$$

因此，我们可以得出以下等式必然成立：

$$A^{(i)\mathrm{T}}MA^{(j)}=0 \tag{2-33}$$

$$A^{(i)\mathrm{T}}KA^{(j)}=0 \tag{2-34}$$

式（2–33）表示不同固有振型关于质量矩阵的内积为零；式（2–34）表示不同固有振型关于刚度矩阵的内积为零。

当$i=j$时，对同一个振型$A^{(i)}$同样存在以下等式成立：

$$A^{(i)\mathrm{T}}MA^{(j)}=M_i \tag{2-35}$$

$$A^{(i)\mathrm{T}}KA^{(j)}=K_i \tag{2-36}$$

式中，M_i为第i个固有振型的主质量或广义质量；K_i为第i个固有振型的主刚度或广义刚度。

将式（2–35）和式（2–36）代入式（2–30），可得

$$K_i=\omega_i^{\ 2}M_i \tag{2-37}$$

由于主振型的正交性，不同阶的主振型之间不存在动能的转换，或者说不存在惯性耦合，这一性质确保了在振动分析中，系统在某一主振型下振动时不会因为其他主振型的存在而影响能量状态。同样，由于第i阶固有振动的广义弹性力在第j阶固有振动的微小位移上的元功之和也等于零，不同阶固有振动之间也不存在势能的转换，或者说不存在弹性耦合，这意味着在任何给定的时刻，每个振型的势能都是封闭且独立的。

对于每一个主振型来说，其动能和势能之和是一个常数，只是在运动过程中每个主振型内部的动能和势能会互相转化，但各阶主振型之间不会发生能量的传递。例如，如果一个多自由度系统被激发到某一特定的主振型，那么这种振型的能量将保持在该模式内，不会传递给系统的其他振型。这种能量的独立

性使振动分析更为简洁高效，特别是在工程应用中，这允许工程师分别考虑各个主振型的响应，而不必担心各振型之间的相互作用。例如，在建筑结构的地震响应分析中，结构的每个主振型可以单独分析，从而精确地评估在特定地震波作用下的最大响应。

主振型的正交性还对数值模拟和计算分析具有重要意义。在使用有限元方法进行结构动力学分析时，工程师通过利用振型的正交性，可以大幅减少计算量。系统的质量矩阵和刚度矩阵可以同时对角化，使系统的动力方程成为一系列解耦的单自由度振动问题，从而极大地简化问题的求解。从能量的观点看，各阶主振型的独立性不仅是数学上的便利，还是物理现象的真实反映，每个振型的能量独立性说明在自然界和工程实践中，复杂系统的动态行为可以通过分解为简单的基本行为来有效理解和控制，这种方法不仅适用于机械振动，也广泛适用于其他领域，如电子电路、流体动力学等领域的振动和波动分析。

2. 振型矩阵与正则振型矩阵

n 自由度振动系统包含 n 个主振型，分别为 $\boldsymbol{A}^{(1)}$，$\boldsymbol{A}^{(2)}$，…，$\boldsymbol{A}^{(n)}$，其中，

$$\boldsymbol{A}^{(1)}=\begin{bmatrix} A_1^{(1)} \\ \vdots \\ A_n^{(1)} \end{bmatrix},\ \boldsymbol{A}^{(2)}=\begin{bmatrix} A_1^{(2)} \\ \vdots \\ A_n^{(2)} \end{bmatrix},\ \dots,\ \boldsymbol{A}^{(n)}=\begin{bmatrix} A_1^{(n)} \\ \vdots \\ A_n^{(n)} \end{bmatrix} \tag{2-38}$$

将系统的 n 个主振型按照次序依次排列，每一个主振型都是一个列向量，从而形成了一个 $n\times n$ 的矩阵，记为 $\boldsymbol{P}$，表达式为

$$\boldsymbol{P}=[\boldsymbol{A}^{(1)},\ \boldsymbol{A}^{(2)},\ \cdots,\ \boldsymbol{A}^{(n)}]=\begin{bmatrix} A_1^{(1)} & \cdots & A_1^{(n)} \\ \vdots & \cdots & \vdots \\ A_n^{(1)} & \cdots & A_n^{(n)} \end{bmatrix} \tag{2-39}$$

由主振型列向量构成的矩阵 $\boldsymbol{P}$ 被称为振型矩阵，也被称为模态矩阵。

当处理一个多自由度的动力系统时，我们经常使用振型矩阵 $\boldsymbol{P}$ 来简化问题，它最显著的特性就是可以将系统的质量矩阵 $\boldsymbol{M}$ 对角化，即

$$\boldsymbol{P}^{\mathrm{T}}\boldsymbol{M}\boldsymbol{P}=\begin{bmatrix} \boldsymbol{M}_1 & 0 & \cdots & 0 \\ 0 & \boldsymbol{M}_2 & \cdots & 0 \\ \vdots & \vdots & \ddots & \vdots \\ 0 & 0 & \cdots & \boldsymbol{M}_n \end{bmatrix}=\tilde{\boldsymbol{M}} \tag{2-40}$$

式中，$\tilde{\boldsymbol{M}}$ 为系统质量矩阵 $\boldsymbol{M}$ 的对角矩阵，称为主质量矩阵。

同理可得

$$P^{\mathrm{T}}KP=\begin{bmatrix} K_1 & 0 & \cdots & 0 \\ 0 & K_2 & \cdots & 0 \\ \vdots & \vdots & \ddots & \vdots \\ 0 & 0 & \cdots & K_n \end{bmatrix}=\tilde{K} \tag{2-41}$$

式中，$\tilde{K}$为系统刚度矩阵 K 的对角矩阵，称为主刚度矩阵。

矩阵对角化的物理意义在于能够提供一种通过主振型独立分析系统动态行为的方法，这意味着在模态坐标系中，系统的动态方程变为解耦的形式，每个方程只与一个主振型相关，每个模式可以单独处理，这就大大简化了动态系统的分析，尤其是在求解自由振动或响应分析时。在实际应用中，这种技术非常有用，可用于结构动力学、航天器设计以及任何需要精确动态模型的工程领域。

在动力学分析中，我们通过调整振型矩阵 P 的各列可构造出一个新的矩阵，即使用主振型的模态质量进行归一化生成的正则矩阵 N，这个矩阵的列是原振型矩阵列的标准化形式。正则矩阵 N 是振型矩阵 P 的主振型$A^{(i)}$分别与不同的常数β_i相乘形成新的矩阵，其中β_i是归一化因子。正则矩阵 N 的表达式如下：

$$N=\left[\beta_1 A^{(1)} \quad \beta_2 A^{(2)} \quad \cdots \quad \beta_n A^{(n)}\right] \tag{2-42}$$

β_i的选取基于主振型的主质量 M_i，具体为

$$\beta_i=\frac{1}{\sqrt{M_i}} \tag{2-43}$$

正则矩阵 N 作为振型矩阵 P 的衍生形式，同样具备振型矩阵的许多重要属性（如质量矩阵的对角化），但具体的内容发生了改变。

用N^{T}左乘质量矩阵 M，然后用 N 右乘，得到单位矩阵 I，计算公式为

$$N^{\mathrm{T}}MN=I \tag{2-44}$$

式中，I 的每个对角线元素都是 1，这表明质量矩阵在应用正则矩阵后被完全对角化，也证明了各主振型完全正交且规范化。

同理，N^{T}左乘质量矩阵 K，然后用 N 右乘，得到对角矩阵$\tilde{\omega}^2$，计算公式为

$$N^{\mathrm{T}}KN=\tilde{\omega}^2 \tag{2-45}$$

式中，$\tilde{\omega}^2$的对角线上的元素为各阶固有频率的平方。

正则矩阵的这些性质意味着系统的动力学行为可以被归一化和解耦，使每个主振型都是独立的，且每个振型的质量和能量都能被均匀分布，这大大简化

了系统的动态分析，使工程师可以直接使用对角矩阵操作来预测和解释系统的响应，提高计算效率和理解的直观性。这种方法在结构工程、航空航天和机械系统设计中非常有用，尤其是在需要精确控制和分析振动特性的应用中。

2.3　无阻尼系统的自由振动

本节首先对一个理想化的二自由度无阻尼系统进行详细的分析，理解其动态行为和特性，然后将所获得的分析方法和结果推广到更复杂的多自由度系统中，以便更广泛地研究和解决多自由度系统中的问题。

2.3.1　二自由度系统的固有振动

图 2-4 是一个无阻尼的二自由度自由振动系统，若该系统在 t=0 时刻前受到了扰动，则其在 t=0 时刻之后的自由振动响应可以通过式（2-46）所示的微分方程组和初始条件来确定。这些方程和初始条件描述了系统的动态行为，并为计算系统的自由振动响应提供了必要的信息。

$$\begin{cases} \boldsymbol{M}\ddot{\boldsymbol{u}}(t)+\boldsymbol{K}\boldsymbol{u}(t)=\boldsymbol{0} \\ \text{s.t. } \boldsymbol{u}(0)=\boldsymbol{u}_0, \dot{\boldsymbol{u}}(0)=\dot{\boldsymbol{u}}_0 \end{cases} \tag{2-46}$$

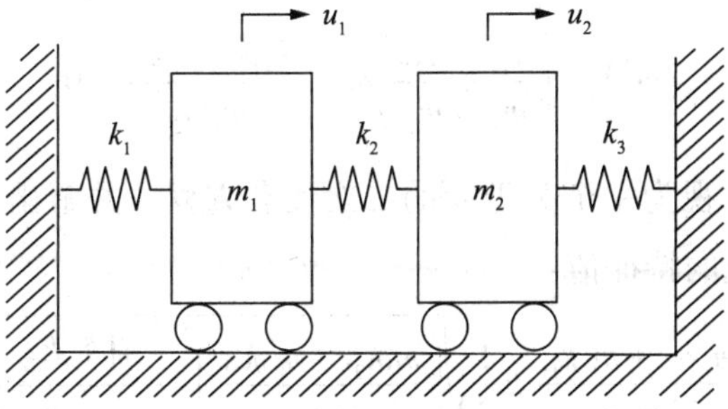

图 2-4　无阻尼二自由度自由振动系统

二自由度无阻尼系统具有两个独立的自由度，它们各自的运动幅值可能不同，因此系统中每个自由度的响应幅值不一定相同。式（2-46）的试解可写作

$$\boldsymbol{u}(t)=\boldsymbol{\varphi}\sin(\omega t+\theta) \xlongequal{\text{def}} \begin{bmatrix} \varphi_1 \\ \varphi_2 \end{bmatrix}\sin(\omega t+\theta) \tag{2-47}$$

在式（2-47）中，振幅$\boldsymbol{\varphi}$表示一个二维向量。将试解（2-47）代入方程（2-46）中，为了确保方程在任意时刻都成立，相关系数必须满足以下条件：

$$\left(\boldsymbol{K}-\omega^2\boldsymbol{M}\right)\boldsymbol{\varphi}=\boldsymbol{0} \tag{2-48}$$

这些条件描述了系统在不同时间点的行为特征，能够确保解的有效性和准确性。

我们将式（2-48）展开，可以写为

$$\begin{cases}\left(k_1+k_2-m_1\omega^2\right)\varphi_1-k_2\varphi_2=0\\ -k_2\varphi_1+\left(k_2+k_3-m_2\omega^2\right)\varphi_2=0\end{cases} \tag{2-49}$$

式（2-49）是一个包含未知数和的二元齐次线性代数方程组，可以用矩阵形式来表示，以简化和统一方程组的表达方式，如式（2-50）所示。

$$\left(\begin{bmatrix}k_{11} & k_{12}\\ k_{21} & k_{22}\end{bmatrix}-\omega^2\begin{bmatrix}m_1 & 0\\ 0 & m_2\end{bmatrix}\right)\begin{bmatrix}\varphi_1\\ \varphi_2\end{bmatrix}=\begin{bmatrix}0\\ 0\end{bmatrix} \tag{2-50}$$

式中，k_{11}，k_{12}，k_{21}和k_{22}分别为刚度矩阵中的各个元素，这些元素可以通过式（2-49）计算得到。对于二自由度系统，系统矩阵是一个2×2的对称矩阵。为了使系统产生振动，式（2-50）必须存在非零解。

$$\det\begin{bmatrix}k_{11}-m_1\omega^2 & k_{12}\\ k_{21} & k_{22}-m_2\omega^2\end{bmatrix}=0 \tag{2-51}$$

式中，det 表示对矩阵进行行列式运算，用于确定矩阵的特性和解的存在性。把上述行列式展开，得到

$$\left(\omega^2\right)^2-\left(\frac{k_{11}}{m_1}+\frac{k_{22}}{m_2}\right)\omega^2+\frac{k_{11}k_{22}-k_{12}^2}{m_1m_2}=0 \tag{2-52}$$

将式（2-52）视为一个关于ω^2的二次代数方程，并解出该方程的一对根。这样可以得到系统的特征值：

$$\omega_{1,2}^2=\frac{m_1k_{22}+m_2k_{11}}{2m_1m_2}\pm\frac{1}{2}\sqrt{\left(\frac{m_1k_{22}+m_2k_{11}}{m_1m_2}\right)^2-\frac{4\left(k_{11}k_{22}-k_{12}{}^2\right)}{m_1m_2}} \tag{2-53}$$

通过观察可以发现，ω_1^2和ω_2^2均为非负实数。将ω_1^2和ω_2^2分别代入式（2-50）以求非零解，可以确定两个实数向量$\boldsymbol{\varphi}_1$和$\boldsymbol{\varphi}_2$。

$$\boldsymbol{\varphi}_1\overset{\text{def}}{=\!=}\begin{bmatrix}\varphi_{11}\\ \varphi_{21}\end{bmatrix},\quad \boldsymbol{\varphi}_2\overset{\text{def}}{=\!=}\begin{bmatrix}\varphi_{12}\\ \varphi_{22}\end{bmatrix} \tag{2-54}$$

因此，我们可以认为二自由度无阻尼系统能够产生预期的振动，系统确实具备所预测的振动特性。令

$$\boldsymbol{u}_r(t)=\boldsymbol{\varphi}_r\sin\left(\omega_r t+\theta_r\right)=\begin{bmatrix}\varphi_{1r}\\ \varphi_{2r}\end{bmatrix}\sin\left(\omega_r t+\theta_r\right)\quad(r=1,2)\tag{2-55}$$

由以上分析可以得出，二自由度无阻尼系统能够产生两种不同频率ω_1或ω_2的同步自由振动。式（2–53）显示，这两个振动频率仅依赖于系统的弹性和惯性特性。类似于单自由度系统的研究，我们将这两个频率从小到大分别称为系统的第一阶固有频率和第二阶固有频率，并称这两种振动为系统的第一阶固有振动和第二阶固有振动。

为了确定系统的固有振动，我们还需要具体求得待定的振幅向量和。为此，我们将ω_1^2代入式（2–50），从而得到分量和必须满足的关系，如式（2–56）所示。通过求解这些关系，我们可以确定各个振幅向量的具体值，进而描述系统的固有振动特性。

$$\begin{cases}\left(k_{11}-m_1\omega_1^2\right)\varphi_{11}+k_{12}\varphi_{21}=0\\ k_{21}\varphi_{11}+\left(k_{22}-m_2\omega_1^2\right)\varphi_{21}=0\end{cases}\tag{2-56}$$

由于ω_1^2是在系数矩阵行列式为零的条件下解出的根，因此方程（2–56）的非零解存在无穷多个，无法确定振幅向量φ_{11}和φ_{21}的精确数值。因此，我们只能确定系统在进行第一阶固有振动时两质量块之间的振幅比，无法得出具体的振幅值。

$$s_1\overset{\text{def}}{=\!=}\frac{\varphi_{11}}{\varphi_{21}}=-\frac{k_{22}-\omega_1^2 m_2}{k_{21}}=-\frac{k_{12}}{k_{11}-\omega_1^2 m_1}\tag{2-57}$$

同样地，将ω_2^2代入式（2–50）后，可以求得系统在进行第二阶固有振动时两质量块之间的振幅之比，从而进一步理解系统的振动特性。

$$s_2\overset{\text{def}}{=\!=}\frac{\varphi_{12}}{\varphi_{22}}=-\frac{k_{22}-\omega_2^2 m_2}{k_{21}}=-\frac{k_{12}}{k_{11}-\omega_2^2 m_1}\tag{2-58}$$

令向量

$$\boldsymbol{\varphi}_1=\varphi_{21}\begin{bmatrix}s_1\\ 1\end{bmatrix},\quad \boldsymbol{\varphi}_2=\varphi_{22}\begin{bmatrix}s_2\\ 1\end{bmatrix}\tag{2-59}$$

$\boldsymbol{\varphi}_1$和$\boldsymbol{\varphi}_2$反映了二自由度系统在固有振动时的形态，分别称为第一阶和第二阶固有振动的振型，简称固有振型。这些振型描述了系统在不同固有频率下的振动模式。

固有振型以向量形式描述了系统在进行固有振动时两坐标位移的比例关系。根据式（2–59）可以看出，固有振型具有以下性质，这些性质进一步揭示了系统在不同固有频率下的振动模式及其特征，能够帮助我们更好地理解和分析系统的动态行为。

第一，固有振型反映了二自由度系统在第 r 阶固有振动时，两质量块的位移比例关系。这意味着在图 2–4 中，两质量块在固有振动时总是以相同的频率进行简谐振动。然而，这种振动可能是同相的，也可能是反相的。这种描述不仅揭示了两质量块振动频率的一致性，还说明了它们在不同固有频率下的相对位移方向。

第二，对于任一固有振型$\boldsymbol{\varphi}_r$和任意非零实数 α，α 乘以该振型仍然是对应固有频率的固有振型。这表明固有振型只能确定到相差一个实数因子的程度，无法唯一确定。

例 2–1 设图 2–4 中二自由度系统的物理参数为$m_1 = m_2 = m$，$k_1 = k_3 = k$，$k_2 = \mu k$，$0 < \mu \leqslant 1$。确定系统的固有振动。

解：将参数代入式（2–56），解得系统的两个固有频率分别为

$$\omega_1 = \sqrt{\frac{k}{m}},\quad \omega_2 = \sqrt{\frac{(1+2\mu)k}{m}} \tag{2–60}$$

两质量块的振幅比可以通过式（2–57）和（2–58）求得，从而确定它们之间的位移比例关系。

$$s_1 = 1,\quad s_2 = -1 \tag{2–61}$$

系统的两个固有振型可取作

$$\boldsymbol{\varphi}_1 = \alpha_1 \begin{bmatrix} 1 \\ 1 \end{bmatrix},\quad \boldsymbol{\varphi}_2 = \alpha_2 \begin{bmatrix} -1 \\ 1 \end{bmatrix} \tag{2–62}$$

所以该系统的两个固有振动为

$$\boldsymbol{u}_1(t) = \alpha_1 \begin{bmatrix} 1 \\ 1 \end{bmatrix} \sin\left(\sqrt{\frac{k}{m}}t + \theta_1\right),\quad \boldsymbol{u}_2(t) = \alpha_2 \begin{bmatrix} -1 \\ 1 \end{bmatrix} \sin\left(\sqrt{\frac{(1+2\mu)k}{m}}t + \theta_2\right) \tag{2–63}$$

图 2–5 展示了系统在固有振动状态下两质量块的振动幅值关系。显然，每

一阶固有振动都是一种同步自由振动模式，其中两质量块在振动过程中始终同步运动，既在达到振动峰值时同步，又在经过平衡位置时同步。这表明系统的固有振动特性能够使两质量块在振动过程中保持协调一致的运动状态。

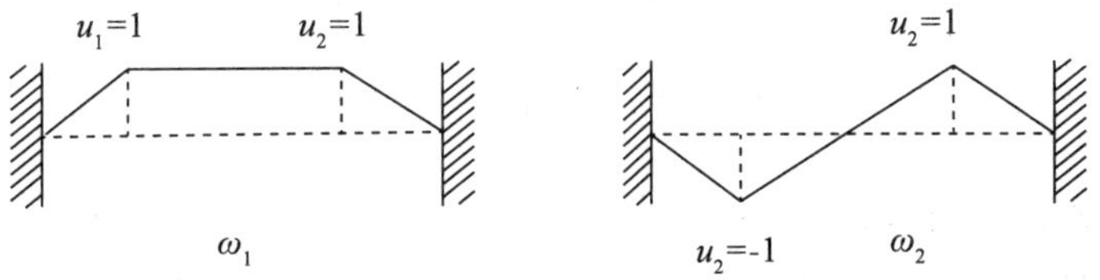

图 2-5　二自由度无阻尼系统的固有振型

在第一阶固有振动中，两质量块始终以相同的方向和相同的振幅运动，中间的弹簧没有变形。而在第二阶固有振动中，两质量块以相反的方向、相同的振幅运动，因此中间弹簧的中点保持静止不动，这一点被称为该阶固有振动的节点。根据中间弹簧的变形特点，我们可以得出该系统的两个固有频率的取值。

系统的这种运动模式被称为模态。无阻尼系统的固有频率和固有振型称为系统的固有模态，而固有振型的向量称为模态向量。需要说明的是，固有模态指的是系统在理想无阻尼状态下的内在特性，只与系统的弹性和惯性有关。

如上所述，二自由度无阻尼系统的两种固有振动仅仅是可能存在的运动形式。系统若要真正产生这样的运动，应满足一定的运动初始条件。由式（2-55）可知，系统产生第 r 阶固有振动的初始条件是

$$\boldsymbol{u}(0)=\boldsymbol{\varphi}_r\sin\theta_r,\quad \dot{\boldsymbol{u}}(0)=\boldsymbol{\varphi}_r\omega_r\cos\theta_r(r=1,2) \tag{2-64}$$

这表明，要使系统产生第 r 阶固有振动，系统的初始位移和初始速度必须与该阶固有振型保持一定的比例关系。这与单自由度无阻尼系统的固有振动不同。

2.3.2　二自由度系统的自由振动

如果二自由度系统的初始条件不满足式（2-64），那么系统的自由振动将不会是任何一阶固有振动模式。然而，根据线性常微分方程的理论，二自由度无阻尼系统的任一自由振动始终可以表示为两种固有振动的线性组合。因此，即使初始条件不同，系统的振动模式仍然是这两种固有振动模式的叠加，即

$$\boldsymbol{u}(t)=\alpha_1\boldsymbol{u}_1(t)+\alpha_2\boldsymbol{u}_2(t)=\alpha_1\boldsymbol{\varphi}_1\sin\left(\omega_1 t+\theta_1\right)+\alpha_2\boldsymbol{\varphi}_2\sin\left(\omega_2 t+\theta_2\right) \tag{2-65}$$

或

$$\boldsymbol{u}(t)=\boldsymbol{\varphi}_1\left(a_1\cos\omega_1 t+b_1\sin\omega_1 t\right)+\boldsymbol{\varphi}_2\left(a_2\cos\omega_2 t+b_2\sin\omega_2 t\right) \tag{2-66}$$

式中，常数α_r和θ_r（或a_r和b_r）（r=1，2）由初始条件确定。

例 2-2 如果例 2-1 中系统运动的初始条件为

$$\boldsymbol{u}(0)=\begin{bmatrix}1\\0\end{bmatrix},\quad \dot{\boldsymbol{u}}(0)=\begin{bmatrix}0\\0\end{bmatrix} \tag{2-67}$$

试确定系统的自由振动。

解：由例 2-1 中的结果及式（2-65）可得系统的自由振动应为

$$\boldsymbol{u}(t)=\alpha_1\begin{bmatrix}1\\1\end{bmatrix}\sin\left(\omega_1 t+\theta_1\right)+\alpha_2\begin{bmatrix}-1\\1\end{bmatrix}\sin\left(\omega_2 t+\theta_2\right) \tag{2-68}$$

$$\dot{\boldsymbol{u}}(t)=\alpha_1\omega_1\begin{bmatrix}1\\1\end{bmatrix}\cos\left(\omega_1 t+\theta_1\right)+\alpha_2\omega_2\begin{bmatrix}-1\\1\end{bmatrix}\cos\left(\omega_2 t+\theta_2\right) \tag{2-69}$$

式中，

$$\omega_1=\sqrt{\frac{k}{m}},\quad \omega_2=\sqrt{\frac{(1+2\mu)k}{m}} \tag{2-70}$$

将初始条件（2-67）代入式（2-68）和（2-69）得

$$\begin{bmatrix}1\\0\end{bmatrix}=\begin{bmatrix}1\\1\end{bmatrix}\alpha_1\sin\theta_1+\begin{bmatrix}-1\\1\end{bmatrix}\alpha_2\sin\theta_2,\quad \begin{bmatrix}0\\0\end{bmatrix}=\begin{bmatrix}1\\1\end{bmatrix}\alpha_1\omega_1\cos\theta_1+\begin{bmatrix}-1\\1\end{bmatrix}\alpha_2\omega_2\cos\theta_2 \tag{2-71}$$

先解式（2-71）中的第二式得

$$\cos\theta_1=\cos\theta_2=0,\ \text{即}\ \theta_1=\theta_2=\frac{\pi}{2} \tag{2-72}$$

再解式（2-71）中的第一式得$\alpha_1=-\alpha_2=\dfrac{1}{2}$。

故系统的自由振动为

$$\boldsymbol{u}(t)=\frac{1}{2}\begin{bmatrix}1\\1\end{bmatrix}\cos\omega_1 t+\frac{1}{2}\begin{bmatrix}1\\-1\end{bmatrix}\cos\omega_2 t \tag{2-73}$$

取$\mu=1$使中间弹簧与两端弹簧的刚度相同，则系统的两个固有频率分别为$\omega_1=\sqrt{\dfrac{k}{m}}$和$\omega_2=\sqrt{\dfrac{3k}{m}}$。

图 2-6 中，两个集中质量的自由振动以粗实线表示，细实线代表第一阶固

有振动，虚线代表第二阶固有振动。由于ω_1与ω_2两个固有频率之比是无理数，此时的自由振动不是单一的简谐振动，而是由两个不同频率成分的简谐振动合成的非周期振动。

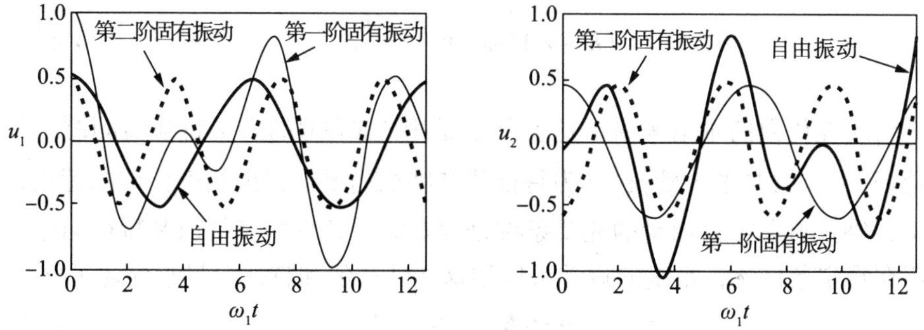

图 2-6　二自由度无阻尼系统的非周期自由振动

因此，二自由度无阻尼系统的自由振动与单自由度无阻尼系统的自由振动有本质区别：单自由度无阻尼系统的自由振动与其固有振动相同，在任何初始条件下总是简谐振动；而二自由度无阻尼系统的自由振动通常是两种不同频率的固有振动的线性组合，不一定是简谐振动，也可能是非周期振动。这反映了多自由度系统在振动行为上的复杂性。

2.3.3　多自由度系统的固有振动

1. 固有振动的形式及条件

多自由度系统的方程矩阵形式类似于二自由度系统。因此，在选定的物理坐标 $\boldsymbol{u}$ 下，无阻尼系统的自由振动应满足以下微分方程的初值问题，即

$$\boldsymbol{M}\ddot{\boldsymbol{u}}(t)+\boldsymbol{K}\boldsymbol{u}(t)=\boldsymbol{0} \tag{2-74}$$

$$\boldsymbol{u}(0)=\boldsymbol{u}_0,\quad \dot{\boldsymbol{u}}(0)=\dot{\boldsymbol{u}}_0 \tag{2-75}$$

无论从线性微分方程理论还是从物理直观上看，系统都会产生同频率、同相位但各质点振幅不同的振动，可以设想为系统的质点在同步振动时表现出不同的振动幅度。令

$$\boldsymbol{u}(t)=\boldsymbol{\varphi}\sin(\omega t+\theta) \tag{2-76}$$

式中，ω和θ为标量；$\boldsymbol{\varphi}$为 n 维向量。将式（2-76）代入式（2-74），可以得到

这一运动需满足的条件，即存在一个非零向量$\boldsymbol{\varphi}$，使

$$\left(\boldsymbol{K}-\omega^2\boldsymbol{M}\right)\boldsymbol{\varphi}=\boldsymbol{0} \tag{2-77}$$

或记作

$$(\boldsymbol{K}-\lambda\boldsymbol{M})\boldsymbol{\varphi}=\boldsymbol{0},\quad \lambda\overset{\text{def}}{=}\omega^2 \tag{2-78}$$

用线性代数的术语来讲，这实际上是矩阵$\boldsymbol{K}$和$\boldsymbol{M}$的广义特征值问题，其中标量λ和相应的非零向量$\boldsymbol{\varphi}$被称为特征值和特征向量。根据线性代数的理论，方程（2–78）有非零解向量的充要条件是存在满足条件的特征值和特征向量。这表明在特定条件下，系统的运动可以用这些特征值和特征向量来描述，即

$$\det(\boldsymbol{K}-\lambda\boldsymbol{M})=0 \tag{2-79}$$

式（2–79）是一个关于λ的 n 次代数方程，称为特征方程。从理论上讲，求解广义特征值问题就是通过特征方程找到特征根λ_r（r=1，2，…，n），然后将这些特征根逐一代入式（2–78），求解对应的齐次线性代数方程的非零解向量$\boldsymbol{\varphi}_r$（r=1，2，…，n）。通过这种方法，我们可以系统地确定系统的特征值和相应的特征向量，从而描述系统的振动特性。

对于振动问题，由于质量矩阵的正定性和刚度矩阵的半正定性，任意特征向量$\boldsymbol{\varphi}_r$（r=1，2，…，n）都会满足相关条件。这意味着，在求解振动问题时，这些特征向量总会使相关方程成立，从而保证系统的稳定性和可预测性。特征向量的存在和其满足的条件对于理解系统的振动行为至关重要。

令

$$M_r\overset{\text{def}}{=}\boldsymbol{\varphi}_r^{\mathrm{T}}\boldsymbol{M}\boldsymbol{\varphi}_r>0,\quad K_r\overset{\text{def}}{=}\boldsymbol{\varphi}_r^{\mathrm{T}}\boldsymbol{K}\boldsymbol{\varphi}_r\geqslant 0 \tag{2-80}$$

式中，M_r和K_r分别为第 r 阶广义质量和第 r 阶广义刚度。因此，通过$\boldsymbol{\varphi}_r^{\mathrm{T}}$左乘式（2–78），我们可以解出相应的结果。这种方法有助于求解广义特征值问题并理解系统的振动特性。

由于

$$\lambda_r=\frac{\boldsymbol{\varphi}_r^{\mathrm{T}}\boldsymbol{K}\boldsymbol{\varphi}_r}{\boldsymbol{\varphi}_r^{\mathrm{T}}\boldsymbol{M}\boldsymbol{\varphi}_r}=\frac{K_r}{M_r}\geqslant 0 \tag{2-81}$$

即由矩阵 $\boldsymbol{K}$ 和 $\boldsymbol{M}$ 确定的特征值λ_r均为非负实数。因此，我们可以将$\omega_r=\sqrt{\lambda_r}$这些特征值排列成一定顺序来求解，即

$$0\leqslant\omega_1\leqslant\omega_2\leqslant\cdots\leqslant\omega_{n-1}\leqslant\omega_n \tag{2-82}$$

将所得到的非负特征值λ_r代回式（2-78），可得到实系数齐次线性方程

$$\left(\boldsymbol{K}-\lambda_r\boldsymbol{M}\right)\boldsymbol{\varphi}_r=\boldsymbol{0}\quad(r=1,2,\cdots,n) \tag{2-83}$$

由此确定的特征向量$\boldsymbol{\varphi}_r$也是实向量，称为系统的固有振型。由于对于任意非零常实数 a，$\boldsymbol{\varphi}_r$仍是对应特征值的特征向量，因此$\boldsymbol{\varphi}_r$只能确定各分量间比例不变的程度，我们需要确定这个非零常实数。不同的人在选择这个常实数时有所偏好，这可能会给交流带来不便。为了统一，人们通常采用以下几种常实数的取法，并称其为固有振型的归一化或正则化。这种规范化的取法有助于减少交流中的混淆和误解。

（1）按某一自由度的幅值进行归一化。选定某个自由度 n，各阶固有振型中此自由度的分量均不为零，则归一化后的固有振型为

$$\boldsymbol{\varphi}_r^*=\frac{\boldsymbol{\varphi}_r}{\boldsymbol{\varphi}_{rn}}\quad(r=1,2,\cdots,n) \tag{2-84}$$

在这种方法中，我们也可以对不同阶的特征向量选定不同的自由度进行归一化。通过对每一阶特征向量选择特定的自由度，我们可以确保这些特征向量在归一化后仍然满足所需的规范条件，从而统一表示系统的固有振型。

（2）按各自由度中的最大幅值进行归一化。选取每一阶特征向量中绝对值最大的分量，作为式（2-84）中的归一化因子，用以统一各特征向量的表示$\boldsymbol{\varphi}_{rn}$。

（3）按广义质量进行归一化。根据式（2-85），通过这种方法归一化后的固有振型为相应的标准化形式，以统一其表示。

$$\boldsymbol{\varphi}_r^*=\frac{\boldsymbol{\varphi}_r}{\sqrt{\boldsymbol{\varphi}_r^{\mathrm{T}}\boldsymbol{M}\boldsymbol{\varphi}_r}}\quad(r=1,2,\cdots,n) \tag{2-85}$$

这几种归一化振型各有其独特之处。例如，第二种方法能一眼看出系统在某阶固有振动时振动最大的部位，而第三种方法在理论上常常能使问题的描述更加简便。在实际使用时，我们应根据具体需求选择合适的归一化方法，以达到最佳效果。

根据上述分析可知，系统确实能够产生所猜想的振动，即

$$\boldsymbol{u}_r(t)=\boldsymbol{\varphi}_r\sin\left(\omega_r t+\theta_r\right)\quad(r=1,2,\cdots,n) \tag{2-86}$$

其运动特征是系统中各质点以相同的频率ω_r和初始相位θ_r振动，但振幅按特征向量$\boldsymbol{\varphi}_r$规定的比例分配。这种无阻尼系统的自由振动被称为第 r 阶固有振动，相应的频率被称为第 r 阶固有频率，相应的振型被称为第 r 阶固有振型两者常合称为第 r 阶固有模态，用以描述系统在特定阶次下的振动特性和行为。

根据系统的初始条件（2–75），第 r 阶固有振动在初始时刻需要满足特定的条件，以确保系统在该阶次下的固有振动特性能够正确表现出来。这些条件的满足是系统实现预期振动行为的关键，能够确保系统的振动模式准确反映系统的固有特性。这些特定条件如下：

$$\boldsymbol{u}_r(0)=\boldsymbol{\varphi}_r\sin\theta_r,\quad \dot{\boldsymbol{u}}_r(0)=\omega_r\boldsymbol{\varphi}_r\cos\theta_r\quad(r=1,2,\cdots,n) \tag{2-87}$$

如果上述条件不满足，系统的自由振动将表现为各阶固有振动的线性组合，而不是单一的固有振动模式，即

$$\boldsymbol{u}(t)=\sum_{r=1}^{n}\alpha_r\boldsymbol{\varphi}_r\sin\left(\omega_r t+\theta_r\right)=\sum_{r=1}^{n}\boldsymbol{\varphi}_r\left(a_r\cos\omega_r t+b_r\sin\omega_r t\right) \tag{2-88}$$

式中的常实数可以通过初始条件确定，具体方法详见 2.3.5 节。

2. 固有振型的性质

（1）固有振型的正交性。在质量矩阵和刚度矩阵的加权下，固有振型具有正交性，这是固有振型的重要特性之一。

任意选择系统的两个固有振型$\boldsymbol{\varphi}_r$和$\boldsymbol{\varphi}_s$，它们必须满足特定条件：

$$\begin{cases}\boldsymbol{K}\boldsymbol{\varphi}_r=\omega_r^2\boldsymbol{M}\boldsymbol{\varphi}_r\\ \boldsymbol{K}\boldsymbol{\varphi}_s=\omega_s^2\boldsymbol{M}\boldsymbol{\varphi}_s\end{cases}\quad(r,s=1,2,\cdots,n) \tag{2-89}$$

由于质量矩阵$\boldsymbol{M}$和刚度矩阵$\boldsymbol{K}$的对称性，我们可以很容易推导出相应的结论：

$$\begin{cases}\boldsymbol{\varphi}_s^{\mathrm{T}}\boldsymbol{K}\boldsymbol{\varphi}_r=\omega_r^2\boldsymbol{\varphi}_s^{\mathrm{T}}\boldsymbol{M}\boldsymbol{\varphi}_r=\omega_r^2\boldsymbol{\varphi}_r^{\mathrm{T}}\boldsymbol{M}\boldsymbol{\varphi}_s\\ \boldsymbol{\varphi}_s^{\mathrm{T}}\boldsymbol{K}\boldsymbol{\varphi}_r=\boldsymbol{\varphi}_r^{\mathrm{T}}\boldsymbol{K}\boldsymbol{\varphi}_s=\omega_s^2\boldsymbol{\varphi}_r^{\mathrm{T}}\boldsymbol{M}\boldsymbol{\varphi}_s\end{cases} \tag{2-90}$$

通过将式（2–90）中的两个方程相减，可以得出所需的结果：

$$\left(\omega_r^2-\omega_s^2\right)\boldsymbol{\varphi}_r^{\mathrm{T}}\boldsymbol{M}\boldsymbol{\varphi}_s=0 \tag{2-91}$$

如果系统中不存在相同的频率（重频），即所谓的单构系统，$\omega_r^2 \neq \omega_s^2$，那么当 $r \neq s$ 时，相关条件将得到满足，此时

$$\boldsymbol{\varphi}_r^{\mathrm{T}} \boldsymbol{M} \boldsymbol{\varphi}_s = 0 \quad (r \neq s) \tag{2-92a}$$

将式（2-92a）代入式（2-90）得

$$\boldsymbol{\varphi}_r^{\mathrm{T}} \boldsymbol{K} \boldsymbol{\varphi}_s = 0 \quad (r \neq s) \tag{2-92b}$$

式（2-92）表明，互异固有频率对应的固有振型在质量矩阵和刚度矩阵的加权下是正交的，这是无阻尼系统固有振型的关键性质，这一性质表明无阻尼系统各阶固有振动间的能量互不耦合，即各阶振动的能量彼此独立，不会相互影响。这一特性在分析和理解系统的振动行为时具有重要意义。

加权正交关系式（2-92）还可以被改写成更一般的形式，以适应各种不同的情况：

$$\boldsymbol{\varphi}_r^{\mathrm{T}} \boldsymbol{M} \boldsymbol{\varphi}_s = M_r \delta_{rs}, \quad \boldsymbol{\varphi}_r^{\mathrm{T}} \boldsymbol{K} \boldsymbol{\varphi}_s = K_r \delta_{rs} \tag{2-93}$$

式中，δ_{rs}为克罗内克δ符号，定义为

$$\delta_{rs} \overset{\text{def}}{=\!=} \begin{cases} 1 & (r = s) \\ 0 & (r \neq s) \end{cases} \tag{2-94}$$

$\boldsymbol{M}_r$和$\boldsymbol{K}_r$的定义见式（2-80)，它们分别称作第 r 阶固有振型的广义质量和广义刚度，简称为主质量和主刚度。根据式（2-83)，若固有振型已关于主质量归一化，则加权正交关系为

$$\boldsymbol{\varphi}_r^{\mathrm{T}} \boldsymbol{M} \boldsymbol{\varphi}_s = \delta_{rs}, \quad \boldsymbol{\varphi}_r^{\mathrm{T}} \boldsymbol{K} \boldsymbol{\varphi}_s = \omega_r^2 \delta_{rs} \tag{2-95}$$

（2）固有振型的线性无关性。所谓固有振型的线性无关性是指，仅有一组全为零的常数a_r（r=1，2，…，n）才能使以下等式成立。

$$\sum_{r=1}^{n} a_r \boldsymbol{\varphi}_r = \boldsymbol{0} \tag{2-96}$$

事实上，将式（2-96）两端左乘$\boldsymbol{\varphi}_s^{\mathrm{T}} \boldsymbol{M}$后利用加权正交条件式（2-92a）可得

$$\boldsymbol{\varphi}_s^{\mathrm{T}} \boldsymbol{M} \sum_{r=1}^{n} a_r \boldsymbol{\varphi}_r = \sum_{r=1}^{n} a_r \boldsymbol{\varphi}_s^{\mathrm{T}} \boldsymbol{M} \boldsymbol{\varphi}_r = a_s \boldsymbol{\varphi}_s^{\mathrm{T}} \boldsymbol{M} \boldsymbol{\varphi}_s = 0 \tag{2-97}$$

矩阵M正定保证了a_s（s=1，2，…，n）全为零，从而使$\boldsymbol{\varphi}_r$（r=1，2，…，n）线性无关。

3. 刚体模态

飞机、汽车等运载工具以及旋转机械中的轴系都是可以进行刚体运动的系统，这些系统能够产生无弹性变形的刚体运动，即

$$\boldsymbol{u}_r(t)=\boldsymbol{\varphi}_0\left(a_0+\boldsymbol{b}_0 t\right) \tag{2-98}$$

式中，a_0和b_0为由初始条件确定的常数；$\boldsymbol{\varphi}_0$描述了系统进行刚体运动时各自由度位移的相对比例，被称为刚体运动振型。这些常数定义了不同自由度之间的位移关系。

将式（2–98）代入系统的自由振动方程中可以看出，这种刚体运动要求振型满足特定条件，如式（2–99）所示。这意味着在自由振动过程中，系统的振型$\boldsymbol{\varphi}_0$必须符合这些条件，以确保刚体运动的正确性。

$$\boldsymbol{K}\boldsymbol{\varphi}_0=\boldsymbol{0} \tag{2-99}$$

式（2–99）的齐次线性方程有非零解$\boldsymbol{\varphi}_0$的条件是矩阵 $\boldsymbol{K}$ 为奇异矩阵。由此可以得出$\boldsymbol{\varphi}_0^{\mathrm{T}}\boldsymbol{K}\boldsymbol{\varphi}_0=0$，系统的刚体运动不会产生弹性势能。这意味着在刚体运动中，系统不会由于弹性变形而存储或释放能量，会保持整体的刚体性质。

对式（2–99）与弹性振动的广义特征值问题式（2–64）进行比较可知，刚体运动振型对应广义特征值为零，即零频率。因此，零固有频率及其对应的刚体运动振型被称为刚体模态。正弦型的试探解不包括刚体运动模式，使用式（2–98）作为刚体运动的试探解，既基于物理直观，又基于线性常微分方程组解结构的理论。

由刚度法可证明，系统的刚体运动自由度数等于系统刚度矩阵 $\boldsymbol{K}$ 的阶数与其秩的差值。根据线性代数可知，这一差值即为方程（2–99）线性无关非零解的数量。因此，系统如果具有 n 个刚体运动自由度，就有 n 个线性无关的刚体运动振型，从而对应 n 重零频率。

例 2–3 对图 2–7 所示的卡车 – 拖车系统进行固有振动的分析。

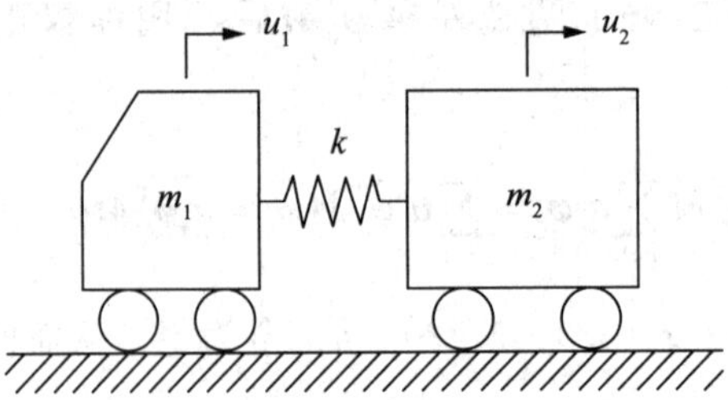

图 2–7 卡车 – 拖车系统

解：系统在图示坐标系中的运动微分方程为

$$\begin{bmatrix} m_1 & 0 \\ 0 & m_2 \end{bmatrix}\begin{bmatrix} \ddot{u}_1 \\ \ddot{u}_2 \end{bmatrix}+\begin{bmatrix} k & -k \\ -k & k \end{bmatrix}\begin{bmatrix} u_1 \\ u_2 \end{bmatrix}=\begin{bmatrix} 0 \\ 0 \end{bmatrix} \tag{2-100}$$

对应的广义特征值问题为

$$\begin{bmatrix} k-m_1\omega^2 & -k \\ -k & k-m_2\omega^2 \end{bmatrix}\boldsymbol{\varphi}=\mathbf{0} \tag{2-101}$$

解出系统的两个固有频率为

$$\omega_1=0,\quad \omega_2=\sqrt{\frac{m_1+m_2}{m_1m_2}k} \tag{2-102}$$

相应的固有振型为

$$\boldsymbol{\varphi}_1=\begin{bmatrix} 1 & 1 \end{bmatrix}^{\mathrm{T}},\quad \boldsymbol{\varphi}_2=\begin{bmatrix} 1 & -\dfrac{m_1}{m_2} \end{bmatrix}^{\mathrm{T}} \tag{2-103}$$

系统的运动由刚体运动叠加简谐振动而成，即

$$x(t)=\begin{bmatrix} 1 \\ 1 \end{bmatrix}(a_1t+b_1)+\begin{bmatrix} 1 \\ -\dfrac{m_1}{m_2} \end{bmatrix}(a_2\cos\omega_2t+b_2\sin\omega_2t) \tag{2-104}$$

式中，常数a_1，a_2，b_1，b_2由初始条件确定。

至此，可以说 n 自由度无阻尼系统总共有 n 个线性无关的固有振型（r=1，2，…，n），它们中的任意两个在系统的质量矩阵和刚度矩阵下都是加权正交的。如果引入固有振型矩阵，这一性质将更容易理解和应用，从而简化系统的振动分析。

令

$$\boldsymbol{\Phi}\overset{\text{def}}{=\!=\!=}[\varphi_1\quad \varphi_2\quad \cdots\quad \varphi_n] \tag{2-105}$$

则$\boldsymbol{\Phi}$是可逆方阵，并且满足矩阵形式的正交关系：

$$\boldsymbol{\Phi}^{\mathrm{T}}\boldsymbol{M}\boldsymbol{\Phi}=\underset{1\leqslant r\leqslant n}{\mathrm{diag}}\left[\boldsymbol{\varphi}_r^{\mathrm{T}}\boldsymbol{M}\boldsymbol{\varphi}_r\right]=\underset{1\leqslant r\leqslant n}{\mathrm{diag}}\left[M_r\right] \tag{2-106a}$$

$$\boldsymbol{\Phi}^{\mathrm{T}}\boldsymbol{K}\boldsymbol{\Phi}=\underset{1\leqslant r\leqslant n}{\mathrm{diag}}\left[\boldsymbol{\varphi}_r^{\mathrm{T}}\boldsymbol{K}\boldsymbol{\varphi}_r\right]=\underset{1\leqslant r\leqslant n}{\mathrm{diag}}\left[K_r\right] \tag{2-106b}$$

若上述固有振型向量已关于主质量归一化，则式（2-106）可简化为

$$\boldsymbol{\Phi}^{\mathrm{T}}\boldsymbol{M}\boldsymbol{\Phi}=\boldsymbol{I},\quad \boldsymbol{\Phi}^{\mathrm{T}}\boldsymbol{K}\boldsymbol{\Phi}=\boldsymbol{\Omega}^{2}\overset{\text{def}}{=\!=\!=}\underset{1\leqslant r\leqslant n}{\mathrm{diag}}\left[\omega_r^2\right] \tag{2-107}$$

2.3.4 运动耦合与解耦方法

二自由度系统与单自由度系统的一个基本区别是其运动具有耦合性，这引发了一系列新问题。为了更好地理解运动的耦合性，我们需要回头再看本章一开始提到的汽车振动问题。这将有助于深入理解耦合运动的本质及其对系统振动行为的影响，从而更有效地解决相关问题。

例 2-4 如图 2-8 所示，刚性车体质量为m，绕质心C的转动惯量为J。试分析该系统的运动耦合问题。

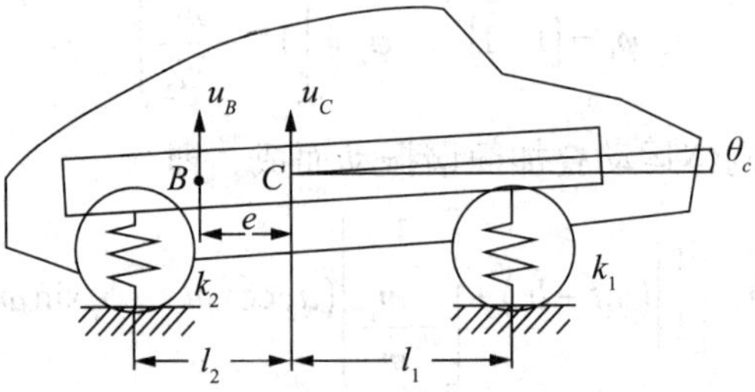

图 2-8 汽车简化模型及两种坐标系

解：先按图 2-8 中质心C处的坐标系建立系统的运动微分方程。质心C的线位移u_c和角位移θ_c引起两弹簧产生的恢复力分别为$k_1(u_C+l_1\theta_C)$和$k_2(u_C-l_2\theta_C)$，根据理论力学中刚体平面运动动力学方程，可写出

$$\begin{cases} m\ddot{u}_C=-k_1(u_C+l_1\theta_C)-k_2(u_C-l_2\theta_C) \\ J\ddot{\theta}_C=-k_1(u_C+l_1\theta_C)l_1+k_2(u_C-l_2\theta_C)l_2 \end{cases} \tag{2-108}$$

将式（2-108）写成矩阵形式：

$$\begin{bmatrix} m & 0 \\ 0 & J \end{bmatrix}\begin{bmatrix} \ddot{u}_C \\ \ddot{\theta}_C \end{bmatrix}+\begin{bmatrix} k_1+k_2 & k_1l_1-k_2l_2 \\ k_1l_1-k_2l_2 & k_1l_1^2+k_2l_2^2 \end{bmatrix}\begin{bmatrix} u_C \\ \theta_C \end{bmatrix}=\begin{bmatrix} 0 \\ 0 \end{bmatrix} \tag{2-109}$$

方程（2-109）表明，在这种情况下，车体质心的平动与绕质心的转动引起的惯性力不耦合，但弹性力是耦合的，这种情况被称为弹性耦合。由于方程（2-109）中的刚度矩阵的非对角线元素不为零，因此这种耦合也被称为刚度耦合。类似地，若一个系统的质量矩阵或阻尼矩阵中的非对角线元素不为零，

则称该系统具有惯性耦合或阻尼耦合。这些耦合类型会影响系统的运动特性和响应行为。

接下来，选择另一组坐标系来分析系统的振动。指定车体上的某点B，该点距质心C的水平距离为e（向右为正）。用车体在该点的铅垂位移u_B和绕该点的转角θ_B为坐标来建立系统的运动微分方程。根据刚体的平面运动原理，可以得出相应的关系式：

$$u_C = u_B + \mathrm{e}\theta_B,\quad \theta_C = \theta_B \tag{2-110}$$

将式（2-110）代入式（2-108）后整理，得到矩阵形式的运动微分方程：

$$\begin{bmatrix} m & me \\ me & J+me^2 \end{bmatrix}\begin{bmatrix} \ddot{u}_B \\ \ddot{\theta}_B \end{bmatrix} \tag{2-111}$$

显然，此时系统不仅存在弹性耦合，还存在惯性耦合，会影响整体运动特性。

由于点B到质心C的距离e可以任意选择，因此可以通过适当的选择来消除惯性耦合或弹性耦合（又称解耦）。消除惯性耦合的条件是 e=0；而要消除弹性耦合，就需要满足特定的条件：

$$k_1\left(l_1 + \mathrm{e}\right) - k_2\left(l_2 - \mathrm{e}\right) = 0 \tag{2-112}$$

即

$$\mathrm{e} = \frac{k_2 l_2 - k_1 l_1}{k_1 + k_2} \tag{2-113}$$

例 2-4 表明，二自由度系统的耦合取决于所选的坐标系，选择合适的坐标系可以消除某种运动间的耦合作用。若存在这样一个坐标系，使运动完全不耦合，即系统的质量矩阵和刚度矩阵同时成为对角矩阵，则称该坐标系为主坐标系。在主坐标系下，多自由度系统可以转化为多个彼此独立的单自由度系统，从而简化系统的分析和计算。

2.3.5　多自由度系统的自由振动

多自由度系统要产生固有振动，必须满足特定的初始条件，否则系统的自由振动将是各阶固有振动的线性叠加。现在我们讨论如何通过给定的初始条件来确定系统的自由振动。这一讨论有助于理解系统在不同初始状态下的振动行为和响应模式。

先讨论无刚体自由度的系统，由

$$\boldsymbol{u}=\boldsymbol{\Phi q} \tag{2-114}$$

$$q_r(t)=a_r\cos\omega_r t+b_r\sin\omega_r t\,(r=1,2,\cdots,n) \tag{2-115}$$

可知

$$\begin{aligned}\boldsymbol{u}(t)=\boldsymbol{\Phi q}(t)=\boldsymbol{\Phi}\begin{bmatrix}a_1\cos\omega_1 t+b_1\sin\omega_1 t\\ \vdots\\ a_n\cos\omega_n t+b_n\sin\omega_n t\end{bmatrix}\\ =\boldsymbol{\Phi}\left\{\underset{1\leqslant r\leqslant n}{\mathrm{diag}}\left[\cos\omega_r t\right]\boldsymbol{a}+\underset{1\leqslant r\leqslant n}{\mathrm{diag}}\left[\sin\omega_r t\right]\boldsymbol{b}\right\}\end{aligned} \tag{2-116}$$

式中，

$$a\overset{\text{def}}{=\!=}\left[a_1\quad\cdots\quad a_n\right],\ b\overset{\text{def}}{=\!=}\left[b_1\quad\cdots\quad b_n\right] \tag{2-117}$$

对于给定的初始条件$\boldsymbol{u}_0$和$\dot{\boldsymbol{u}}_0$，由式（2–116）及其导数可得到

$$\boldsymbol{u}_0=\boldsymbol{\Phi a},\quad \dot{\boldsymbol{u}}_0=\boldsymbol{\Phi}\underset{1\leqslant r\leqslant n}{\mathrm{diag}}\left[\omega_r\right]\boldsymbol{b} \tag{2-118}$$

由于固有振型矩阵$\boldsymbol{\Phi}$可逆，可解出参数向量

$$\boldsymbol{a}=\boldsymbol{\Phi}^{-1}\boldsymbol{u}_0,\quad \boldsymbol{b}=\underset{1\leqslant r\leqslant n}{\mathrm{diag}}\left[\frac{1}{\omega_r}\right]\boldsymbol{\Phi}^{-1}\dot{\boldsymbol{u}}_0 \tag{2-119}$$

因此，可以把系统的自由振动写作

$$\boldsymbol{u}(t)=\boldsymbol{\Phi}\underset{1\leqslant r\leqslant n}{\mathrm{diag}}\left[\cos\omega_r t\right]\boldsymbol{\Phi}^{-1}\boldsymbol{u}_0+\boldsymbol{\Phi}\underset{1\leqslant r\leqslant n}{\mathrm{diag}}\left[\sin\frac{\omega_r t}{\omega_r}\right]\boldsymbol{\Phi}^{-1}\dot{\boldsymbol{u}}_0=\boldsymbol{U}(t)\boldsymbol{u}_0+\boldsymbol{V}(t)\dot{\boldsymbol{u}}_0 \tag{2-120}$$

式中，

$$\boldsymbol{U}(t)\overset{\text{def}}{=\!=}\boldsymbol{\Phi}\underset{1<r<n}{\mathrm{diag}}\left[\cos\omega_r t\right]\boldsymbol{\Phi}^{-1},\ \boldsymbol{V}(t)\overset{\text{def}}{=\!=}\boldsymbol{\Phi}\underset{1\leqslant r\leqslant n}{\mathrm{diag}}\left[\sin\frac{\omega_r t}{\omega_r}\right]\boldsymbol{\Phi}^{-1} \tag{2-121}$$

表示各自由度分别具有单位初始位移和单位初始速度所引起的系统自由振动。

在实际计算中，为避免求解固有振型矩阵的逆矩阵$\boldsymbol{\Phi}^{-1}$，我们可以采用关于主质量归一化的固有振型矩阵$\boldsymbol{\Phi}$。根据加权正交关系（2–117）的第一式，可以简化计算过程。易知

$$\boldsymbol{\Phi}^{-1}=\boldsymbol{\Phi}^{\mathrm{T}}\boldsymbol{M} \tag{2-122}$$

如果系统具有刚体自由度，那么自由振动中还会包含刚体位移成分。由于刚体模态与弹性模态线性无关，因此可以采用类似的方法来确定系统的整体运动。

2.4　无阻尼系统的受迫振动

多自由度无阻尼系统的受迫振动服从以下常微分方程组的初值问题：

$$\boldsymbol{M}\ddot{\boldsymbol{u}}(t)+\boldsymbol{K}\boldsymbol{u}(t)=\boldsymbol{f}(t) \tag{2-123a}$$

$$\boldsymbol{u}(0)=\boldsymbol{u}_0,\quad \dot{\boldsymbol{u}}(0)=\dot{\boldsymbol{u}}_0 \tag{2-123b}$$

本节将从频域和时域两个方面分别揭示系统的振动特性，最后给出系统在一般激励下的响应。

2.4.1　频域分析

1. 动刚度矩阵和频响函数矩阵

我们首先研究系统在正弦激励下的响应。线性常微分方程组（2–123）的解是特解与齐次方程的通解之和，现着重分析响应中的特解部分。由于实际系统中有阻尼，由初始条件和激励引起的自由振动响应会在加载后不久衰减，最终只剩下稳态响应部分。

对于受正弦激励的系统，有

$$\boldsymbol{M}\ddot{\boldsymbol{u}}(t)+\boldsymbol{K}\boldsymbol{u}(t)=\overline{\boldsymbol{f}}\sin\omega t \tag{2-124}$$

取特解

$$\boldsymbol{u}(t)=\overline{\boldsymbol{u}}\sin\omega t \tag{2-125}$$

将特解代入方程（2–120）后得到

$$\left(\boldsymbol{K}-\omega^2\boldsymbol{M}\right)\overline{\boldsymbol{u}}=\overline{\boldsymbol{f}} \tag{2-126}$$

记

$$\boldsymbol{Z}(\omega)\xlongequal{\text{def}}\left(\boldsymbol{K}-\omega^2\boldsymbol{M}\right) \tag{2-127}$$

$\boldsymbol{Z}(\omega)$为系统的动刚度矩阵，其元素$Z_{ij}(\omega)$具有刚度系数k_{ij}的量纲，反映了当系统第j个自由度具有单位位移响应$\sin\omega t$而其余坐标静止时，应施加在第i个自由度上的正弦广义力的幅值。当频率ω等于零时，动刚度矩阵$\boldsymbol{Z}(0)$就是系统的刚度矩阵。动刚度矩阵通过这些元素描述了系统在不同自由度下的响应特性。

若激励频率与系统固有频率ω_r（r=1，2，…，n）不重合，则动刚度矩阵$\boldsymbol{Z}(\omega)$是可逆的。在这种情况下，我们可以通过逆矩阵来分析和描述系统在非共振条件下的响应特性，这对于理解系统的动态行为非常重要。记逆矩阵为

$$\boldsymbol{H}(\omega)\overset{\text{def}}{=\!=\!=}\boldsymbol{Z}^{-1}(\omega)=\left(\boldsymbol{K}-\omega^2\boldsymbol{M}\right)^{-1}\quad\left(\omega\neq\omega_r\right)\tag{2-128}$$

从而

$$\overline{\boldsymbol{u}}=\boldsymbol{H}(\omega)\overline{\boldsymbol{f}}\tag{2-129}$$

式中，$\boldsymbol{H}(\omega)$为系统的位移频响函数矩阵，其元素$H_{ij}(\omega)$具有柔度系数的量纲，这些元素反映了在系统第j个自由度上施加单位正弦激励后，第i个自由度的稳态位移响应幅值。因此，$\boldsymbol{H}(\omega)$这个矩阵也被称为动柔度矩阵。动柔度矩阵通过描述系统在不同自由度下的响应特性，提供了系统在非共振条件下的动态行为的详细信息。

像单自由度系统和二自由度系统一样，动刚度矩阵$\boldsymbol{Z}(\omega)$或频响函数矩阵$\boldsymbol{H}(\omega)$在频域内反映了系统的全部动态特性。从实验角度来看，多自由度系统的频响函数矩阵比动刚度矩阵更容易测量，因此在实践中得到了广泛应用。频响函数矩阵通过提供系统在不同频率下的响应信息，能够帮助我们深入理解系统的动态行为和特性。

2. 频响函数矩阵的固有振型

利用固有振型关于质量矩阵和刚度矩阵的加权正交性，对式（2–127）左乘$\boldsymbol{\Phi}^{\mathrm{T}}$，右乘$\boldsymbol{\Phi}$得

$$\boldsymbol{\Phi}^{\mathrm{T}}\boldsymbol{Z}(\omega)\boldsymbol{\Phi}=\boldsymbol{\Phi}^{\mathrm{T}}\left(\boldsymbol{K}-\omega^2\boldsymbol{M}\right)\boldsymbol{\Phi}=\underset{1\leqslant r\leqslant n}{\mathrm{diag}}\left[K_r-\boldsymbol{M}_r\omega^2\right]\tag{2-130}$$

从而有

$$\boldsymbol{Z}(\omega)=\boldsymbol{\Phi}^{-\mathrm{T}}\operatorname*{diag}_{1\leqslant r\leqslant n}\left[K_r-M_r\omega^2\right]\boldsymbol{\Phi}^{-1} \tag{2-131}$$

对式（2-131）两边求逆，得到频响函数矩阵的振型展开式：

$$\boldsymbol{H}(\omega)=\boldsymbol{\Phi}\operatorname*{diag}_{1\leqslant r\leqslant n}\left[\frac{1}{K_r-M_r\omega^2}\right]\boldsymbol{\Phi}^{\mathrm{T}}=\sum_{r=1}^{n}\frac{\boldsymbol{\varphi}_r\boldsymbol{\varphi}_r^{\mathrm{T}}}{K_r-M_r\omega^2}\quad(\omega\neq\omega_r) \tag{2-132}$$

频响函数矩阵的元素为

$$H_{ij}(\omega)=\sum_{r=1}^{n}\frac{\varphi_{ir}\varphi_{ir}}{K_r-M_r\omega^2}\quad(\omega\neq\omega_r) \tag{2-133}$$

振型展开式（2-132）和式（2-133）直观地揭示了系统的频率特性与模态参数之间的关系。这些公式展示了系统的动态行为如何由其模态参数决定。

（1）在第 j 个自由度上施加简谐激励时，系统在第 i 个自由度上的响应是由 n 个与固有振型分量 $\boldsymbol{\varphi}_{ir}$（$r$=1，2，…，$n$）成正比的基本振动分量叠加而成。

（2）这些基本振动分量的大小与 $\boldsymbol{\varphi}_{ir}$ 激励点处的固有振型分量有关。若该分量等于 0，即激励点正好位于第 r 阶固有振型的节点上，则响应中不会包含由该激励引发的第 r 阶基本振动成分。因此，激励点位置对系统响应中的振动成分有直接影响。

（3）如果 $\boldsymbol{\varphi}_{ir}\neq 0$，当激励频率等于系统的某个固有频率 ω_r（r=1，2，…，n）时，$\boldsymbol{H}_{ir}(\omega)$ 的响应将趋向无穷大，即系统发生共振。如果系统的各阶固有频率值相差很大，当激励频率 ω 接近某个固有频率时，频响函数可以近似表示为仅包含该阶固有频率的成分。这说明在频率接近某个固有频率时，系统的响应主要由这一频率的模态主导，其他频率的影响可以忽略不计，即

$$\boldsymbol{H}(\omega)\approx\frac{\boldsymbol{\varphi}_r\boldsymbol{\varphi}_r^{\mathrm{T}}}{K_r-M_r\omega^2},\quad|\omega-\omega_r|<\delta \tag{2-134}$$

系统在该频带内呈现单自由度系统的振动特征。

3. 系统的反共振问题

首先来看如何确定系统的反共振频率。根据线性代数中逆矩阵与伴随矩阵之间的关系，系统在第 i 自由度与第 j 自由度之间的频响函数可以表示为式（2-135）所示的形式。这种表示方式利用了逆矩阵的特性，有助于分析和计算系统的频响特性，特别是在反共振频率的确定方面。

$$H_{ij}(\omega)=\frac{\tilde{Z}_{ji}(\omega)}{\det \boldsymbol{Z}(\omega)}\quad(\omega\neq\omega_r) \tag{2-135}$$

在式（2-135）中，$\tilde{Z}_{ji}(\omega)$表示动刚度矩阵$\boldsymbol{Z}(\omega)$中元素$Z_{ji}(\omega)$的代数余子式，即将动刚度矩阵$\boldsymbol{Z}(\omega)$的第 i 行和第 j 列划去后的行列式再乘以$(-1)^{i+j}$。因此，$H_{ij}(\omega)$的反共振频率就是该代数余子式的零点。这意味着，当代数余子式的值为零时，系统在第 i 和第 j 自由度间会出现反共振现象。

例 2-5 请计算图 2-9 所示系统的频响函数$H_{22}(\omega)$和$H_{12}(\omega)$的反共振频率。

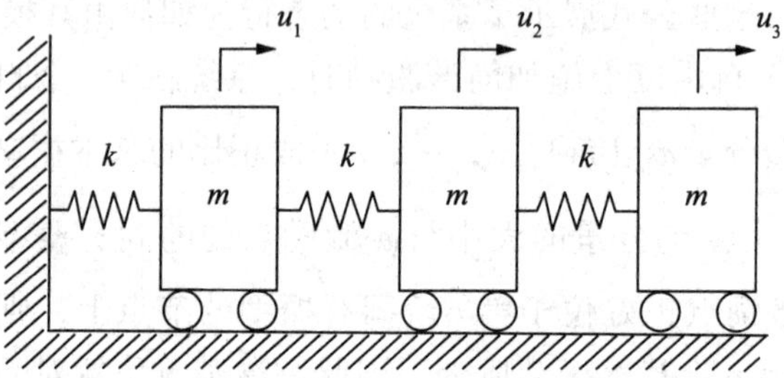

图 2-9 三自由度链式系统

解：建立系统运动微分方程

$$\boldsymbol{MI}\ddot{\boldsymbol{u}}(t)+\begin{bmatrix}2k & -k & 0\\ -k & 2k & -k\\ 0 & -k & k\end{bmatrix}\boldsymbol{u}(t)=\overline{\boldsymbol{f}}\sin\omega t \tag{2-136a}$$

系统的动刚度矩阵为

$$\boldsymbol{Z}(\omega)=\begin{bmatrix}2k-m\omega^2 & -k & 0\\ -k & 2k-m\omega^2 & -k\\ 0 & -k & k-m\omega^2\end{bmatrix} \tag{2-136b}$$

（1）将激励点和响应点相同位置处的频响函数称为原点频响函数，将激励点和响应点不在同一位置的频响函数称为跨点频响函数。对于原点频响函数$H_{22}(\omega)$，其反共振频率的计算方程为式（2-136c）的特定形式，这区分了不同类型的频响函数，并提供了计算反共振频率的方法。

$$\tilde{Z}_{22}(\omega)=\det\begin{bmatrix}2k-m\omega^2 & 0\\ 0 & k-m\omega^2\end{bmatrix}=0 \tag{2-136c}$$

求解式（2–136c）得出两个反共振频率$\omega_{a1}^{22}=\sqrt{\dfrac{k}{m}}$和$\omega_{a2}^{22}=\sqrt{\dfrac{2k}{m}}$。$H_{22}(\omega)$的反共振要求中间质量块保持静止，通过其左右两个质量块的自由振动产生的弹性恢复力来抵消外部激励。因此，这两个反共振频率实际上是中间质量块固定后，两侧单自由度系统的固有频率。当外部激励频率为$\omega=\omega_{a2}^{22}$时，系统内只有左质量块振动。

（2）对于跨点频响函数$H_{12}(\omega)$，反共振频率方程为

$$\tilde{Z}_{21}(\omega)=\det\begin{bmatrix}-k & 0\\ -k & k-m\omega^2\end{bmatrix}=0 \qquad (2\text{–}136\text{d})$$

求解式（2–136d）得出单一反共振频率$\omega_a^{12}=\sqrt{\dfrac{k}{m}}$。根据之前的分析，这也是$H_{22}(\omega)$的反共振频率$\omega_{a1}^{22}$。实际上，$H_{12}(\omega)$的反共振要求中间质量块必须保持不动，否则中间质量块的运动会导致左侧弹簧变形，从而驱使左侧的质量块运动。因此，反共振状态下中间质量块的静止是确保系统达到反共振的必要条件。

从例2–5可以看出，系统的反共振频率实际上是施加局部约束后系统的固有频率。按照这种思路，我们可以证明n自由度单构系统的反共振性质，即在局部约束条件下，可以确定反共振频率和系统的固有频率之间的关系。

原点频响函数$H_{jj}(\omega)$共有（$n-1$）个反共振频率，并且在每对相邻的共振频率ω_r和ω_{r+1}之间必定存在一个反共振频率ω_{ar}^{jj}（r=1，2，…，$n-1$）。这意味着，每两个相邻的共振频率之间都会出现一个反共振现象，使系统的频响特性更加复杂和多样化，即

$$0\leqslant\omega_1<\omega_{a1}^{jj}<\omega_2<\omega_{a2}^{ji}<\cdots<\omega_{a(N-1)}^{ji}<\omega_N \qquad (2\text{–}137)$$

对于三自由度及以上的系统，跨点频响函数$H_{ij}(\omega)$必定存在反共振频率，其分布情况较为复杂，但反共振频率的总数不会超过（$n-1$）个。当系统是集中质量系统时，反共振频率的总数不超过（$n-2$）个。

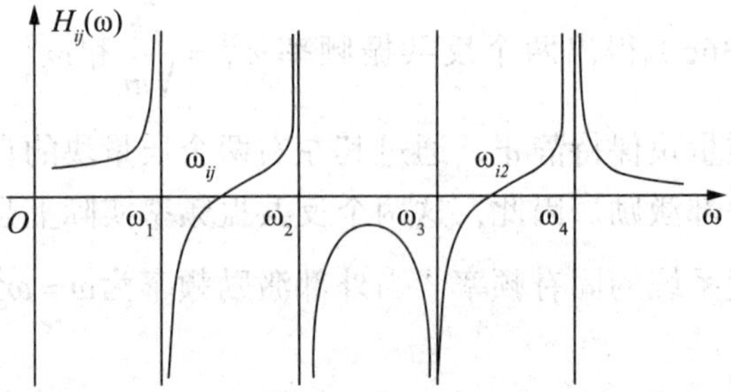

图 2-10　跨点频响函数示意图

下面用一种直观的方法给出任意两自由度间频响函数$H_{ij}(\omega)$反共振的判据。参考图 2-10，由于$H_{ij}(\omega)$在共振频率ω_r（r=1，2，…，n）处存在第二类间断点，自然应在这些频率之间以及零频率和无穷频率处寻找反共振现象。根据式（2-133），在这两个频段内，系统具有如下特性：

$$\begin{cases} H_{ij}(\omega) \approx \dfrac{\varphi_{i1}\varphi_{j1}}{K_1} \neq 0 \quad (\omega \to 0) \\ H_{ij}(\omega) \approx \dfrac{\varphi_{in}\varphi_{jn}}{-M_n\omega^2} \neq 0 \quad (\omega \to +\infty) \end{cases} \tag{2-138}$$

因此，系统在这些频段内不会出现反共振现象。在频段$\omega_r<\omega<\omega_{r+1}$（$r$=1，2，…，$N$）上，频响函数$H_{ij}(\omega)$是连续的。在该频段中出现反共振频率的充分条件是，对于足够小的$\delta>0$，频响函数在该频段内满足式（2-139）的特定条件。这样才能确保反共振现象的出现。

$$\operatorname{sgn}\left[H_{ij}(\omega_r+\delta)\right]\operatorname{sgn}\left[H_{ij}(\omega_{r+1}-\delta)\right]<0 \tag{2-139}$$

根据式（2-134），有

$$\begin{cases} \operatorname{sgn}\left[H_{ij}(\omega_r+\delta)\right] = -\operatorname{sgn}\left(\varphi_{ir}\varphi_{jr}\right) \\ \operatorname{sgn}\left[H_{ij}(\omega_{r+1}-\delta)\right] = \operatorname{sgn}\left[\varphi_{i(r+1)}\varphi_{j(r+1)}\right] \end{cases} \tag{2-140}$$

式（2-139）可写作

$$\operatorname{sgn}\left(\varphi_{ir}\varphi_{jr}\right)\operatorname{sgn}\left[\varphi_{i(r+1)}\varphi_{j(r+1)}\right]>0\text{或 }\varphi_{ir}\varphi_{jr}\varphi_{i(r+1)}\varphi_{j(r+1)}>0 \tag{2-141}$$

式（2-141）在计算系统固有振型后，用于判别反共振现象非常有用，并且可以导出原点频响函数的反共振性质。

参考例 2-5，固有模态的数值解为

$$\omega_1 = 0.445\sqrt{\frac{k}{m}},\quad \omega_2 = 1.247\sqrt{\frac{k}{m}},\quad \omega_3 = 1.802\sqrt{\frac{k}{m}} \tag{2-142a}$$

$$\boldsymbol{\Phi} = \begin{bmatrix} 0.445 & -1.247 & 1.802 \\ 0.802 & -0.555 & -2.247 \\ 1.000 & 1.000 & 1.000 \end{bmatrix} \tag{2-142b}$$

我们可用判据来检验例子中所分析过的反共振问题。

2.4.2 时域分析

线性系统的响应可以分为两部分：零初始状态下由激励引起的响应和零激励条件下由初始条件引起的响应，两者分别称为零状态响应和零输入响应。系统的总响应可以是这两种响应的线性组合。在 2.3 节中，我们研究了系统的自由振动，即零输入响应。在此部分，我们主要分析零状态响应，研究在给定激励条件下，如何求解相应的微分方程。零状态响应的微分方程如下。

$$\begin{cases} \boldsymbol{M}\ddot{\boldsymbol{u}}(t) + \boldsymbol{K}\boldsymbol{u}(t) = \boldsymbol{f}(t) \\ \boldsymbol{u}(0) = \boldsymbol{0},\quad \dot{\boldsymbol{u}}(0) = \boldsymbol{0} \end{cases} \tag{2-143}$$

1. 单位脉冲响应矩阵

应用主坐标变换

$$\boldsymbol{u}(t) = \boldsymbol{\Phi}\boldsymbol{q}(t) = \sum_{r=1}^{n} \boldsymbol{\varphi}_r q_r(t) \tag{2-144}$$

将式（2-143）转换为 n 个单自由度系统的零状态响应问题进行处理，即

$$\begin{cases} M_r\ddot{q}_r(t) + K_r q_r(t) = \boldsymbol{\varphi}_r^{\mathrm{T}}\boldsymbol{f}(t) \\ q_r(0) = 0,\quad \dot{q}_r(0) = 0 \end{cases} \quad (r = 1, 2, \cdots, n) \tag{2-145}$$

式中，M_r，K_r，$\boldsymbol{\varphi}_r$和$\boldsymbol{\varphi}_r^{\mathrm{T}}\boldsymbol{f}(t)$的意义同 2.3.3 节中一致。

现分析系统第 j 个自由度受单位脉冲作用后第 r 阶主坐标的响应，该响应服从特定的方程：

$$\begin{cases} M_r\ddot{q}_r(t) + K_r q_r(t) = \varphi_{jr}\delta(t) \\ q_r(0) = 0,\quad \dot{q}_r(0) = 0 \end{cases} \quad (r = 1, 2, \cdots, n) \tag{2-146}$$

解得

$$q_r(t)=\frac{\varphi_{jr}}{M_r\omega_r}\sin\omega_r t \tag{2-147}$$

将式（2-147）代入式（2-144）可得系统响应为

$$\boldsymbol{u}(t)=\sum_{r=1}^{n}\boldsymbol{\varphi}_r q_r=\sum_{r=1}^{n}\frac{\boldsymbol{\varphi}_r\boldsymbol{\varphi}_{jr}}{M_r\omega_r}\sin\omega_r t \tag{2-148}$$

这是单位脉冲响应矩阵的第 j 列，因此单位脉冲响应矩阵为包含所有列的矩阵。令

$$\boldsymbol{h}(t)=\sum_{r=1}^{n}\frac{\boldsymbol{\varphi}_r\boldsymbol{\varphi}_r^{\mathrm{T}}}{M_r\omega_r}\sin\omega_r t \tag{2-149}$$

这并是单位脉冲响应矩阵的振型展开式。显然，式（2-149）也可以通过对频响函数矩阵的振型展开式进行 Fourier 逆变换得到。这个方法提供了一种从频域信息中提取时域响应的方法，使我们可以更全面地理解系统的动态行为。

此外，我们可推出

$$\boldsymbol{h}(t)=\boldsymbol{\Phi}\operatorname*{diag}_{1\leqslant r\leqslant n}\left[\frac{\sin\omega_r t}{M_r\omega_r}\right]\boldsymbol{\Phi}^{\mathrm{T}}=\boldsymbol{\Phi}\operatorname*{diag}_{1\leqslant r\leqslant n}\left[\frac{\sin\omega_r t}{\omega_r}\right]\boldsymbol{\Phi}^{-1}\boldsymbol{\Phi}\operatorname*{diag}_{1\leqslant r\leqslant n}\left[\frac{1}{M_r}\right]\boldsymbol{\Phi}^{\mathrm{T}}=\boldsymbol{V}(t)\boldsymbol{M}^{-1} \tag{2-150}$$

式中，$V(t)$如式（2-121）所定义，表示各自由度由单位初速度引起的自由振动。式（2-150）说明：在各自由度上依次作用单位脉冲所引起的初速度列向量排成的矩阵正好是$\boldsymbol{M}^{-1}$。

2. 任意激励下的响应

利用单位脉冲响应矩阵，我们可以得到系统在任意激励下的零状态响应：

$$\boldsymbol{u}(t)=\int_0^t\boldsymbol{h}(t-\tau)\boldsymbol{f}(\tau)\mathrm{d}\tau=\int_0^t\boldsymbol{h}(\tau)\boldsymbol{f}(t-\tau)\mathrm{d}\tau \tag{2-151}$$

按照本节开头的说明，当考虑系统初始状态对响应的贡献时，系统的总响应为两部分之和，即

$$\boldsymbol{u}(t)=\boldsymbol{U}(t)\boldsymbol{u}_0+\boldsymbol{V}(t)\dot{\boldsymbol{u}}_0+\int_0^t\boldsymbol{h}(t-\tau)\boldsymbol{f}(\tau)\mathrm{d}\tau \tag{2-152}$$

2.5　比例阻尼系统的振动

2.5.1　多自由度系统的阻尼

真实的振动系统中总是存在阻尼，使系统的自由振动逐渐衰减，最终静止。当正弦激励的频率接近系统固有频率时，系统中的阻尼会将共振峰限定在一定范围内。因此，阻尼对系统响应起着重要作用，必须对其影响进行分析。然而，阻尼是一个极为复杂的因素，目前人们对阻尼的研究还不够充分。在振动分析中，人们通常采用线性黏性阻尼假设或等效线性黏性阻尼假设，以便进行分析。

线性黏性阻尼系统的振动满足

$$\begin{cases} \boldsymbol{M}\ddot{\boldsymbol{u}}(t)+\boldsymbol{C}\dot{\boldsymbol{u}}(t)+\boldsymbol{K}\boldsymbol{u}(t)=\boldsymbol{f}(t) \\ \boldsymbol{u}(0)=\boldsymbol{u}_0,\quad \dot{\boldsymbol{u}}(0)=\dot{\boldsymbol{u}}_0 \end{cases} \tag{2-153}$$

对于质量矩阵$\boldsymbol{M}$和刚度矩阵$\boldsymbol{K}$的特性，人们已经了解得比较透彻。然而，对于阻尼矩阵$\boldsymbol{C}$的了解则相对不足。一般来说，人们只能根据工程经验来判断阻尼是否对称。当系统中存在局部阻尼或人工阻尼器时，阻尼矩阵$\boldsymbol{C}$往往并不是正定的。这表明在实际工程应用中，阻尼矩阵的特性复杂且难以准确确定，这给系统的振动分析带来了一定的挑战。

从前几节可以看出：无阻尼系统有一组固有振型，作为基底可使系统运动解耦，简化后续分析。对于阻尼系统，能否如此处理呢？

我们先将固有振型矩阵$\boldsymbol{\Phi}$引入坐标变换

$$\boldsymbol{u}(t)=\boldsymbol{\Phi}\boldsymbol{q}(t) \tag{2-154}$$

将方程（2-153）转换为

$$\boldsymbol{M}_q\ddot{\boldsymbol{q}}(t)+\boldsymbol{C}_q\dot{\boldsymbol{q}}(t)+\boldsymbol{K}_q\boldsymbol{q}(t)=\boldsymbol{\Phi}^{\mathrm{T}}\boldsymbol{f}(t) \tag{2-155a}$$

$$\boldsymbol{q}(0)=\boldsymbol{\Phi}^{-1}\boldsymbol{u}_0,\quad \dot{\boldsymbol{q}}(0)=\boldsymbol{\Phi}^{-1}\dot{\boldsymbol{u}}_0 \tag{2-155b}$$

式中，

$$\boldsymbol{M}_q \overset{\text{def}}{=\!=} \boldsymbol{\Phi}^{\mathrm{T}}\boldsymbol{M}\boldsymbol{\Phi},\ \boldsymbol{K}_q \overset{\text{def}}{=\!=} \boldsymbol{\Phi}^{\mathrm{T}}\boldsymbol{K}\boldsymbol{\Phi},\ \boldsymbol{C}_q \overset{\text{def}}{=\!=} \boldsymbol{\Phi}^{\mathrm{T}}\boldsymbol{K}\boldsymbol{\Phi} \tag{2-156}$$

在这种情况下，矩阵$\boldsymbol{M}_q$和$\boldsymbol{K}_q$是对角矩阵，但矩阵$\boldsymbol{C}_{\mathrm{q}}$不一定是对角矩阵。

多年来，人们对于同时使矩阵$\boldsymbol{M}$、$\boldsymbol{K}$和$\boldsymbol{C}$对角化的坐标变换方法的研究取得了两类主要成果，并为此付出了巨大的努力。

第一类是探索在何种条件下阻尼矩阵可以被系统的固有振型矩阵对角化。Rayleigh 首先指出，如果存在常数α和β使阻尼矩阵为

$$\boldsymbol{C} = \alpha \boldsymbol{M} + \beta \boldsymbol{K} \tag{2-157}$$

这一条件即可满足。

在这种情况下，阻尼矩阵在固有振型矩阵变换下变为对角矩阵。这种形式的阻尼被称为 Rayleigh 阻尼或比例阻尼，许多小阻尼结构采用这种模型进行分析，可以取得较好的效果。后来，其他学者又提出了一些更复杂的可对角化阻尼矩阵形式，使人们对于不同类型的阻尼系统可以进行更加精确的分析和处理，这些研究为振动分析提供了更加多样化的工具和方法，如

$$\boldsymbol{C} = \boldsymbol{M}\sum_{r=0}^{n} \alpha_r \left(\boldsymbol{M}^{-1}\boldsymbol{K}\right)^r \tag{2-158}$$

Caughey 与 O'Kelly 和 Nicholson 等学者相继指出，使阻尼矩阵对角化的充分条件是正定矩阵$\boldsymbol{M}$，$\boldsymbol{K}$和$\boldsymbol{C}$满足以下三式之一。这些条件确保了阻尼矩阵可以在固有振型矩阵变换下变为对角矩阵。

$$\boldsymbol{M}\boldsymbol{K}^{-1}\boldsymbol{C} = \boldsymbol{C}\boldsymbol{K}^{-1}\boldsymbol{M} \tag{2-159a}$$

$$\boldsymbol{C}\boldsymbol{M}^{-1}\boldsymbol{K} = \boldsymbol{K}\boldsymbol{M}^{-1}\boldsymbol{C} \tag{2-159b}$$

$$\boldsymbol{M}\boldsymbol{C}^{-1}\boldsymbol{K} = \boldsymbol{K}\boldsymbol{C}^{-1}\boldsymbol{M} \tag{2-159c}$$

第二类是寻找能够使$\boldsymbol{M}$，$\boldsymbol{K}$ 和 $\boldsymbol{C}$ 同时对角化的质量矩阵和阻尼矩阵的广义坐标，这类问题可以在复数空间中解决，这种方法称为复模态理论，相应的系统振型称为复振型。

本节讨论利用固有振型矩阵变换对角化阻尼矩阵的振动系统，并称其为比例阻尼系统的振动分析。通常，大多数未经人工设置局部阻尼的弱阻尼结构可以近似处理为比例阻尼系统。这种情况下，系统方程（2-155）在主坐标下可解耦为 n 个独立的单自由度阻尼系统：

$$\begin{cases} M_r\ddot{q}_r(t) + C_r\dot{q}_r(t) + K_r q_r(t) = \boldsymbol{\varphi}_r^{\mathrm{T}}\boldsymbol{f}(t) \\ q_r(0) = q_{0r}, \quad \dot{q}_r(0) = \dot{q}_{0r} \end{cases} \quad (r = 1,2,\cdots,n) \tag{2-160}$$

式中，

$$C_r \xlongequal{\text{def}} \boldsymbol{\varphi}_r^{\mathrm{T}} \boldsymbol{C} \boldsymbol{\varphi}_r \quad (r=1,2,\cdots,n) \tag{2-161}$$

当阻尼矩阵在固有振型矩阵变换下不能完全对角化时，人们常忽略 C 其中的非对角元素，以此对原系统做近似处理。这种处理后的阻尼模型称为振型阻尼，其振动分析过程与比例阻尼系统相同。振型阻尼模型有时会引入工程上无法接受的误差，因此使用振型阻尼模型需要谨慎。

2.5.2　自由振动

对于自由振动问题，方程（2–160）可简化为

$$\begin{cases} M_r \ddot{q}_r(t) + C_r \dot{q}_r(t) + K_r q_r(t) = 0 \\ q_r(0) = q_{0r}, \quad \dot{q}_r(0) = \dot{q}_{0r} \end{cases} \quad (r=1,2,\cdots,n) \tag{2-162}$$

根据单自由度阻尼系统的自由振动解，可以得到 n 个独立主坐标下的运动方程：

$$q_r(t) = U_r(t) q_{0r} + V_r(t) \dot{q}_{0r} \quad (r=1,2,\cdots,n) \tag{2-163}$$

式中，

$$\begin{cases} U_r(t) \xlongequal{\text{def}} \mathrm{e}^{-\varepsilon_r \sigma_r} \left(\cos\sqrt{1-\zeta_r^2}\,\omega_r t + \dfrac{\zeta_r}{\sqrt{1-\zeta_r^2}} \sin\sqrt{1-\zeta_r^2}\,\omega_r t \right) \\ V_r(t) \xlongequal{\text{def}} \dfrac{\mathrm{e}^{-\zeta_r \omega_r t}}{\omega_r \sqrt{1-\zeta_r^2}} \sin\sqrt{1-\zeta_r^2}\,\omega_r t \quad (r=1,2,\cdots,n) \end{cases} \tag{2-164}$$

$$\omega_r \xlongequal{\text{def}} \frac{K_r}{M_r}, \quad \zeta_r \xlongequal{\text{def}} \frac{C_r}{2\sqrt{M_r K_r}} \quad (r=1,2,\cdots,n) \tag{2-165}$$

将式（2–163）写成矩阵形式：

$$\boldsymbol{q}(t) = \operatorname*{diag}_{1 \leqslant r \leqslant n} [U_r(t)] \boldsymbol{q}_0 + \operatorname*{diag}_{1 \leqslant r \leqslant n} [V_r(t)] \dot{\boldsymbol{q}}_0 \tag{2-166}$$

将初始条件（2–155b）代入变换式（2–166），可以得到物理坐标下系统的自由振动：

$$
\begin{aligned}
\boldsymbol{u}(t) &= \boldsymbol{\Phi} \operatorname*{diag}_{1\leqslant r\leqslant n}\left[U_r(t)\right]\boldsymbol{q}_0 + \boldsymbol{\Phi} \operatorname*{diag}_{1\leqslant r\leqslant n}\left[V_r(t)\right]\dot{\boldsymbol{q}}_0 \\
&= \boldsymbol{\Phi} \operatorname*{diag}_{1\leqslant r\leqslant n}\left[U_r(t)\right]\boldsymbol{\Phi}^{-1}\boldsymbol{u}_0 + \boldsymbol{\Phi} \operatorname*{diag}_{1\leqslant r\leqslant n}\left[V_r(t)\right]\boldsymbol{\Phi}^{-1}\dot{\boldsymbol{u}}_0 \\
&\leqslant \boldsymbol{U}(t)\boldsymbol{u}_0 + \boldsymbol{V}(t)\dot{\boldsymbol{u}}_0
\end{aligned} \tag{2-167}
$$

式中，

$$
\boldsymbol{U}(t) \overset{\text{def}}{=\!=} \boldsymbol{\Phi} \operatorname*{diag}_{1\leqslant r\leqslant n}\left[U_r(t)\right]\boldsymbol{\Phi}^{-1}, \quad \boldsymbol{V}(t) \overset{\text{def}}{=\!=} \boldsymbol{\Phi} \operatorname*{diag}_{1\leqslant r\leqslant n}\left[V_r(t)\right]\boldsymbol{\Phi}^{-1} \tag{2-168}
$$

如果比例阻尼系统的初始条件满足：

$$
\boldsymbol{u}_0 = \boldsymbol{\varphi}_r q_{0r}, \quad \dot{\boldsymbol{u}}_0 = \boldsymbol{\varphi}_r \dot{q}_{0r} \tag{2-169}
$$

其自由振动将是衰减振动：

$$
\boldsymbol{u}(t) = \boldsymbol{\varphi}_r q_r(t) = \alpha_r \mathrm{e}^{-\zeta_r\omega_r t}\cos\left(\sqrt{1-\zeta_r^2}\,\omega_r t + \theta_r\right)\boldsymbol{\varphi}_r \tag{2-170}
$$

这种振动称为第 r 阶纯模态自由振动。显然，$\boldsymbol{\varphi}_r$ 给出了第 r 阶纯模态自由振动时各自由度振幅的比例关系，各自由度的振动相位相同。按照引入无阻尼系统固有振动概念的方法，$\boldsymbol{\varphi}_r$称为比例阻尼系统的第 r 阶振型，它等于第 r 阶固有振型。

例 2-6 在图 2-11 中，系统的左右阻尼器参数略有不同（$0<\delta \ll c$）。当两质量块在正向单位静位移条件下释放时，求系统的自由振动响应。

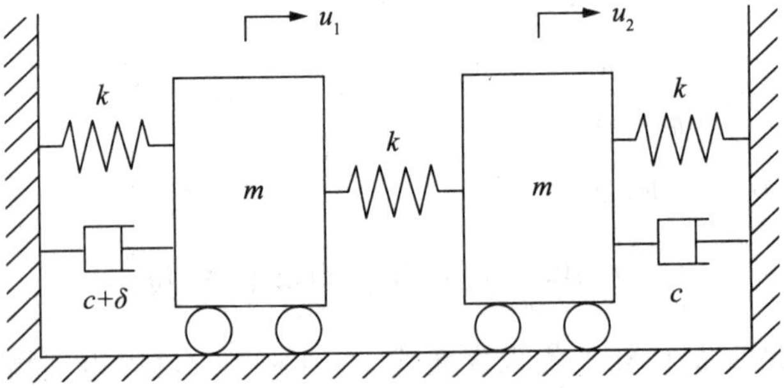

图 2-11 二自由度阻尼系统

解：系统运动微分方程和初始条件分别为

$$
\begin{bmatrix} m & 0 \\ 0 & m \end{bmatrix}\begin{bmatrix} \ddot{u}_1(t) \\ \ddot{u}_2(t) \end{bmatrix} + \begin{bmatrix} c+\delta & 0 \\ 0 & c \end{bmatrix}\begin{bmatrix} \dot{u}_1(t) \\ \dot{u}_2(t) \end{bmatrix} + \begin{bmatrix} 2k & -k \\ -k & 2k \end{bmatrix}\begin{bmatrix} u_1(t) \\ u_2(t) \end{bmatrix} = \begin{bmatrix} 0 \\ 0 \end{bmatrix} \tag{2-171a}
$$

$$\begin{bmatrix} u_1(0) \\ u_2(0) \end{bmatrix} = \begin{bmatrix} 1 \\ 1 \end{bmatrix}, \quad \begin{bmatrix} \dot{u}_1(0) \\ \dot{u}_2(0) \end{bmatrix} = \begin{bmatrix} 0 \\ 0 \end{bmatrix} \tag{2-171b}$$

根据 2.3.1 中的例子，该系统的固有频率和固有振型矩阵为

$$\omega_1 = \sqrt{\frac{k}{m}}, \quad \omega_2 = \sqrt{\frac{3k}{m}}, \quad \boldsymbol{\Phi} = \begin{bmatrix} 1 & 1 \\ 1 & -1 \end{bmatrix} \tag{2-171c}$$

采用主坐标变换

$$\begin{bmatrix} u_1(t) \\ u_2(t) \end{bmatrix} = \begin{bmatrix} 1 & 1 \\ 1 & -1 \end{bmatrix} \begin{bmatrix} q_1(t) \\ q_2(t) \end{bmatrix} \tag{2-171d}$$

将方程（2–171a）化为

$$\begin{bmatrix} 2m & 0 \\ 0 & 2m \end{bmatrix} \begin{bmatrix} \ddot{q}_1(t) \\ \ddot{q}_2(t) \end{bmatrix} + \begin{bmatrix} 2c+\delta & \delta \\ \delta & 2c+\delta \end{bmatrix} \begin{bmatrix} \dot{q}_1(t) \\ \dot{q}_2(t) \end{bmatrix} + \begin{bmatrix} 2k & 0 \\ 0 & 6k \end{bmatrix} \begin{bmatrix} q_1(t) \\ q_2(t) \end{bmatrix} = \begin{bmatrix} 0 \\ 0 \end{bmatrix} \tag{2-171e}$$

系统初始条件（2–171b）化为

$$\begin{bmatrix} q_1(0) \\ q_2(0) \end{bmatrix} = \begin{bmatrix} 1 & 1 \\ 1 & -1 \end{bmatrix}^{-1} \begin{bmatrix} 1 \\ 1 \end{bmatrix} = \begin{bmatrix} 1 \\ 0 \end{bmatrix}, \quad \begin{bmatrix} \dot{q}_1(t) \\ \dot{q}_2(t) \end{bmatrix} = \begin{bmatrix} 0 \\ 0 \end{bmatrix} \tag{2-171f}$$

式（2–171e）表明该系统不是比例阻尼系统。由于阻尼差异δ很小，因此可以采用振型阻尼方法处理，将式（2–171e）解耦：

$$\begin{bmatrix} 2m & 0 \\ 0 & 2m \end{bmatrix} \begin{bmatrix} \ddot{q}_1(t) \\ \ddot{q}_2(t) \end{bmatrix} + \begin{bmatrix} 2c+\delta & 0 \\ 0 & 2c+\delta \end{bmatrix} \begin{bmatrix} \dot{q}_1(t) \\ \dot{q}_2(t) \end{bmatrix} + \begin{bmatrix} 2k & 0 \\ 0 & 6k \end{bmatrix} \begin{bmatrix} q_1(t) \\ q_2(t) \end{bmatrix} = \begin{bmatrix} 0 \\ 0 \end{bmatrix} \tag{2-171g}$$

根据初始条件式（2–171f）可解出

$$q_1(t) = \mathrm{e}^{-\beta t}\left(\cos\sqrt{\omega_1^2-\beta^2}\,t + \frac{\beta}{\sqrt{\omega_1^2-\beta^2}}\sin\sqrt{\omega_1^2-\beta^2}\,t\right), \quad q_2(t) = 0 \tag{2-171h}$$

式中，

$$\beta = \frac{2c+\delta}{4m} \tag{2-171i}$$

将式（2–171h）代回变换式（2–171d），得系统的振动为

$$\begin{bmatrix} u_1(t) \\ u_2(t) \end{bmatrix} = \mathrm{e}^{-\beta t}\left(\cos\sqrt{\omega_1^2-\beta^2}\,t + \frac{\beta}{\sqrt{\omega_1^2-\beta^2}}\sin\sqrt{\omega_1^2-\beta^2}\,t\right) \begin{bmatrix} 1 \\ 1 \end{bmatrix} \tag{2-171j}$$

这表明系统按照第一阶纯模态进行同步自由振动，两质量块同时达到最大值，并同时穿越平衡位置，最终同步回到平衡位置。

2.5.3 受迫振动

由于比例阻尼系统在固有振型矩阵变换下可以完全解耦，因此本小节内容与 2.4 节对无阻尼系统受迫振动的分析完全一致。

1. 频响函数矩阵

对比例阻尼系统施加正弦激励后，随着时间推移，响应将趋于与激励同频率的稳态正弦振动。为简便起见，我们可采用复数表示法来表示激励和稳态响应，分别为

$$\begin{cases} \boldsymbol{J}'(t)=\bar{\boldsymbol{f}}\mathrm{e}^{\mathrm{i}\omega t}=\left[\bar{f}_1 \quad \cdots \quad \bar{f}_n\right]^{\mathrm{T}}\mathrm{e}^{\mathrm{i}\omega t} \\ \boldsymbol{u}(t)=\bar{\boldsymbol{u}}\mathrm{e}^{\mathrm{i}\omega t}=\left[\bar{u}_1 \quad \cdots \quad \bar{u}_n\right]^{\mathrm{T}}\mathrm{e}^{\mathrm{i}\omega t} \end{cases} \tag{2-172}$$

式中，力向量 $\bar{\boldsymbol{f}}$ 和位移响应向量 $\bar{\boldsymbol{u}}$ 的元素通常是复数。若各元素 $\bar{f}_i$ 的辐角不同，则各激励之间的初始相位也不同。响应与激励的相位差反映了响应超前于激励的程度。

将式（2–172）代入阻尼系统的振动方程（2–153）中得到

$$\boldsymbol{Z}(\omega)\bar{\boldsymbol{u}} \xlongequal{\text{def}} \left(\boldsymbol{K}-\omega^2\boldsymbol{M}+\mathrm{i}\omega\boldsymbol{C}\right)\bar{\boldsymbol{u}}=\bar{\boldsymbol{f}} \tag{2-173}$$

式中，阻尼系统的动刚度矩阵$\boldsymbol{Z}(\omega)$是复数矩阵，通常是可逆的，这与无阻尼系统的动刚度矩阵不同，其逆矩阵

$$\boldsymbol{H}(\omega) \xlongequal{\text{def}} \boldsymbol{Z}^{-1}(\omega)=\left(\boldsymbol{K}-\omega^2\boldsymbol{M}+\mathrm{i}\omega\boldsymbol{C}\right)^{-1} \tag{2-174}$$

就是阻尼系统的频响函数矩阵。频响函数矩阵的元素$H_{ij}(\omega)$一般是复数，其幅值$|H_{ij}(\omega)|$的物理意义是，在系统的第 j 个自由度上施加单位幅值的正弦激励后，系统第 i 个自由度上的稳态响应幅值；而辐角 $\arg H_{ij}(\omega)$的物理意义是上述响应超前于激励的相位角，即响应与激励之间的相位差。

将固有振型矩阵$\boldsymbol{\Phi}^{\mathrm{T}}$和$\boldsymbol{\Phi}$分别左乘、右乘动刚度矩阵，得

$$\boldsymbol{\Phi}^{\mathrm{T}}\boldsymbol{Z}(\omega)\boldsymbol{\Phi}=\boldsymbol{\Phi}^{\mathrm{T}}\left(\boldsymbol{K}-\omega^2\boldsymbol{M}+\mathrm{i}\omega\boldsymbol{C}\right)\boldsymbol{\Phi}=\underset{1\leqslant r\leqslant n}{\mathrm{diag}}\left[K_r-\omega^2M_r+\mathrm{i}\omega C_r\right] \tag{2-175}$$

由此解出频响函数矩阵的振型展开式为

$$\boldsymbol{H}(\omega)=\boldsymbol{\Phi}\operatorname*{diag}_{1\leqslant r\leqslant n}\left[K_r-\omega^2M_r+\mathrm{i}\omega C_r\right]^{-1}\boldsymbol{\Phi}^{\mathrm{T}}=\sum_{r=1}^{n}\frac{\boldsymbol{\varphi}_r\boldsymbol{\varphi}_r^{\mathrm{T}}}{K_r-\omega^2M_r+\mathrm{i}\omega C_r} \quad (2\text{–}176)$$

我们可通过讨论无阻尼系统频响函数矩阵的振型展开式来分析上述特征。对于阻尼系统，它虽然不再存在像无阻尼系统那样的反共振频率ω_a^{ij}使$H_{ij}\left(\omega_a^{ij}\right)=0$，但在两个共振频率之间，总有一个频率使$\left|H_{ij}(\omega)\right|$达到极小值。这种现象通常称为反共振，对抑制振动具有重要意义。

2. 单位脉冲响应

通过利用固有振型矩阵对比例阻尼系统的解耦作用，我们可以导出系统单位脉冲响应矩阵的振型展开式，如式（2–177）所示。这一方法有效简化了对比例阻尼系统的分析过程。

$$\boldsymbol{h}(t)=\sum_{r=1}^{n}\frac{\boldsymbol{\varphi}_r\boldsymbol{\varphi}_r^{\mathrm{T}}}{\boldsymbol{M}_r\omega_r\sqrt{1-\zeta_r^2}}\mathrm{e}^{-\varepsilon_r\omega_r t}\sin\sqrt{1-\zeta_r^2}\,\omega_r t \quad (2\text{–}177)$$

式（2–177）也可以通过对频响函数矩阵的振型展开式（2–176）进行 Fourier 逆变换得到，建议读者作为练习。利用式（2–164）和式（2–168），我们还可以由式（2–177）导出类似于式（2–178）的结果，这一过程可以帮助理解频响函数矩阵与系统单位脉冲响应矩阵之间的关系。

$$\begin{aligned}\boldsymbol{h}(t)&=\boldsymbol{\Phi}\operatorname*{diag}_{1\leqslant r\leqslant n}\left[\frac{V_r(t)}{M_r}\right]\boldsymbol{\Phi}^{\mathrm{T}}=\boldsymbol{\Phi}\operatorname*{diag}_{1\leqslant r\leqslant n}\left[V_r(t)\right]\operatorname*{diag}_{1\leqslant r\leqslant n}\left[\frac{1}{M_r}\right]\boldsymbol{\Phi}^{\mathrm{T}}\\&=\boldsymbol{\Phi}\operatorname*{diag}_{1\leqslant r\leqslant n}\left[V_r(t)\right]\boldsymbol{\Phi}^{-1}\boldsymbol{\Phi}\operatorname*{diag}_{1\leqslant r\leqslant n}\left[\frac{1}{M_r}\right]\boldsymbol{\Phi}^{\mathrm{T}}=\boldsymbol{V}(t)\boldsymbol{M}^{-1}\end{aligned} \quad (2\text{–}178)$$

式中，$\boldsymbol{V}(t)$由式（2–168）定义，是比例阻尼系统由单位初始速度引起的自由振动矩阵。

3. 任意激励下的响应

系统在任意初始条件和激励下的响应表达式为

$$\boldsymbol{u}(t)=\boldsymbol{U}(t)\boldsymbol{u}_0+\boldsymbol{V}(t)\dot{\boldsymbol{u}}_0+\int_0^t\boldsymbol{h}(t-\tau)\boldsymbol{f}(\tau)\mathrm{d}\tau \quad (2\text{–}179)$$

式中，矩阵$\boldsymbol{U}(t)$，$\boldsymbol{V}(t)$和$\boldsymbol{h}(t)$分别由式（2–168）和式（2–177）给出。

2.6 一般黏性阻尼系统的振动

2.6.1 自由振动

1. 物理空间描述

具有一般线性阻尼的 n 自由度系统的自由振动应满足

$$\begin{cases} \boldsymbol{M}\ddot{\boldsymbol{u}}(t)+\boldsymbol{C}\dot{\boldsymbol{u}}(t)+\boldsymbol{K}\boldsymbol{u}(t)=0 \\ \boldsymbol{u}(0)=\boldsymbol{u}_0, \quad \dot{\boldsymbol{u}}(0)=\dot{\boldsymbol{u}}_0 \end{cases} \tag{2-180}$$

式中，$\boldsymbol{M}$，$\boldsymbol{K}$和$\boldsymbol{C}$均为对称矩阵。根据线性微分方程理论，式（2-180）的解为

$$\boldsymbol{u}(t)=\varphi \mathrm{e}^{\lambda t} \tag{2-181}$$

式中，λ和$\boldsymbol{\varphi}$分别是待定标量和向量。将该解代入式（2-180），得到二次特征值问题

$$\left(\lambda^2\boldsymbol{M}+\lambda\boldsymbol{C}+\boldsymbol{K}\right)\boldsymbol{\varphi}=\boldsymbol{0} \tag{2-182}$$

式（2-182）具有非零解的充要条件是

$$\det\left(\lambda^2\boldsymbol{M}+\lambda\boldsymbol{C}+\boldsymbol{K}\right)=0 \tag{2-183}$$

式（2-182）是关于特征值λ的 $2N$ 次代数方程，由此可以求得 $2n$ 个特征值λ_r（r=1，2，…，$2n$）。相应地，通过式（2-182）可以解出 $2n$ 个 n 维特征向量$\boldsymbol{\varphi}_r$（r=1，2，…，$2n$）。这个二次特征值问题涉及求解与系统动态特性相关的特征值和特征向量，反映了系统的固有振动模式，具有以下特点。

（1）特征值可以是实数或复数。由于式（2-183）是实系数代数方程，因此复特征值必然成对共轭出现。类似于单自由度系统，共轭复特征值对应于具有衰减振动特征的欠阻尼系统，实特征值则对应于临界阻尼或过阻尼系统。本节仅讨论欠阻尼系统。

（2）与共轭复特征值相对应的特征向量也是成对的共轭复特征向量，它们只能确定到一个复常数因子的程度。$2n$ 个 n 维特征向量必然线性相关。以一

对共轭复模态为例，其实部和虚部提供了相同的信息，因此只需要考虑其中之一即可。

现分析系统的运动。记欠阻尼系统的第 r 对共轭特征值为

$$\lambda_r = -\beta_r + \mathrm{i}\omega_{\mathrm{d}r}, \bar{\lambda}_r = -\beta_r - \mathrm{i}\omega_{\mathrm{d}r}\ (\beta_r, \omega_{\mathrm{d}r} > 0) \tag{2-184}$$

相应的共轭复特征向量为$\boldsymbol{\varphi}_r$和$\bar{\boldsymbol{\varphi}}_r$，则系统可能发生的运动为

$$\boldsymbol{u}_r(t) = \boldsymbol{\varphi}_r \mathrm{e}^{\lambda_r t} + \bar{\boldsymbol{\varphi}}_r \mathrm{e}^{\bar{\lambda}_r t} = 2\mathrm{e}^{-\beta_r r}\left[\mathrm{Re}(\boldsymbol{\varphi}_r)\cos\omega_{\mathrm{d}r}t - \mathrm{Im}(\boldsymbol{\varphi}_r)\sin\omega_{\mathrm{d}r}t\right] \tag{2-185}$$

式（2-185）是以$\omega_{\mathrm{d}r}$ 为“阻尼固有频率”的衰减振动。类似于比例阻尼系统，我们称$\boldsymbol{u}_r(t)$为第 r 阶纯模态振动，称λ_r为第 r 阶复频率。这种振动表现出特定的衰减特性，与其对应的复频率描述了振动的频率和阻尼特性。

为分析纯模态振动中各自由度间的运动关系，我们可将式（2-185）改写为

$$\boldsymbol{u}_r(t) = \mathrm{e}^{-\beta_r t}\begin{bmatrix} a_{1r}\cos\left(\omega_{\mathrm{d}r}t + \theta_{1r}\right) \\ \vdots \\ a_{N_r}\cos\left(\omega_{\mathrm{d}r}t + \theta_{N_r}\right) \end{bmatrix} \tag{2-186}$$

式中，

$$a_{ir} \overset{\mathrm{def}}{=\!=} 2\sqrt{\mathrm{Re}^2(\varphi_{ir}) + \mathrm{Im}^2(\varphi_{ir})}, \theta_{ir} \overset{\mathrm{def}}{=\!=} \arctan\frac{\mathrm{Im}(\varphi_{ij})}{\mathrm{Re}(\varphi_{ij})}\ (i = 1, 2, \cdots, n)$$

式（2-186）表明，如果 Re（$\boldsymbol{\varphi}_r$）$\neq 0$ 或 Im（$\boldsymbol{\varphi}_r$）$\neq 0$，那么各自由度的振动相位会不一致，因此各自由度将在不同时刻到达平衡位置或达到最大值，系统在不同时刻的振动形态也会不相似，这与比例阻尼系统的纯模态振动有显著区别。产生相位差的原因在于，作用在各自由度上的阻尼力不像比例阻尼系统那样与当地的弹性力和惯性力成比例。

在数学形式上，复特征向量完整地描述了各自由度在纯模态振动时的幅值比例关系和相对相位值，确定了纯模态振动的形态。因此，第 r 阶复特征向量$\boldsymbol{\varphi}_r$被称为第 r 阶复振型。当阻尼矩阵满足条件式（2-186）时，复特征向量退化为实向量，因此人们通常将比例阻尼系统的振型称为实振型。

2. 状态空间描述

由于式（2–180）在物理坐标和实振型坐标下无法解耦，因此考虑另一种坐标描述，即状态空间描述。

引入由位移和速度组成的 2n 维状态向量

$$\boldsymbol{v}(t) \overset{\text{def}}{=\!=\!=} \begin{bmatrix} \boldsymbol{u}(t) & \dot{\boldsymbol{u}}(t) \end{bmatrix} \tag{2-187}$$

这时，方程（2–176）可写作由状态向量描述的一阶线性微分方程组

$$\boldsymbol{A}\dot{\boldsymbol{v}}(t) + \boldsymbol{B}\boldsymbol{v}(t) = \boldsymbol{0} \tag{2-188a}$$

$$\boldsymbol{v}(0) = \boldsymbol{v}_0 \tag{2-188b}$$

式中，

$$\mathbf{A} = \begin{bmatrix} \mathbf{C} & \mathbf{M} \\ \mathbf{M} & \mathbf{0} \end{bmatrix},\ \mathbf{B} = \begin{bmatrix} \mathbf{K} & \mathbf{0} \\ \mathbf{0} & -\mathbf{M} \end{bmatrix},\ \mathbf{v}_0 = \begin{bmatrix} \mathbf{u}_0 \\ \dot{\mathbf{u}}_0 \end{bmatrix} \tag{2-189}$$

将系统在状态空间中的运动$v(t) = \boldsymbol{\Psi} e^{\lambda t}$代入式（2–188a），得到相应的特征值问题：

$$(\lambda \boldsymbol{A} + \boldsymbol{B})\boldsymbol{\Psi} \overset{\text{def}}{=\!=\!=} \left(\lambda \begin{bmatrix} \boldsymbol{C} & \boldsymbol{M} \\ \boldsymbol{M} & \boldsymbol{0} \end{bmatrix} + \begin{bmatrix} \boldsymbol{K} & \boldsymbol{0} \\ \boldsymbol{0} & -\boldsymbol{M} \end{bmatrix} \right) \tag{2-190}$$

将式（2–190）展开并与式（2–191）进行比较，可以清楚地看出这两个问题具有相同的特征值（r=1，2，…，2n）。这表明，在两种不同的情况下，系统的特征值是一致的，从而验证了系统在特征值方面的等价性。

$$\boldsymbol{\Psi}_r \overset{\text{def}}{=\!=\!=} \begin{bmatrix} \tilde{\boldsymbol{\Psi}}_r \\ \hat{\boldsymbol{\Psi}}_r \end{bmatrix} = \begin{bmatrix} \boldsymbol{\varphi}_r \\ \lambda_r \boldsymbol{\varphi}_r \end{bmatrix} \quad (r = 1, 2, \cdots, 2n) \tag{2-191}$$

由式（2–189）可知，矩阵 $\boldsymbol{A}$ 和 $\boldsymbol{B}$ 是实对称矩阵。类似于 2.3 节中的分析，可以证明互异特征值的特征向量之间具有加权正交关系，即

$$\boldsymbol{\Psi}_r^{\mathrm{T}} \boldsymbol{A} \boldsymbol{\Psi}_s = a_r \delta_{rs},\quad \boldsymbol{\Psi}_r^{\mathrm{T}} \boldsymbol{B} \boldsymbol{\Psi}_s = b_r \delta_{rs} \tag{2-192}$$

式中，δ_{rs}为克罗内克δ符号。矩阵 $\boldsymbol{M}$ 正定使矩阵 $\boldsymbol{A}$ 满秩，从而有$a_r \neq 0$（r=1, 2, …, 2n）。将λ_r和$\boldsymbol{\Psi}_r$代入式（2–190）并左乘$\boldsymbol{\Psi}_r^{\mathrm{T}}$，得

$$\lambda_r a_r + b_r = 0，即\lambda_r = -\frac{b_r}{a_r} \tag{2-193}$$

将式（2–189）和式（2–191）代入式（2–190），可得物理空间中的加权正交关系：

$$\boldsymbol{\varphi}_r^{\mathrm{T}}\left[\left(\lambda_r+\lambda_s\right)\boldsymbol{M}+\boldsymbol{C}\right]\boldsymbol{\varphi}_s=a_r\delta_{rs},\quad \boldsymbol{\varphi}_r^{\mathrm{T}}\left[\boldsymbol{K}-\lambda_r\lambda_s\boldsymbol{M}\right]\boldsymbol{\varphi}_s=b_r\delta_{rs} \tag{2–194}$$

加权正交关系表明，$2n$ 个 $2n$ 维复特征向量 $\boldsymbol{\Psi}_r$（r=1，2，…，$2n$）是线性无关的。因此，这些特征向量可以作为基向量引入线性变换，如式（2–195）所示。这意味着系统的特征向量可以用来构建一个新的坐标系，从而简化对系统的分析和计算。

$$v(t)=\sum_{r=1}^{2n}\boldsymbol{\Psi}_r q_r \tag{2–195}$$

将式（2–195）代入方程（2–188a）并左乘 $\boldsymbol{\Psi}_r^{\mathrm{T}}$，根据式（2–192）得到 $2n$ 个解耦的一阶微分方程组

$$a_r\dot{q}_r(t)+b_r q_r(t)=0\ (r=1,\ 2,\ \cdots,\ 2n) \tag{2–196}$$

将线性变换代入初始条件（2–188b）并左乘 $\boldsymbol{\Psi}_r^{\mathrm{T}}\boldsymbol{A}$ 得

$$q_r(t)=\frac{\boldsymbol{\Psi}_r^{\mathrm{T}}\boldsymbol{A}\boldsymbol{v}_0}{a_r}\mathrm{e}^{\lambda_r t}\ (r=1,\ 2,\ \cdots,\ 2n) \tag{2–197}$$

将式（2–197）代回变换式（2–195），得到系统的自由振动为

$$\boldsymbol{v}(t)=\sum_{r=1}^{2n}\frac{\boldsymbol{\Psi}_r\boldsymbol{\Psi}_r^{\mathrm{T}}\boldsymbol{A}\boldsymbol{v}_0}{a_r}\mathrm{e}^{\lambda_r t} \tag{2–198}$$

将式（2–189）和式（2–191）代入式（2–198），得到由物理坐标描述的自由振动为

$$\boldsymbol{u}(t)=\sum_{r=1}^{2n}\frac{\boldsymbol{\varphi}_r\boldsymbol{\varphi}_r^{\mathrm{T}}}{a_r}\left[\boldsymbol{M}\left(\dot{\boldsymbol{u}}_0+\lambda\boldsymbol{u}_0\right)+\boldsymbol{C}\boldsymbol{u}_0\right]\mathrm{e}^{\lambda_r t} \tag{2–199}$$

式中，a_r 反映了第 r 阶模态对系统响应的贡献大小，被称为第 r 阶模态参与因子。由此可以看出，系统的单位初始位移响应和单位初始速度响应矩阵应根据这个参数进行定义，以准确反映不同模态在系统响应中的作用。最终得出

$$\boldsymbol{U}(t)\overset{\mathrm{def}}{=\!=\!=}\sum_{r=1}^{2n}\frac{\boldsymbol{\varphi}_r\boldsymbol{\varphi}_r^{\mathrm{T}}}{a_r}\left[\lambda_r\boldsymbol{M}+\boldsymbol{C}\right]\mathrm{e}^{\lambda_r t},\quad \boldsymbol{V}(t)\overset{\mathrm{def}}{=\!=\!=}\sum_{r=1}^{2n}\frac{\boldsymbol{\varphi}_r\boldsymbol{\varphi}_r^{\mathrm{T}}}{a_r}\boldsymbol{M}\mathrm{e}^{\lambda_r t} \tag{2–200}$$

例 2–7　用复模态方法分析例 2–6 中的系统在 $m=1$，$k=1$，$c=\delta=0.1$ 时的自由振动。

解：根据式（2-189）及式（2-171a）和式（2-171b），得

$$\boldsymbol{A}=\begin{bmatrix}0.2&0&1&0\\0&0.1&0&1\\1&0&0&0\\0&1&0&0\end{bmatrix},\quad \boldsymbol{B}=\begin{bmatrix}2&-1&0&0\\-1&2&0&0\\0&0&-1&0\\0&0&0&-1\end{bmatrix},\quad \boldsymbol{v}_0=\begin{bmatrix}1\\1\\0\\0\end{bmatrix} \qquad (2-201a)$$

使用 MATLAB 解特征值问题式（2-190），可以得到两对共轭特征值和相应的特征向量。

$$\begin{cases}\lambda_1=\bar{\lambda}_3=-0.075\,1+0.997\,8\mathrm{i}\\ \lambda_2=\bar{\lambda}_4=-0.074\,9+1.729\,3\mathrm{i}\end{cases} \qquad (2-201b)$$

$$\boldsymbol{\varPsi}_1=\bar{\boldsymbol{\varPsi}}_3=\begin{bmatrix}-0.150\,0-0.477\,5\mathrm{i}\\-0.125\,5-0.482\,5\mathrm{i}\\0.487\,7-0.113\,8\mathrm{i}\\0.490\,9-0.089\,0\mathrm{i}\end{bmatrix},\quad \boldsymbol{\varPsi}_2=\boldsymbol{\varPsi}_4=\begin{bmatrix}-0.023\,4+0.352\,2\mathrm{i}\\-0.007\,1-0.354\,2\mathrm{i}\\-0.607\,3-0.066\,9\mathrm{i}\\0.613\,1+0.014\,2\mathrm{i}\end{bmatrix} \qquad (2-201c)$$

将式（2-201b）和式（2-201c）代入式（2-197），得到两质量块的自由振动位移

$$\begin{bmatrix}u_1\\u_2\end{bmatrix}=2\mathrm{Re}\left\{\begin{bmatrix}0.500-0.052\mathrm{i}\\0.500-0.025\mathrm{i}\end{bmatrix}\mathrm{e}^{(-0.075+0.998\mathrm{i})t}+\begin{bmatrix}0.007\mathrm{i}\\-0.007\mathrm{i}\end{bmatrix}\mathrm{e}^{(-0.075+1.729\mathrm{i})t}\right\} \qquad (2-201d)$$

回顾 2.5 节中的例子，经过振型阻尼处理后的系统将按照第一阶纯模态进行同步振动，两质量块同时经过平衡位置。然而，将式（2-201d）的结果绘制在图 2-12 上可以看出，实际系统中两质量块经过平衡点的时刻存在微小差异，即非比例阻尼使系统自由振动不同步。这体现了复模态理论与实模态理论的区别。

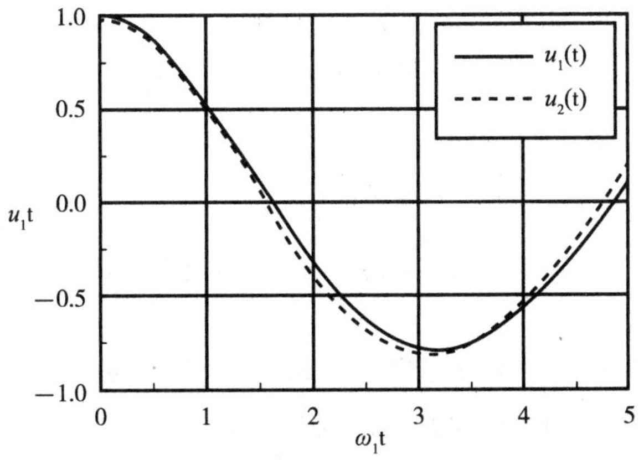

图 2-12　非比例阻尼系统的不同步自由振动

2.6.2　受迫振动

受外部激励的一般阻尼系统的受迫振动满足

$$\begin{cases} \boldsymbol{M}\ddot{\boldsymbol{u}}(t)+\boldsymbol{C}\dot{\boldsymbol{u}}(t)+\boldsymbol{K}\boldsymbol{u}(t)=\boldsymbol{f}(t) \\ \boldsymbol{u}(0)=\boldsymbol{u}_0,\quad \dot{\boldsymbol{u}}(0)=\dot{\boldsymbol{u}}_0 \end{cases} \tag{2-202}$$

1. 脉冲响应矩阵

首先考虑初始静止系统，如果系统的第j个自由度在 t=0 时刻受到单位冲量，那么 t>0 时系统的初始条件为

$$\boldsymbol{u}(0)=\boldsymbol{0},\quad \dot{\boldsymbol{u}}(0)=\boldsymbol{M}^{-1}\mathrm{e}_j \tag{2-203}$$

式中，

$$\mathrm{e}_j \xlongequal{\text{def}} \begin{bmatrix} 0 & \cdots & 0 & 1 & 0 & \cdots & 0 \end{bmatrix} \tag{2-204}$$

根据式（2-200），系统的自由振动为

$$\boldsymbol{u}(t)=\sum_{r=1}^{2n}\frac{\boldsymbol{\varphi}_r\boldsymbol{\varphi}_r^{\mathrm{T}}}{a_r}\boldsymbol{M}\dot{\boldsymbol{u}}(0)\mathrm{e}^{\lambda_r t}=\sum_{r=1}^{2n}\frac{\boldsymbol{\varphi}_r\boldsymbol{\varphi}_r^{\mathrm{T}}}{a_r}e_j\mathrm{e}^{\lambda_r t} \tag{2-205}$$

这是单位脉冲响应矩阵的第 j 列，因此单位脉冲响应矩阵的振型展开式为

$$\boldsymbol{h}(t)=\sum_{r=1}^{2n}\frac{\boldsymbol{\varphi}_r\boldsymbol{\varphi}_r^{\mathrm{T}}}{a_r}\mathrm{e}^{\lambda_r t} \tag{2-206}$$

对照式（2–200）中的第二个方程，可得

$$\boldsymbol{h}(t)=\boldsymbol{V}(t)\boldsymbol{M}^{-1} \tag{2–207}$$

2. 频响函数矩阵

一般阻尼系统的频响函数矩阵仍为

$$\boldsymbol{H}(\omega)\overset{\text{def}}{=\!=}\left(\boldsymbol{K}-\omega^{2}\boldsymbol{M}+\mathrm{i}\omega\mathbf{C}\right)^{-1} \tag{2–208}$$

其元素$H_{ij}(\omega)$的物理意义与比例阻尼情况下的相同。对式（2–206）进行Fourier 变换，可以得到频响函数矩阵的振型展开式

$$\boldsymbol{H}(\omega)=\sum_{r=1}^{2n}\frac{\boldsymbol{\varphi}_r\boldsymbol{\varphi}_r^{\mathrm{T}}}{a_r\left(\mathrm{i}\omega-\lambda_r\right)} \tag{2–209}$$

3. 任意激励下的响应

系统在任意初始条件和激励下的响应表达式为

$$\boldsymbol{u}(t)=\boldsymbol{U}(t)\boldsymbol{u}_0+\boldsymbol{V}(t)\dot{\boldsymbol{u}}_0+\int_0^t\boldsymbol{h}(t-\tau)\boldsymbol{f}(\tau)\mathrm{d}\boldsymbol{\tau} \tag{2–210}$$

式中，矩阵$\boldsymbol{U}(t)$，$\boldsymbol{V}(t)$和$\boldsymbol{h}(t)$分别由式（2–200）和式（2–207）定义。

课后练习

1. 多自由度系统中的模态耦合通常表示（　　）

A. 各个模态之间的独立性

B. 各个模态之间的相互作用

C. 各个自由度之间的相互作用

D. 系统的所有模态频率相等

2. 在多自由度系统的响应分析中，模态叠加法的主要优点是（　　）

A. 只考虑第一个模态的影响

B. 考虑所有模态的影响

C. 简化计算

D. 忽略高频模态的影响

3. 在多自由度系统中，振型是指系统在 _______ 振动时，各个自由度的相对运动形式。

4. 在多自由度系统中，自由振动和强迫振动有哪些主要区别？如何在实际分析中处理这两种振动情况？

第 3 章　无限自由度线性系统

实际振动系统的惯性、弹性和阻尼是连续分布的，因此实际振动系统被称为连续系统或分布参数系统。要确定连续系统中无数质点的运动形态，需要无限多个广义坐标，因此系统也被称为无限自由度系统。前两章讨论的单自由度或多自由度系统可以看作对连续系统的简化。连续系统包括各种材料制成的弦、杆、轴、梁、膜、板、环、壳等各种结构，其中弹性杆、轴和弦是工程中最基本的构件。本章的研究对象限于由均匀、各向同性的弹性材料制成的杆、轴和梁，简称为弹性体。

3.1　弹性杆的纵向振动

弹性杆的纵向振动是指杆状物体沿其长度方向的振动行为，是材料力学和振动分析的重要课题。纵向振动由内力或外力引起（如施加在杆上的冲击或周期性负载），其基本数学描述是通过一维波动方程来实现的，该方程结合了材料的弹性模量和密度来确定波速。分析中常涉及自由振动和受迫振动，自由振动是在无外力作用下的自然振动，受迫振动则是在外力作用下的响应行为。边界条件（如固定端和自由端）会显著影响振动特性。理解和分析弹性杆的纵向振动对于工程结构的设计、材料测试和声学应用具有重要意义，能帮助工程师预测和控制结构的动态行为。

3.1.1　振动微分方程

在分析杆的纵向振动时，我们可以假设杆的横截面在振动过程中仍然保持平面并与原截面平行。此时，横截面上的各点只在轴线方向上运动，而不考虑由于纵向振动引起的横向变形。通过这一简化，我们可以更加专注于杆在纵向振动中的行为和特性。

设直杆的长度为 l，其轴线沿 x 轴方向。记杆在坐标 x 处的横截面的面积为$A(x)$，弹性模量为$E(x)$，密度为$\rho(x)$。用$u(x,\ t)$表示坐标 x 处截面在 t 时刻的纵向位移，$f(x,\ t)$表示单位长度上均匀分布的轴向外力，N 表示轴力。取杆的一个微小段$\mathrm{d}x$进行受力分析，如图 3–1 所示。

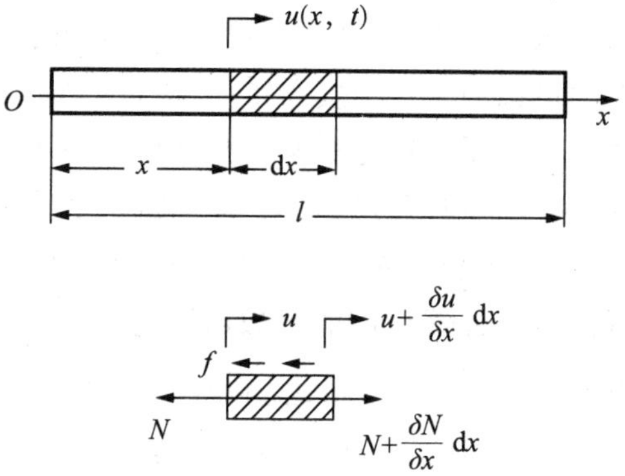

图 3–1　直杆及其微单元体受力分析

为了书写简洁，我们略去自变量 x 和t。根据材料力学，这个微小段左端面的纵向应变和轴向力分别为 ε 和 F。通过这些参数，我们可以进一步分析杆在不同条件下的纵向振动行为，其中

$$\varepsilon=\frac{\partial u}{\partial x},\quad N=EA\varepsilon=EA\frac{\partial u}{\partial x} \tag{3–1}$$

根据牛顿第二定律，有

$$\rho A\,\mathrm{d}x\frac{\partial^2 u}{\partial t^2}=\left(N+\frac{\partial N}{\partial x}\mathrm{d}x\right)-N+f\mathrm{d}x \tag{3–2}$$

将式（3–1）代入式（3–2），得

$$\rho A\frac{\partial^2 u}{\partial t^2}=\frac{\partial}{\partial x}\left(EA\frac{\partial u}{\partial x}\right)+f \tag{3–3}$$

式（3–3）就是描述直杆纵向受迫振动的微分方程。对于均匀材料的等截面直杆，参数 E、A 和 ρ 均为常数，此时方程（3–3）可以简化为

$$\frac{\partial^2 u}{\partial t^2}=c^2\frac{\partial^2 u}{\partial x^2}+\frac{1}{\rho A}f \tag{3–4}$$

式中，

$$c \stackrel{\text{def}}{=\!=} \sqrt{\frac{E}{\rho}} \tag{3-5}$$

表示杆内弹性纵波沿杆纵向传播的速度。令方程（3–4）中的 $f=0$，得到等截面直杆进行纵向自由振动的偏微分方程。解决这一偏微分方程可以采用分离变量法，即将时间变量和空间变量分离开来。从物理角度来看，这意味着首先求出杆的固有振动模式，然后再根据初始条件确定具体的自由振动情况。通过这种方法，我们可以系统地分析和描述杆内弹性纵波的传播特性。

无阻尼系统的振动可以与多自由度系统的固有振动进行类比。假设系统存在一个主要的振动模态，即系统在进行某种形式的自由振动时，所有质点都会进行简谐振动，且在同一时刻达到最大值，同时经过各自的平衡位置。由于直杆包含无限多个质点，因此其固有振型不再像有限自由度系统那样表现为折线，而是一条连续的曲线。这条曲线对应的函数被称为固有振型函数，表示系统在特定模态下的振动形态，记为$U\left(x\right)$。因此，可设直杆的自由振动具有如下形式：

$$u(x,t)=U(x)\sin(\omega t+\theta) \tag{3-6}$$

将式（3–6）代入由式（3–4）所表示的自由振动方程（$f=0$）中，得

$$-U(x)\omega^2\sin(\omega t+\theta)=c^2\frac{\mathrm{d}^2U(x)}{\mathrm{d}x^2}\sin(\omega t+\theta) \tag{3-7}$$

消去$\sin\left(\omega t+\theta\right)$得到

$$\frac{\mathrm{d}^2U(x)}{\mathrm{d}x^2}+\left(\frac{\omega}{c}\right)^2U(x)=0 \tag{3-8}$$

因此，固有振型函数为

$$U(x)=a_1\cos\frac{\omega}{c}x+a_2\sin\frac{\omega}{c}x \tag{3-9}$$

上述结果是在假设直杆进行简谐振动的条件下得到的。一般来说，可以假设直杆的位移函数是空间函数与时间函数的乘积，即

$$u(x,t)=U(x)q(t) \tag{3-10}$$

将式（3–10）代入直杆的自由振动方程，有

$$\frac{\ddot{q}(t)}{q(t)}=c^2\frac{U''(x)}{U(x)} \tag{3-11}$$

在式（3-11）中，撇号表示对x求导数，公式左端是一个t的函数，右端是x的函数，且这两个函数彼此独立。因此，式（3-11）两端必须同时等于一个常数。可以证明，这个常数不会为正数，可记作$-\omega^2 \leqslant 0$，得到两个独立的常微分方程，如式（3-12）所示。这两个独立的常微分方程分别对应空间和时间的变化，可进一步分析系统的振动特性。

$$\begin{cases} U''(x)+\left(\dfrac{\omega}{c}\right)^2 U(x)=0 \\ \ddot{q}(t)+\omega^2 q(t)=0 \end{cases} \tag{3-12}$$

式（3-12）的第一个方程即为式（3-8），而由第二个方程可解出

$$q(t)=b_1\cos\omega t+b_2\sin\omega t \tag{3-13}$$

式中，ω表示直杆纵向振动的固有频率。固有振型的系数和固有频率由直杆的不同边界条件决定，而时间函数$q(t)$中的系数b_1和b_2则由直杆运动的初始条件决定。将式（3-9）和式（3-13）代入式（3-10），可以得到直杆的固有振动位移函数，从而描述直杆在特定固有频率下的振动形态，如式（3-14）所示。这些边界和初始条件共同影响着直杆的振动特性，能够决定直杆在自由振动状态下的行为。

$$u(x,t)=\left(a_1\cos\frac{\omega}{c}x+a_2\sin\frac{\omega}{c}x\right)\left(b_1\cos\omega t+b_2\sin\omega t\right) \tag{3-14}$$

杆的边界条件是指杆两端对变形和轴向力的约束条件，分别称为几何边界条件和动力边界条件。当杆的端部固定或自由时，这些条件被称为简单边界条件，如表 3-1 所示。

表 3-1　直杆常见的边界条件

类型	左端条件	右端条件
固定 - 固定	$u(0,t)=0$	$u(l,t)=0$
自由 - 自由	$u'(0,t)=0$	$u'(l,t)=0$
弹性 - 弹性	$ku(0,t)=EAu'(0,t)$	$ku(l,t)=-EAu'(l,t)$
质量 - 质量	$mu(0,t)=EAu'(0,t)$	$mu(l,t)=-EAu'(l,t)$

例 3-1 求解两端固定杆的纵向振动固有频率和固有振型。

解：直杆上点的位移函数为

$$u(x,t)=\left(a_1\cos\frac{\omega}{c}x+a_2\sin\frac{\omega}{c}x\right)\left(b_1\cos\omega t+b_2\sin\omega t\right) \tag{3-15a}$$

代入边界条件$u(0,t)=0$，$u(l,t)=0$可得

$$a_1=0 \tag{3-15b}$$

$$\sin\frac{\omega}{c}l=0 \tag{3-15c}$$

式（3-15c）就是纵向振动的频率方程，其解为所求的固有频率。由（3-15c）可得

$$\frac{\omega}{c}l=n\pi \quad (n=1,2,3,\cdots) \tag{3-15d}$$

所以固有频率为

$$\omega_n=\frac{n\pi c}{l}=\frac{n\pi}{l}\sqrt{\frac{E}{\rho}} \quad (n=1,2,3,\cdots) \tag{3-15e}$$

相应的第n阶固有振型函数为

$$U_n(x)=\sin\frac{\omega_n}{c}x=\sin\frac{n\pi}{l}x \quad (n=1,2,3,\cdots) \tag{3-15f}$$

由于振型函数仅表示各点振幅的相对比值，因此上述振型函数可以通过选择一个常数$a_2=1$来确定。这个常数的选择不会影响振型函数的相对振幅，只是用于确定具体的表达形式。

例 3-2 对于一根$x=0$端固定、$x=l$端自由的均质直杆，当在其自由端施加一个轴向力，并突然撤去该作用力时，求解这种情况下杆的动态响应，并确定杆在力撤去后的振动和位移情况。

解：该系统的边界条件为$u(0,t)=0$，$u'(l,t)=0$，即

$$U(0)=0, \quad U'(l)=0 \tag{3-16a}$$

将式（3-16a）代入式（3-9），得到

$$a_1=0, \quad a_2\frac{\omega}{c}\cos\frac{\omega}{c}l=0 \tag{3-16b}$$

为了得到$U(x)$的非零解，参数a_1和a_2不能同时为零，因此可以得到固有频

率方程，如式（3–16c）所示。这个方程可用来确定系统的固有频率，从而描述系统的振动特性。

$$\cos\frac{\omega}{c}l = 0 \tag{3–16c}$$

由式（3–16c）可求出无限多个固有频率

$$\omega_n = \frac{n\pi}{2l}c = \frac{n\pi}{2l}\sqrt{\frac{E}{\rho}} \quad (n = 1,3,5,\cdots) \tag{3–16d}$$

将固有频率ω_n代入式（3–9）并令a_1 =0，得

$$U_n(x) = a_2 \sin\frac{n\pi x}{2l} \quad (n = 1,3,5,\cdots) \tag{3–16e}$$

类似于多自由度系统的固有振型，固有振型函数$U_n(x)$的值是相对的，可以乘以任意常数a_2而不改变其本质。

因此，不妨取式（3–16e）中a_2 =1，则有

$$U_n(x) = \sin\frac{n\pi x}{2l} \quad (n = 1,3,5,\cdots) \tag{3–16f}$$

根据振型叠加方法，直杆的运动可以通过将多个振型的运动叠加来描述，每个振型对应不同的频率和振幅，表示为

$$u(x,t) = \sum_{n=1,3,5,\cdots}^{+\infty} \sin\frac{n\pi x}{2l}\left(b_{1n}\cos\omega_n t + b_{2n}\sin\omega_n t\right) \tag{3–16g}$$

式中，常数b_{1n}和b_{2n}由初始条件确定。杆在静力F_0作用下的均匀初始应变和初速度为

$$u(x,0) = \frac{F_0 x}{EA}, \quad \dot{u}(x,0) = 0 \tag{3–16h}$$

根据式（3–16g），有

$$\begin{cases} u(x,0) = \displaystyle\sum_{n=1,3,5,\cdots}^{+\infty} b_{1n}\sin\frac{n\pi x}{2l} = \frac{F_0 x}{EA} \\ \dot{u}(x,0) = \displaystyle\sum_{n=1,3,5,\cdots}^{+\infty} b_{2n}\frac{n\pi c}{2l}\sin\frac{n\pi x}{2l} = 0 \end{cases} \tag{3–16i}$$

由式（3–16i）的第二式得b_{2n} =0，再利用三角函数的正交性，得

$$b_{1n}\int_0^l \sin^2\left(\frac{n\pi x}{2l}\right)dx=\int_0^l \frac{F_0 x}{EA}\sin\left(\frac{n\pi x}{2l}\right)dx \tag{3-16j}$$

对于奇数n，式（3–16j）的结果是

$$b_{1n}=\frac{8F_0 l}{n^2\pi^2 EA}(-1)^{\frac{n-1}{2}}\quad (n=1,3,5,\cdots) \tag{3-16k}$$

设$n=2m-1$，则杆的纵向运动为

$$u(x,t)=\frac{8F_0 l}{\pi^2 EA}\sum_{m=1}^{+\infty}\left[\frac{(-1)^m}{(2m-1)^2}\sin\frac{(2m-1)\pi x}{2l}\right]\cos\frac{(2m-1)\pi c}{2l}t \tag{3-16l}$$

由此可见，杆的自由振动是由无限多个固有振动的线性组合构成的。然而，随着阶数的增加，因子迅速衰减，因此高阶固有振动对整体振动的贡献并不显著。这种现象在实际应用中具有一定的普遍性，因此人们在工程领域通常只关注无限自由度系统的低阶模态。这是因为低阶模态对系统的动态特性和响应有更大的影响，高阶模态对系统性能产生的影响较小。

通过对例 3–1 和例 3–2 的分析，我们可以绘制出三种边界条件下杆的前三阶固有振型，如图 3–2 所示。类似于多自由度系统固有振型的分析，图中固有振型曲线与坐标轴的交点被称为节点，在这些节点处，系统的固有振动幅值为零。对于具有简单边界条件的杆，第 n 阶固有振型具有（n–1）个节点。这样，通过分析这些节点和固有振型，我们可以更好地理解系统在不同边界条件下的振动特性和行为。

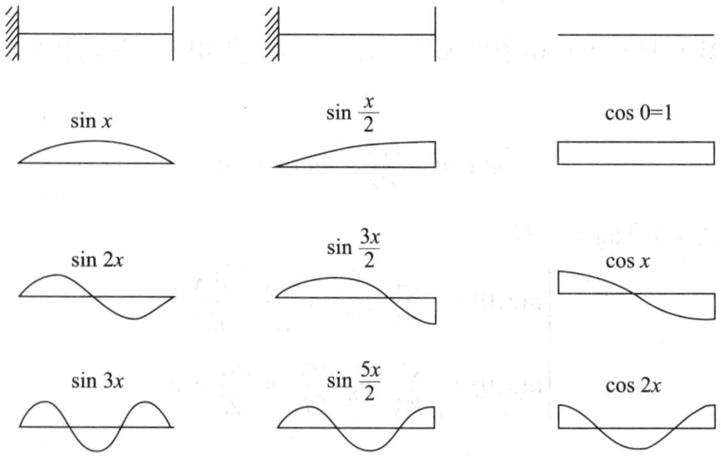

图 3–2　几种等截面直杆的低阶固有振型$(0\leqslant x\leqslant l, l=\pi)$

例 3–3　对于一根均匀材料且截面恒定的直杆，$x=0$端固定，$x=l$ 端具有集中质量m，求其固有频率。

解：该杆的边界条件为

$$U(0)=0,\quad m\omega^2U(l)=EAU'(l) \tag{3-17a}$$

将式（3–9）及其导数在杆端点的值代入式（3–17a），得到

$$a_1=0,\quad m\omega^2\sin\frac{\omega l}{c}=EA\frac{\omega}{c}\cos\frac{\omega l}{c} \tag{3-17b}$$

式中，第二个公式就是用于计算杆的固有频率的方程。

为了求解这一方程，我们可以引入量纲为 1 的参数

$$\alpha \xlongequal{\text{def}} \frac{\rho Al}{m},\quad \beta \xlongequal{\text{def}} \frac{wl}{c} \tag{3-17c}$$

式中，α 表示杆的质量与杆端集中质量的比值。由此，我们可以将固有频率方程重新改写为新的形式，便于求解和分析：

$$\beta\tan\beta=\alpha \tag{3-17d}$$

参照图 3–3，对于给定的参数值 α，我们可以在平面上绘制曲线$\gamma=\tan\beta$和$\gamma=\dfrac{\alpha}{\beta}$。两条曲线交点的横坐标$\beta_r$即为方程（3–17d）的解，将其代入公式（3–17c）即可得到系统的固有频率$\omega_r=\dfrac{c\beta_r}{l}$。如果图解法的精度不足，我们可以将交点的横坐标作为初值，利用 MATLAB 中的一元方程求根命令获得更高精度的解。图 3–3 显示了当质量比为 1 时，方程（3–17d）较小的几个根，并由此得出相应的固有频率。接下来，我们对该系统进行进一步分析，以更深入地了解系统的动态特性。

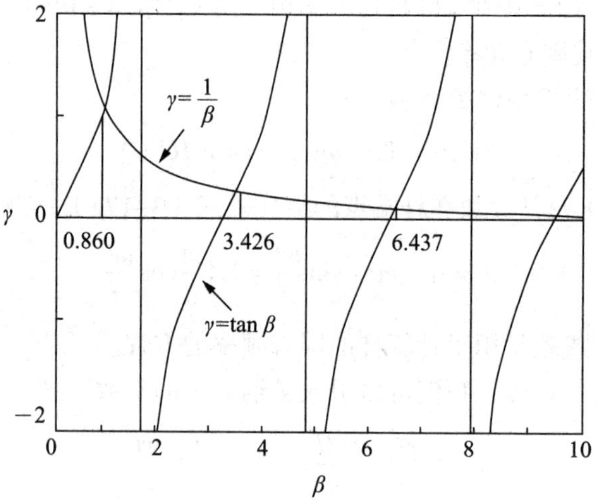

图 3-3　用图解法确定杆的固有频率($\alpha=1$)

第一种情况，如果杆的质量相对于集中质量非常小，即 α 接近于 1，那么方程（3-17d）的最小根也会非常小，因此$\beta\tan\beta\approx\beta^2=\alpha$。由此可以解出第一阶固有频率

$$\omega_1=\frac{c}{l}\sqrt{\frac{\rho Al}{m}}=\sqrt{\frac{EA}{ml}}=\sqrt{\frac{k}{m}} \tag{3-17e}$$

式中，$k=\dfrac{EA}{l}$表示整根杆的静拉压刚度。式（3-17e）的结果与将弹性杆简化为无质量弹簧得到的单自由度系统的固有频率是一致的。

第二种情况，如果杆的质量小于集中质量，比值 α 却不是特别小，那么我们可以采用 Taylor 展开式$\tan\beta\approx\beta+\dfrac{\beta^3}{3}$，将频率方程（3-17d）重新表示为更简化的形式，以便进行近似计算：

$$\beta^2\left(1+\frac{\beta^2}{3}\right)=\alpha \tag{3-17f}$$

解出β_1^2并按 Taylor 展开至二次项

$$\beta_1^2=\frac{3}{2}\left(\sqrt{1+\frac{4\alpha}{3}}-1\right)\approx\alpha-\frac{\alpha^2}{3}\approx\frac{\alpha}{1+\alpha/3} \tag{3-17g}$$

通过这种方法可以求得系统的第一阶固有频率

$$\omega_1 = \frac{c\beta_1}{l} = \sqrt{\frac{EA/l}{m+\rho Al/3}} = \sqrt{\frac{k}{m+\rho Al/3}} \tag{3-17h}$$

这个结果相当于将杆质量的三分之一加到集中质量上，然后计算得到的单自由度系统的振动频率。这样可以更直观地理解系统的固有频率。

3.1.2　固有振型的正交性

为了行文简便，我们首先讨论均匀材料等截面直杆的固有振型函数的正交性。杆的第 n 阶固有频率ω_n和固有振型函数$U_n(x)$满足方程（3–18）。通过分析该方程，我们可以进一步理解固有振型函数之间的正交关系，这对于系统的振动分析具有重要意义。

$$U_n''(x) + \left(\frac{\omega_n}{c}\right)^2 U_n(x) = 0 \tag{3-18}$$

将式（3–18）乘以$U_m(x)$并沿杆的长度积分，得到新的x积分形式的方程

$$\begin{aligned}&\left(\frac{\omega_n}{c}\right)^2 \int_0^l U_m(x)U_n(x)\mathrm{d}x = -\int_0^l U_m(x)U_n''(x)\mathrm{d}x = \\ &-\int_0^l U_m(x)\mathrm{d}U_n'(x) = -U_m(x)U_n'(x)\Big|_0^l + \int_0^l U_n'(x)U_m'(x)\mathrm{d}x\end{aligned} \tag{3-19}$$

若杆具有固定或自由的边界条件，则可以得到特定的方程形式。这些边界条件会影响杆的振动行为，从而使所求得的方程满足这些条件，进一步确定系统的特性，则有

$$\left(\frac{\omega_n}{c}\right)^2 \int_0^l U_n(x)U_m(x)\mathrm{d}x = \int_0^l U_n'(x)U_m'(x)\mathrm{d}x \tag{3-20}$$

同理得

$$\left(\frac{\omega_m}{c}\right)^2 \int_0^l U_m(x)U_n(x)\mathrm{d}x = \int_0^l U_m'(x)U_n'(x)\mathrm{d}x \tag{3-21}$$

式（3–20）和式（3–21）相减得

$$\frac{\omega_n^2 - \omega_m^2}{c^2} \int_0^l U_n(x)U_m(x)\mathrm{d}x = 0 \tag{3-22}$$

当$n \neq m$时，杆的固有频率互异，从而有

$$\int_0^l U_n(x)U_m(x)\mathrm{d}x = 0 \quad (n \neq m) \tag{3-23}$$

将式（3–23）代入式（3–20）得

$$\int_0^l U_n'(x)U_m'(x)\mathrm{d}x = 0 \quad (n \neq m) \tag{3-24}$$

式（3–23）和式（3–24）表示杆的固有振型函数具有正交关系。正交性的物理意义是指各主振型之间的能量不能相互传递，即在一个主振型U_n振动时，其惯性力不会激起其他主振型U_m的振动。同样，不同主振型之间的弹性变形也不会导致耦合。

当满足特定条件$n=m$时，我们可以定义杆的第 n 阶主质量和主刚度，这些定义对于理解系统的动态特性和响应行为具有重要意义。令

$$M_n \overset{\text{def}}{=\!=\!=} \int_0^t \rho A U_n^2(x)\mathrm{d}x, \quad K_n \overset{\text{def}}{=\!=\!=} \tag{3-25}$$

M_n和K_n的大小取决于固有振型函数的归一化形式，但其比值始终满足特定的关系，即

$$\frac{K_n}{M_n} = \omega_n^2 \quad (n = 1,2,3,\cdots) \tag{3-26}$$

对于端点固定或自由的非均匀材料变截面直杆，其固有振型函数的加权正交关系式会发生变化，成为新的形式，以适应非均匀材料和变截面的特性，函数表达式如下：

$$\begin{cases} \int_0^l \rho(x)A(x)U_n(x)U_m(x)\mathrm{d}x = M_n\delta_{nm} \\ \int_0^l E(x)A(x)U_n'(x)U_m'(x)\mathrm{d}x = K_n\delta_{nm} \end{cases} \tag{3-27}$$

在更一般的情况下，如果杆在$x=0$ 端有弹簧k_0和集中质量m_0，而在另一端$x=l$处也有弹簧和集中质量，那么根据能量互不交换的原则，我们可以写出固有振型函数的正交关系，如式（3–25）所示。这种正交关系考虑了弹簧和集中质量对系统振动的影响，确保了各主振型之间能量不互相传递。

$$\begin{cases} \int_0^l \rho(x)A(x)U_n(x)U_m(x)\mathrm{d}x + m_0U_n(0)U_m(0) + m_lU_n(l)U_m(l) = M_n\delta_{nm} \\ \int_0^l E(x)A(x)U_n'(x)U_m'(x)\mathrm{d}x + k_0U_n(0)U_m(0) + k_lU_n(l)U_m(l) = K_n\delta_{nm} \end{cases} \tag{3-28}$$

式中，δ_{nm}为克罗内克δ符号

3.2　弹性轴的扭转振动

在讨论弹性圆轴的扭转振动时，根据材料力学中的纯扭转假设，我们认为轴的横截面在扭转振动中仍保持平面。严格来说，只有等截面的圆轴才能满足这一要求，确保扭转时横截面不发生翘曲变形。

取圆轴的轴线作为x轴，设圆轴的长度为l，截面极惯性矩为$I_p(x)$，材料的剪切模量为$G(x)$，密度为$\rho(x)$。用$\theta(x,t)$表示坐标为x的截面在t时刻的角位移，$M_e(x,t)$为单位长度轴上分布的外扭矩。选择长为dx的轴微段作为分离体进行受力分析，如图 3–4 所示，通过分析微段的受力情况，我们可以推导出扭转振动的控制方程，以描述圆轴在扭转振动中的动态行为。

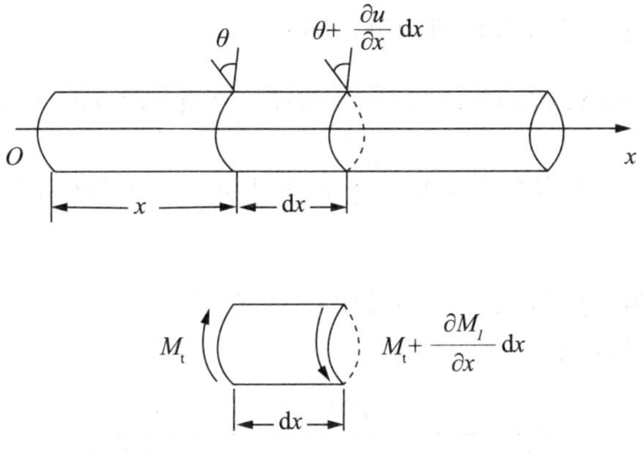

图 3–4　圆轴微单元受力分析

根据材料力学原理，圆轴的扭转角应变和扭矩可以分别表示为式（3–29）所示的形式，这些公式描述了扭转变形过程中角应变与外力矩之间的关系。

$$\gamma=\frac{\partial\theta}{\partial x},\quad M_t=GI_p\gamma=GI_p\frac{\partial\theta}{\partial x}\tag{3-29}$$

根据理论力学，圆轴微段的转动惯量可以表示为$\rho I_p dx$。依据动量矩定理，可以得到相应的方程：

$$\rho I_p dx\frac{\partial^2\theta}{\partial t^2}=\left(M_t+\frac{\partial M_t}{\partial x}dx\right)-M_t+M_e dx\tag{3-30}$$

将式（3–29）代入式（3–30），得圆轴扭转振动微分方程

$$\rho I_{p}\frac{\partial^{2}\theta}{\partial t^{2}}=\frac{\partial}{\partial x}\left(GI_{p}\frac{\partial\theta}{\partial x}\right)+M_{e} \tag{3–31}$$

对于均匀材料的等截面圆轴，GI_p为常数，式（3–31）可化为

$$\frac{\partial^{2}\theta}{\partial t^{2}}=c^{2}\frac{\partial^{2}\theta}{\partial x^{2}}+\frac{1}{\rho I_{p}}M_{e} \tag{3–32}$$

式中，

$$c\overset{\text{def}}{=\!=}\sqrt{\frac{G}{\rho}} \tag{3–33}$$

表示圆轴内剪切弹性波沿轴纵向传播的速度。对于自由振动，$M_e=0$，式（3–32）与直杆纵向振动所得到的方程是相同的，因此它们的解在形式上完全一致。这表明，圆轴的扭转振动和直杆的纵向振动在数学描述上具有相同的结构，从而可以采用类似的方法进行求解和分析，即

$$\theta(x,t)=\Theta(x)q(t)=\left(a_{1}\cos\frac{\omega}{c}x+a_{2}\sin\frac{\omega}{c}x\right)\left(b_{1}\cos\omega t+b_{2}\sin\omega t\right) \tag{3–34}$$

式中，固有频率ω和固有振型函数由边界条件决定，系数b_1和b_2则由系统运动的初始条件确定。

例 3–4 求解一端固定、一端受扭转弹簧作用（如图 3–5 所示）的圆轴的固有频率及其振型函数。

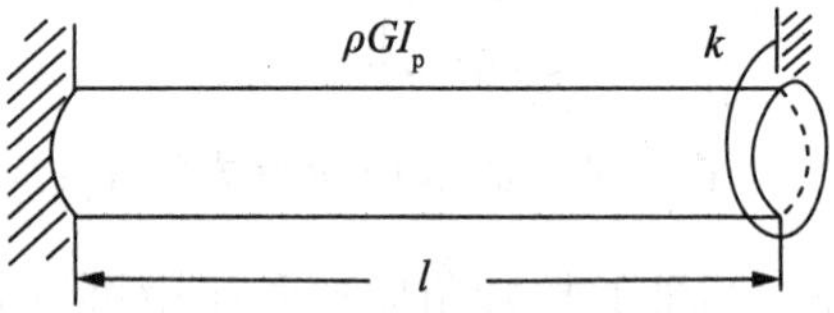

图 3–5 圆轴扭转振动图

解：系统的固有振动为

$$\theta(x,t)=\left(a_{1}\cos\frac{\omega}{c}x+a_{2}\sin\frac{\omega}{c}x\right)\left(b_{1}\cos\omega t+b_{2}\sin\omega t\right) \tag{3–35a}$$

边界条件为

$$\theta(0,t)=0,\quad GI_{p}\theta^{'}(l,t)=-k\theta(l,t) \tag{3–35b}$$

将式（3–35b）代入式（3–35a）可得

$$a_1 = 0, \quad GI_{\mathrm{P}} \frac{\omega}{c} \cos \frac{\omega}{c} l = -k \sin \frac{\omega}{c} l \tag{3-35c}$$

在式（3–35c）中，第二个公式即为频率方程。该频率方程可进一步简化为一个更简洁的形式：

$$\frac{\tan \frac{\omega}{c} l}{\frac{\omega}{c} l} = -\frac{GI_{\mathrm{p}}}{kl} = \alpha \tag{3-35d}$$

通过给出特定的α值，我们可以确定各阶固有频率，振型函数则为相应的数学表达式，即

$$\Theta_n(x) = \sin \frac{\omega_n}{c} x \tag{3-35e}$$

下面考虑两个极值的情况。

第一，$k \to \infty$。此时圆轴右端相当于固定端，$\alpha = 0$，频率方程为

$$\tan \frac{\omega}{c} l = 0 \tag{3-35f}$$

解得

$$\omega_n = \frac{n\pi c}{l} = \frac{n\pi}{l} \sqrt{\frac{G}{\rho}} \quad (n = 1, 2, 3, \cdots) \tag{3-35g}$$

相应的固有振型为

$$\Theta_n(x) = \sin \frac{n\pi}{l} x \quad (n = 1, 2, 3, \cdots) \tag{3-35h}$$

第二，$k = 0$。此时圆轴右端相当于自由端，$\alpha = \infty$，频率方程为

$$\cos \frac{\omega}{c} l = 0 \tag{3-35i}$$

解得固有频率和固有振型分别为

$$\omega_n = \frac{n\pi}{2l} \sqrt{\frac{G}{\rho}}, \quad \Theta_n(x) = \sin \frac{n\pi}{2l} x \quad (n = 1, 3, 5, \cdots) \tag{3-35j}$$

上述结果在形式上与 3.1 节中例 3–1 所讨论的直杆纵向振动的固有特性相同。

例 3–5　求解一端固定、一端带有转动惯量为J的圆盘（如图 3–6 所示）的扭转振动固有频率及其振型。

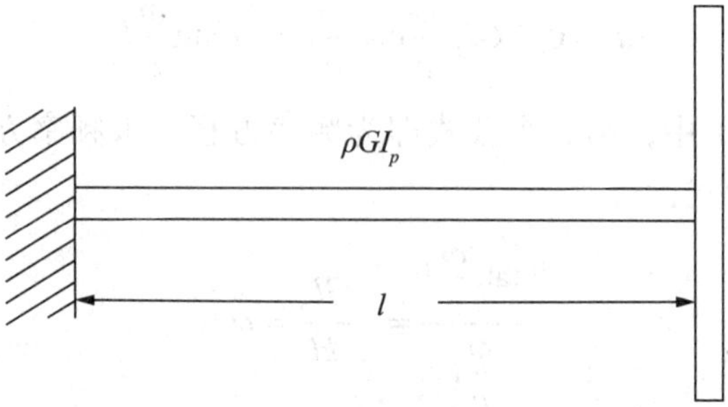

图 3–6　含圆盘的轴系扭振

解：系统右端相当于一个附加的惯性荷载，其边界条件为特定形式：

$$\theta(0,t)=0,\quad GI_{\mathrm{p}}\theta'(l,t)=-J\ddot{\theta}(l,t) \tag{3-36a}$$

根据第一个边界条件可以得到$a_1=0$，根据第二个边界条件则可以得到另一个结果，如式（3–36b）所示。这些边界条件可共同确定系统的行为。

$$GI_{\mathrm{p}}\frac{\omega}{c}\cos\frac{\omega}{c}l=J\omega^2\sin\frac{\omega}{c}l \tag{3-36b}$$

设轴的转动惯量与圆盘的转动惯量之比为$\alpha=\dfrac{\rho I_{\mathrm{p}}l}{J}$，令$\beta=\dfrac{\omega}{c}l$，可以得出频率方程，如式（3–36c）所示。这个频率方程可用于计算系统的固有频率，它考虑了轴和圆盘的转动惯量之间的关系，能够准确描述系统的扭转振动特性。

$$\beta\tan\beta=\alpha \tag{3-36c}$$

式（3–36c）的结果在形式上与 3.1 节中的例 3–3 完全相同。如果轴的转动惯量远小于圆盘的转动惯量，即$\alpha\ll1$，根据 3.1 节中例 3–3 的讨论，此时轴系扭振的第一阶固有频率为相应的值，即

$$\omega_1=\sqrt{\frac{GI_{\mathrm{p}}}{Jl}} \tag{3-36d}$$

如果轴的转动惯量小于圆盘的转动惯量，但又不是非常小，那么根据 3.1 节中例 3–3 的讨论，此时轴系的第一阶扭振固有频率可以通过具体的公式来确定，如式（3–36e）所示。这表明在这种情况下，尽管轴的转动惯量较小，但其影响仍需考虑，以准确计算系统的第一阶固有频率。

$$\omega_1=\sqrt{\frac{GI_{\mathrm{p}}}{l\left(J+\dfrac{\rho I_{\mathrm{p}}l}{3}\right)}} \tag{3-36e}$$

式（3–36e）表示将轴的转动惯量的 1/3 加到圆盘上后所得到的单自由度系统的扭转振动频率，这也是通过 Rayleigh 法得到的近似解。当$\alpha \approx 1$时，用 Rayleigh 法计算的基频误差不到 1%，因此这种近似计算方法在工程振动力学中已经能够满足精度要求。这说明在实际应用中，Rayleigh 法提供了一个既简便又足够精确的计算固有频率的方法，适用于工程实践。

3.3 弹性梁的弯曲振动

弯曲振动是梁、板等结构在横向荷载作用下的振动行为。弯曲振动微分方程通过分析材料的弯曲应变和应力分布来描述结构在振动过程中的变形，广泛应用于建筑、机械、航空航天等工程领域，相关应用示例如图 3–7 所示。这些应用反映了梁模型在工程领域的重要性和广泛性。

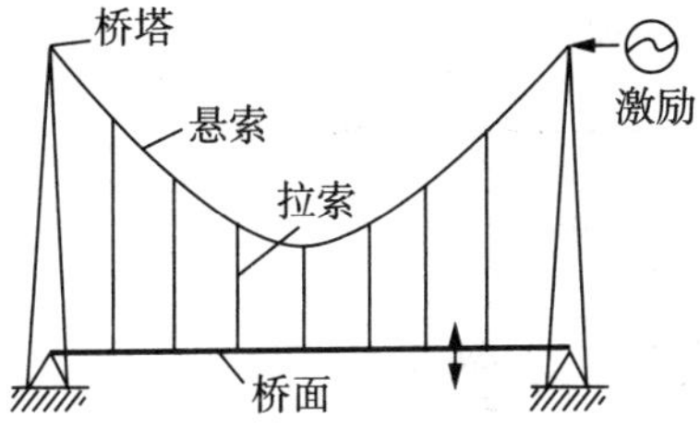

（a）悬索桥示意图

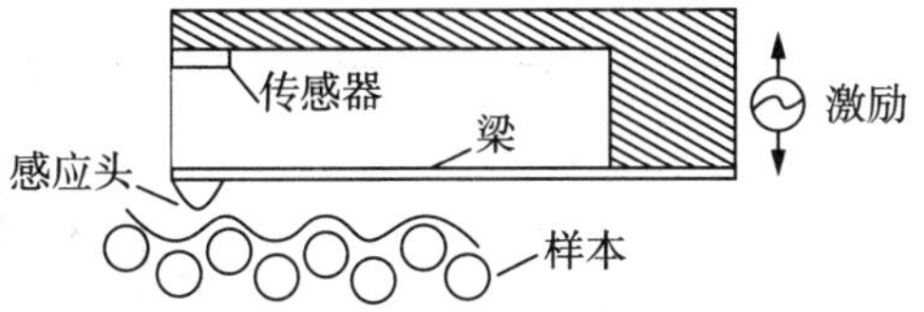

（b）原子力显微镜原理图

图 3–7 悬索桥及原子力显微镜原理图

如果梁的各截面的中心主轴在同一平面内，并且外部荷载也作用在该平面内，那么梁的主要变形就是弯曲变形，梁在该平面内的横向振动就称为弯曲振动。梁的弯曲振动频率通常低于作为杆的纵向振动或作为轴的扭转振动的频率，因此更容易被激发。梁的弯曲振动在工程应用中具有重要意义，需要特别关注，以确保结构的稳定性和安全性。

对于细长梁的低频振动，我们可以忽略梁的剪切变形和截面绕中性轴转动惯量的影响，这种梁模型称为 Bernoulli–Euler 梁。若考虑这两种因素，则称这种梁为 Timoshenko 梁。本节将主要讨论 Bernoulli–Euler 梁的弯曲振动。这种简化模型在低频情况下应用广泛，提供了一个有效的方法来分析梁的弯曲振动特性，而不需要考虑复杂的剪切变形和截面转动惯量的影响。

3.3.1 弯曲振动微分方程

设有一长度为l的直梁，取其轴线作为x轴，并建立如图 3-8 所示的坐标系。除非另有说明，一般情况下x轴原点均设在梁的左端点。记梁在x处的横截面的面积为$A(x)$，材料的弹性模量为$E(x)$，密度为$\rho(x)$，截面关于中性轴的惯性矩为$I(x)$。用$w(x,t)$表示坐标为x的截面中性轴在t时刻的横向位移，q 和 m 分别表示单位长度梁上分布的横向外力和外力矩。取长为 dx 的微段作为分离体，其受力分析如图 3-8 所示，其中 Q 和 M 分别为截面上的剪力和弯矩。图中所有力和力矩均按正方向绘出。

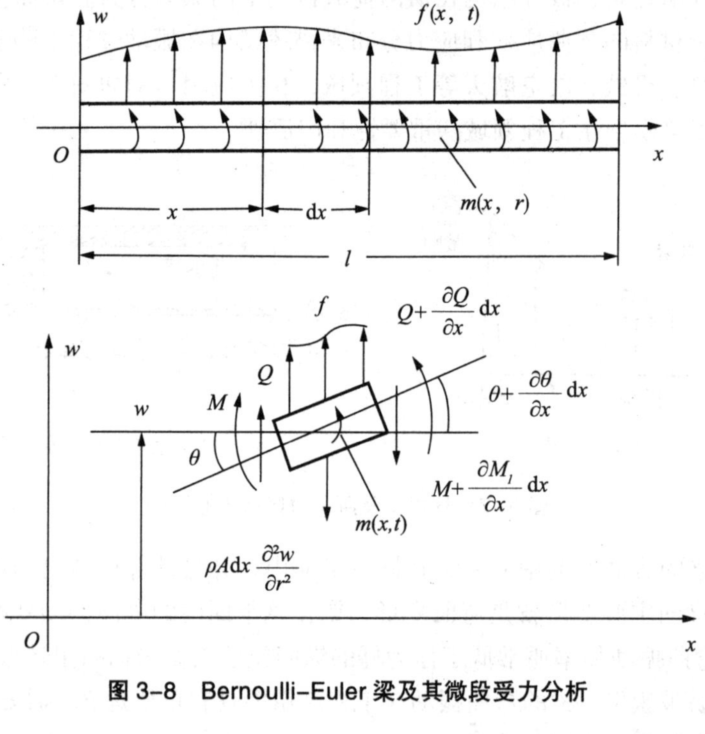

图 3-8 Bernoulli-Euler 梁及其微段受力分析

根据牛顿第二定律，梁微段的横向运动应满足以下方程，以描述微段在外力作用下的动态行为。

$$\rho A\,\mathrm{d}x\frac{\partial^2 w}{\partial t^2}=Q-\left(Q+\frac{\partial Q}{\partial x}\mathrm{d}x\right)+f\mathrm{d}x=\left(f-\frac{\partial Q}{\partial x}\right)\mathrm{d}x \qquad (3-37)$$

忽略截面绕中性轴的转动惯量，对单元右端面一点取矩，并忽略高阶小量，可以得到相应的方程：

$$M + Q\mathrm{d}x = M + \frac{\partial M}{\partial x}\mathrm{d}x + m\mathrm{d}x \tag{3-38}$$

式（3–38）也可写为

$$Q = \frac{\partial M}{\partial x} + m \tag{3-39}$$

将式（3–39）代入式（3–37），得到

$$\rho A\frac{\partial^2 w}{\partial t^2} = f - \left(\frac{\partial^2 M}{\partial x^2} + \frac{\partial m}{\partial x}\right) \tag{3-40}$$

根据材料力学知识，$M = EI\dfrac{\partial^2 w}{\partial x^2}$，将其代入式（3–37），得到 Bernoulli–Euler 梁的弯曲振动微分方程：

$$\rho A\frac{\partial^2 w}{\partial t^2} + \frac{\partial^2}{\partial x^2}\left(EI\frac{\partial^2 w}{\partial x^2}\right) = f - \frac{\partial m}{\partial x} \tag{3-41}$$

对于等截面均质直梁，ρA和EI是常数，因此方程可简化为一个特定形式：

$$\rho A\frac{\partial^2 w}{\partial t^2} + EI\frac{\partial^4 w}{\partial x^4} = f - \frac{\partial m}{\partial x} \tag{3-42}$$

设$f(x,t) \equiv 0$，$m(x,t) \equiv 0$，从而得到等截面均质直梁的弯曲自由振动微分方程：

$$\rho A\frac{\partial^2 w}{\partial t^2} + EI\frac{\partial^4 w}{\partial x^4} = 0 \tag{3-43}$$

式（3–43）是一个四阶常系数线性齐次偏微分方程，可以用分离变量法进行求解。假设梁的横向固有振动具有特定的形式，我们通过这种方法可以确定梁的振动模式和相应的固有频率。令

$$w(x,t) = W(x)q(t) \tag{3-44}$$

将式（3–44）代入方程（3–43）得

$$\rho AW(x)\ddot{q}(t) + EIW^{(4)}(x)q(t) = 0 \tag{3-45}$$

式中，$W^{(4)}(x)$表示$W(x)$对x的 4 阶导数。式（3–45）还可写为

$$\frac{EI}{\rho A}\frac{W^{(4)}(x)}{W(x)} = -\frac{\ddot{q}(t)}{q(t)} \tag{3-46}$$

式（3–46）的左端是x的函数，右端是t的函数，并且 t 和 x 是彼此独立的。

因此，方程两端必须同时等于一个常数。通过证明可知这个常数是非负的，记作$\omega^2 \geqslant 0$。因此，方程（3–46）可以分离为两个独立的常微分方程，分别涉及t和x，从而简化问题的求解过程。这两个常微分方程为

$$W^{(4)}(x) - s^4 W(x) = 0 \tag{3–47a}$$

$$\ddot{q}(t) + \omega^2 q(t) = 0 \tag{3–47b}$$

式中，

$$s^4 \xlongequal{\text{def}} \frac{\rho A}{EI}\omega^2 \tag{3–48}$$

解方程（3–47）得

$$W(x) = a_1 \cos sx + a_2 \sin sx + a_3 \cosh sx + a_4 \sinh sx \tag{3–49a}$$

$$q(t) = b_1 \cos \omega t + b_2 \sin \omega t \tag{3–49b}$$

方程（3–49a）描述了梁横向振动幅值沿梁长度方向的分布，并包含待定的固有频率。梁的横向振动幅值在两端必须满足特定的边界条件，从而确定参数ω，a_1，a_2，a_3及a_4的值。方程（3–49b）描述了梁振动随时间的简谐变化，其系数b_1和b_2由系统的初始条件确定。通过这些方程，我们可以全面了解梁在不同条件下的振动行为和特性。

边界条件需要考虑四个主要变量：挠度、转角、弯矩和剪力。类似于杆的边界条件，限制挠度和转角的边界条件称为几何边界条件，而限制弯矩和剪力的边界条件称为动力边界条件。表 3–2 列出了常见的直梁边界条件，这些条件用于描述梁在各种约束情况下的振动行为。这种分类有助于更精确地分析和确定梁的动态响应，确保在设计和应用中能够准确预测梁的振动特性和结构稳定性。

表 3–2 直梁常见边界条件

端部情况	挠度	转角	弯矩	剪力
无	ω	$\frac{\partial w}{\partial x}$	$M = EI\frac{\partial^2 w}{\partial x^2}$	$Q = EI\frac{\partial^3 w}{\partial x^3}$
固支	$\omega = 0$	$\frac{\partial w}{\partial x} = 0$	—	—
自由	—	—	$M = 0$	$Q = 0$

续　表

端部情况	挠度	转角	弯矩	剪力
铰支	$\omega=0$	—	$\dfrac{\partial^2 w}{\partial x^2}=0$	—
弹性载荷	—	—	$M=-k\dfrac{\partial w}{\partial x}$	$Q=kw$
惯性载荷	—	—	$M=0$	$Q=m\dfrac{\partial^2 w}{\partial t^2}$

上述边界条件针对的是梁的右端；如果针对梁的左端，那么参数M，Q应取相应的符号变化。接下来以简支梁为例，求解其固有频率和固有振型函数。简支梁的边界条件为约束其挠度和转角。通过这些边界条件，我们可以确定简支梁在振动过程中各点的位移和振动模式，由此可得

$$W(0)=0,\quad W''(0)=0 \tag{3-50a}$$

$$W(l)=0,\quad W''(l)=0 \tag{3-50b}$$

将式（3-50a）代入式（3-49a）及其二阶导数，得

$$a_1+a_3=0,\quad -a_1+a_3=0 \tag{3-50c}$$

由此得出

$$a_1=a_3=0 \tag{3-50d}$$

将式（3-50b）及式（3-50d）代入式（3-49a）及其二阶导数，得

$$a_2\sin sl+a_3\sinh sl=0,\quad -a_2\sin sl+a_4\sinh sl=0 \tag{3-50e}$$

于是

$$a_2\sin sl=0,\quad a_1\sinh sl=0 \tag{3-50f}$$

由于简支梁不存在刚体运动，因此可以推导出频率方程来描述其振动特性，即

$$\sin sl=0,\quad a_2\neq 0,\quad a_4=0 \tag{3-50g}$$

其解为

$$s_n=\frac{n\pi}{l}\quad (n=1,2,3,\cdots) \tag{3-50h}$$

由此得出固有频率为

$$\omega_n = s_n^2\sqrt{\frac{EI}{\rho A}} = (n\pi)^2\sqrt{\frac{EI}{\rho A l^4}} \quad (n=1,2,3,\cdots) \tag{3-50i}$$

相应的固有振型函数为

$$W_n(x) = \sin\frac{n\pi x}{l} \quad (n=1,2,3,\cdots) \tag{3-50j}$$

简支梁的固有频率和固有振型比较简单。接下来我们将探讨其他边界条件下的情况，以了解不同的振动特性。

1. 两端自由

两端自由的梁的振动频率方程为

$$\cos sl \cosh sl = 1 \tag{3-51a}$$

$s_0 = 0$表示整个梁进行刚体运动，除此之外，其余所有特征根大约为零。由式（3-51a）可得

$$s_n l \approx \left(n + \frac{1}{2}\right)\pi \quad (n=1,2,3,\cdots) \tag{3-51b}$$

固有频率为

$$\omega_n = s_n^2\sqrt{\frac{EI}{\rho A}} \approx \left(n + \frac{1}{2}\right)^2 \pi^2\sqrt{\frac{EI}{\rho A l^4}} \quad (n=1,2,3,\cdots) \tag{3-51c}$$

相应的固有振型为

$$W_n(x) = \cosh s_n x + \cos s_n x + v_n\left(\sinh s_n x + \sin s_n x\right) \quad (n=1,2,3,\cdots) \tag{3-51d}$$

式中，

$$v_n = -\frac{\sinh s_n l + \sin s_n l}{\cosh s_n l + \cos s_n l} \tag{3-51e}$$

2. 两端固支

两端固支的梁的振动频率方程为

$$\cos sl \cosh sl = 1 \tag{3-52a}$$

在这种情况下，方程的解和固有频率与两端自由时完全相同，但振型函数不同，固有振型函数为特定的形式，其中

$$s_n l = 1.875\,1,\quad 4.694\,1,\quad 7.854\,8,\quad 10.995\,5,\quad 14.137\,2,\cdots \tag{3-52b}$$

3. 悬臂梁

悬臂梁的振动频率方程为

$$\cos sl \cosh sl = -1 \tag{3-53a}$$

该方程的根可以通过图解法大致确定，然后使用 MATLAB 进行精确化计算，其根按从小到大的顺序依次为特定值，即

$$s_n l = 1.8751,\quad 4.6941,\quad 7.8548,\quad 10.9955,\quad 14.1372,\cdots \tag{3-53b}$$

固有频率为

$$\omega_n = s_n^2\sqrt{\frac{EI}{\rho A}} = (s_n l)^2\sqrt{\frac{EI}{\rho A l^4}}\quad (n=1,2,3,\cdots) \tag{3-53c}$$

固有振型函数为

$$W_n(x) = \cosh s_n - \cos s_n x + v_n(\sinh s_n x - \sin s_n x)\quad (n=1,2,3,\cdots) \tag{3-53d}$$

式中，

$$v_n = -\frac{\sinh s_n l - \sin s_n l}{\cosh s_n l + \cos s_n l} \tag{3-53e}$$

从上述结果中可以观察到一个有趣的现象：当略去刚体运动后，两端自由的梁与两端固支的梁具有相同的固有频率方程；同样地，一端铰支、一端自由的梁与一端固支、一端铰支的梁也具有相同的固有频率方程。图 3-9 展示了相应梁的前三阶固有振型。如果将对应于零固有频率的刚体运动振型也包括在内，那么在简单边界条件下，梁的第 n 阶固有振型会有($n-1$)个节点。这一特性是杆、轴、梁等几种一维弹性体固有振型函数的共性。这意味着无论是杆、轴还是梁，在固有频率分析中，都表现出类似的节点分布特性，这对于理解和应用这些弹性体的振动行为具有重要意义。通过研究这些振型，我们可以更好地设计和控制工程结构中的振动特性，确保结构的稳定性。

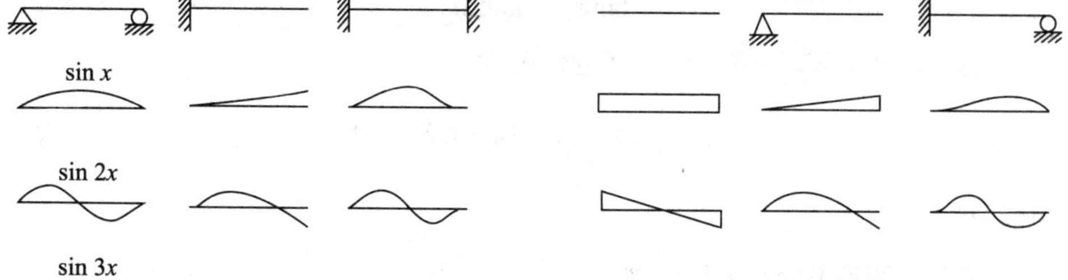

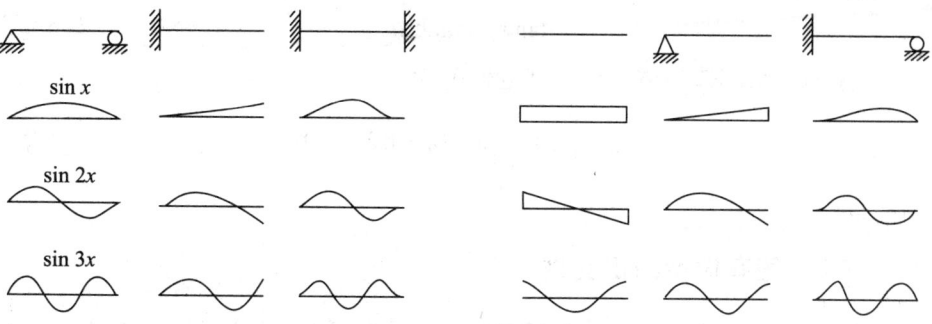

图 3-9　简单边界条件下等截面均质直梁的前三阶固有振型$(0 \leqslant x \leqslant l, l=\pi)$

例 3–6 求解一端固支、一端简支的均质梁（如图 3–10 所示）的固有频率。

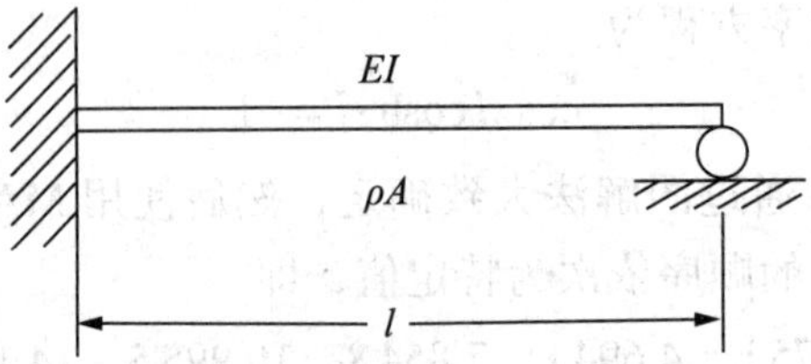

图 3–10 固支 – 简支梁

解：根据式（3–49a），梁的固有振型函数为

$$W(x)=a_1\cos sx+a_2\sin sx+a_3\cosh sx+a_4\sinh sx \tag{3-54a}$$

固支端边界条件为

$$W(0)=0,\quad W'(0)=0 \tag{3-54b}$$

因此可得$a_1+a_3=0, a_2+a_4=0$，振型函数可写为

$$W(x)=a_1(\cos sx-\cosh sx)+a_2(\sin sx-\sinh sx) \tag{3-54c}$$

简支端边界条件为

$$W(l)=0,\quad W''(l)=0 \tag{3-54d}$$

可得

$$\begin{cases}a_1(\cos sl-\cosh sl)+a_2(\sin sl-\sinh sl)=0\\-a_1(\cos sl+\cosh sl)-a_2(\sin sl+\sinh sl)=0\end{cases} \tag{3-54e}$$

式（3–54e）有非零解的条件是

$$\begin{vmatrix}\cos sl-\cosh sl & \sin sl-\sinh sl\\-(\cos sl+\cosh sl) & -(\sin sl+\sinh sl)\end{vmatrix}=0 \tag{3-54f}$$

展开式（3–54f）可得频率方程

$$\tan sl=\tanh sl \tag{3-54g}$$

可用图解法解该超越方程，其近似解为

$$s_n l\approx\left(n+\frac{1}{4}\right)\pi\quad(n=1,2,3,\cdots) \tag{3-54h}$$

3.3.2 固有振型的正交性

固有振型的正交性是振动分析中的一个重要概念，它揭示了在不同模态下，

结构振动模式之间的独立性和相互关系。这一性质在模态分析、结构动力学、振动控制等领域具有重要应用。

1. 固有振型和固有频率

（1）固有振型。固有振型（或模态形状）是结构在特定固有频率下的振动模式。每个振型描述了结构在该模态下的位移分布。

（2）固有频率。固有频率是系统在没有外力作用下自由振动的频率，是结构动力特性的基本参数。

2. 正交性概念

固有振型的正交性指的是在不同振型下，振动模式之间相互正交，即它们之间没有交互作用。对于一个线性振动系统，固有振型之间的正交性可通过质量矩阵和刚度矩阵来表达。

设$\boldsymbol{\Phi}_i$和$\boldsymbol{\Phi}_j$是系统的两个不同固有振型，正交性关系可以表示为

$$\boldsymbol{\Phi}_i^{\mathrm{T}}\boldsymbol{M}\boldsymbol{\Phi}_j=0\ (i\neq j) \tag{3-55}$$

$$\boldsymbol{\Phi}_i^{\mathrm{T}}\boldsymbol{K}\boldsymbol{\Phi}_{ij}=0\ (i\neq j) \tag{3-56}$$

式中，$\boldsymbol{M}$ 为系统的质量矩阵；$\boldsymbol{K}$ 为系统的刚度矩阵；$\boldsymbol{\Phi}_i$和$\boldsymbol{\Phi}_j$分别为第 i 和第 j 模态的固有振型。

3. 正交性的意义

（1）模态解耦。正交性使在模态坐标下，系统的运动方程可以解耦成一组独立的二阶微分方程，如式（3-57）所示。这极大简化了系统的动态分析。

$$\boldsymbol{M}\ddot{\boldsymbol{q}}+\boldsymbol{C}\dot{\boldsymbol{q}}+\boldsymbol{K}\boldsymbol{q}=\boldsymbol{F} \tag{3-57}$$

在模态坐标中，每个模态可独立于其他模态进行振动，因此有

$$\ddot{q}_i+2\zeta_i\omega_i\dot{q}_i+\omega_i^2q_i=f_i(t) \tag{3-58}$$

式中，q_i 为模态坐标；ω_i为第 i 个模态的固有频率；ζ_i 为阻尼比。

（2）结构动力学分析。由于具有正交性，因此振动分析可以分解为对各个模态的分析。这意味着我们可以单独研究每个模态的特性和响应，并将其结果叠加以得到整体响应。

（3）模态参与因子。正交性允许我们计算每个模态对总响应的贡献，即模态参与因子。这在振动控制和结构设计中至关重要。

4. 正交性的证明

假设有一个多自由度线性振动系统，其运动方程为

$$\boldsymbol{M}\ddot{\boldsymbol{x}}+\boldsymbol{K}\boldsymbol{x}=\boldsymbol{0} \tag{3-59}$$

通过特征值问题求解得到固有振型和固有频率的关系为

$$\left(\boldsymbol{K}-\omega^2\boldsymbol{M}\right)\boldsymbol{\Phi}=\boldsymbol{0} \tag{3-60}$$

对于两个不同的固有振型$\boldsymbol{\Phi}_i$和$\boldsymbol{\Phi}_j$，对应的固有频率为ω_i和ω_j，有

$$\left(\boldsymbol{K}-\omega_i^2\boldsymbol{M}\right)\boldsymbol{\Phi}_i=\boldsymbol{0} \tag{3-61}$$

$$\left(\boldsymbol{K}-\omega_j^2\boldsymbol{M}\right)\boldsymbol{\Phi}_j=\boldsymbol{0} \tag{3-62}$$

对式（3-61）左乘$\boldsymbol{\Phi}_j^{\mathrm{T}}$，对式（3-62）左乘$\boldsymbol{\Phi}_i^{\mathrm{T}}$，分别得

$$\boldsymbol{\Phi}_j^{\mathrm{T}}\boldsymbol{K}\boldsymbol{\Phi}_i-\omega_i^2\boldsymbol{\Phi}_j^{\mathrm{T}}\boldsymbol{M}\boldsymbol{\Phi}_i=\boldsymbol{0} \tag{3-63}$$

$$\boldsymbol{\Phi}_i^{\mathrm{T}}\boldsymbol{K}\boldsymbol{\Phi}_j-\omega_j^2\boldsymbol{\Phi}_i^{\mathrm{T}}\boldsymbol{M}\boldsymbol{\Phi}_j=\boldsymbol{0} \tag{3-64}$$

由于$\omega_i\neq\omega_j$，因此

$$\boldsymbol{\Phi}_j^{\mathrm{T}}\boldsymbol{M}\boldsymbol{\Phi}_i=0 \tag{3-65}$$

$$\boldsymbol{\Phi}_j^{\mathrm{T}}\boldsymbol{K}\boldsymbol{\Phi}_i=0 \tag{3-66}$$

此即为正交性条件。

3.3.3 振型叠加法计算梁的振动响应

通过利用振型函数的正交性，类似于有限自由度系统中的模态分析方法，我们可以将连续系统的偏微分方程转化为一系列常微分方程，这些方程可用主坐标来表示。为了实现这一转化，我们可采用振型叠加法进行求解，并引入主坐标变换。这种方法使复杂的连续系统在分析时变得更加简化，便于求解固有振动特性。

令

$$w(x,t)=\sum_{n=1}^{+\infty}W_n(x)q_n(t) \tag{3-67}$$

将式（3-67）代入方程（3-42）得

$$\rho A\sum_{n=1}^{+\infty}W_n(x)\ddot{q}_n(t)+EI\sum_{n=1}^{+\infty}W_n^{(4)}q_n(t)=f-\frac{\partial m}{\partial x} \tag{3-68}$$

相应的初始条件为

$$\begin{cases} w(x,0)=w_0(x)=\sum\limits_{n=1}^{+\infty}W_n(x)q_n(0) \\ \dfrac{\partial w(x,0)}{\partial t}=v_0(x)=\sum\limits_{n=1}^{+\infty}W_n(x)\dot{q}_n(0) \end{cases} \tag{3-69}$$

$$\rho A\sum_{n=1}^{+\infty}W_n(x)\ddot{q}_n(t)+EI\sum_{n=1}^{+\infty}W_n^{(4)}q_n(t)=f-\frac{\partial m}{\partial x} \tag{3-70}$$

将式（3–68）和式（3–69）两端同乘$W_m(x)$并沿梁长对其进行积分，利用振型函数的正交性，得到最终的结果：

$$M_n\ddot{q}_n(t)+K_nq_n(t)=f_n(t)\quad (n=1,2,3,\cdots) \tag{3-71a}$$

$$\begin{cases} q_n(0)=\dfrac{1}{M_n}\int_0^l \rho A w_0(x)W_n(x)\mathrm{d}x \\ \dot{q}_n(0)=\dfrac{1}{M_n}\int_0^l \rho A v_0(x)W_n(x)\mathrm{d}x \end{cases} \quad (n=1,2,3,\cdots) \tag{3-71b}$$

式中，M_n和K_n分别为第n阶主质量和主刚度，而

$$f_n(t)=\int_0^l\left(f-\frac{\partial m}{\partial x}\right)W_n(x)\mathrm{d}x\quad (n=1,2,3,\cdots) \tag{3-72}$$

对于第n阶模态力，若梁在没有刚体运动的情况下受分布外力矩$m(x,t)$作用，我们可对式（3–68）进行分部积分，将模态力表示为

$$f_n(t)=\int_0^l\left[fW_n(x)+m(x,t)W_n'(x)\right]\mathrm{d}x\quad (n=1,2,3,\cdots) \tag{3-73}$$

式（3–71a）和式（3–71b）组成了一组解耦的单自由度无阻尼系统的受迫振动问题。梁的振动响应可以通过各阶主振动的叠加来解得。求解这些主振动后，我们可将其解代回式（3–67）中，得

$$w(x,t)=\sum_{n=1}^{+\infty}W_n(x)\left[q_n(0)\cos\omega_n t+\frac{\dot{q}_n(0)}{\omega_n}\sin\omega_n t+\int_0^t\frac{\sin\omega_n(t-\tau)}{M_n\omega_n}f_n(\tau)\mathrm{d}\tau\right] \tag{3-74}$$

例 3–7　在等截面均质简支梁的中央突然施加一个阶跃力F_0，求解梁的振动响应。

解：简支梁的固有频率和固有振型函数为

$$\omega_n = (n\pi)^2\sqrt{\frac{EI}{\rho Al^4}},\quad W_n(x) = \sin\frac{n\pi x}{l}\quad (n = 1,2,3,\cdots) \tag{3-75a}$$

于是，主质量、主刚度和模态力分别为

$$M_n = \int_0^l \rho A\sin^2\frac{n\pi x}{l}\mathrm{d}x = \frac{1}{2}\rho Al,\quad K_n = \omega_n^2 M_n\quad (n = 1,2,3,\cdots) \tag{3-75b}$$

$$f_n(t) = F_0\sin\frac{n\pi}{2} = \begin{cases}(-1)^{\frac{n-1}{2}}F_0 & (n = 1,3,5,\cdots)\\ 0 & (n = 2,4,6,\cdots)\end{cases} \tag{3-75c}$$

在梁初始静止的情况下，各主坐标在阶跃模态力作用下的响应为

$$q_n(t) = \frac{f_n(t)}{K_n}(1-\cos\omega_n t)\quad (n = 1,2,3,\cdots) \tag{3-75d}$$

将式（3–75b）、式（3–75c）和式（3–75d）代入主坐标变换式（3–67），得到梁的受迫振动响应为

$$w(x,t) = \frac{2F_0l^3}{\pi^4 EI}\sum_{n=1,3,5,\cdots}^{+\infty}\left[(-1)^{\frac{(n-1)}{2}}\frac{1}{n^4}\sin\frac{n\pi x}{l}\right](1-\cos\omega_n t) \tag{3-75e}$$

由于外部荷载作用于梁的中央并且对称，因此零状态响应中只包含具有对称振型的各阶振动成分。

例 3–8 在均质简支梁上，若在$x = x_0$处施加简谐力$F_0 = f_0\sin\omega t$，并且这个力的频率不等于梁的任何固有频率，且梁的初始条件为零。求解梁的振动响应。

解：利用例 3–7 的结果，简支梁主质量$M_n = \frac{\rho Al}{2}$，固有振型$W_n(x) = \sin\frac{n\pi x}{l}$，则梁的正则振型为

$$W_{\mathrm{N}n}(x) = \sqrt{\frac{\rho Al}{2}}\sin\frac{n\pi x}{l}\quad (n = 1,2,3,\cdots) \tag{3-76a}$$

模态力为

$$f_{\mathrm{N}n}(t) = \int_0^l f_0\sin\omega t\cdot\delta(x-x_0)W_{\mathrm{N}n}(x)\mathrm{d}x = \sqrt{\frac{\rho Al}{2}}f_0\sin\frac{n\pi x_0}{l}\sin\omega t \tag{3-76b}$$

在零初始条件下，有

$$q_{Nn}(t)=\frac{1}{\omega_n}\int_0^l f_{N_n}\sin\omega_n(t-\tau)\mathrm{d}\tau=\frac{1}{\omega_n}\sqrt{\frac{2}{\rho Al}}f_0\sin\frac{n\pi x_0}{l}\int_0^l \sin\omega_n(t-\tau)\sin\tau\mathrm{d}\tau$$

$$=\sqrt{\frac{2}{\rho Al}}\frac{f_0}{\omega_n^2-\omega^2}\sin\frac{n\pi x_0}{l}\left(\sin\omega t-\frac{\omega}{\omega_n}\sin\omega_n t\right)\tag{3-76c}$$

于是，梁的振动响应为

$$w(x,t)=\frac{2}{\rho Al}\sum_{n=1}^{+\infty}\frac{f_0}{\omega_n^2-\omega^2}\sin\frac{n\pi x_0}{l}\cdot\sin\frac{n\pi x}{l}\left(\sin\omega t-\frac{\omega}{\omega_n}\sin\omega_n t\right)\tag{3-76d}$$

当激励频率接近梁的某一固有频率时，该阶模态会产生共振现象。

课后练习

1. 解释无限自由度系统（如弦、梁等连续体）的基本概念。如何从有限自由度系统过渡到无限自由度系统？给出一个实际例子进行说明。

2. 在分析无限自由度系统（如弦或杆）的振动时，常用波动方程描述其动态行为。请解释波动方程的物理意义，以及该方程中各项分别代表什么。

3. 一根长度为 l 的均匀弦，两端固定，线密度为 μ，张力为 T。求该弦的自由振动频率，并给出前三个固有频率的表达式。

第 4 章　非线性动力系统的建模

在对非线性动力系统进行建模之前，我们需要对系统的组成进行详细分析，以识别主要的非线性因素。基于这些信息，我们可以选择合适的建模方法。非线性动力系统的建模方法包括理论建模和实验建模，理论建模是完全依赖力学理论来建立模型的过程，实验建模则主要通过实验数据来建立模型。在实际应用中，这两种方法通常会交替使用进行相互验证，或者结合使用以对复杂系统进行联合建模，从而提高模型的准确性和可靠性。

4.1　系统的非线性类型

单自由度非线性系统的运动微分方程通常具有以下形式，其中包括系统的惯性力、非线性内力以及外部激励力。

$$m\ddot{u}(t)+p(u(t),\dot{u}(t),t)=f(t) \tag{4-1}$$

式（4-1）描述了系统中惯性力$-m\ddot{u}(t)$、非线性内力$-p\left(u(t),\dot{u}(t),t\right)$与外部激励力$f(t)$之间的平衡关系。

4.1.1　保守系统

机械能守恒的系统被称为保守系统，这类系统的运动微分方程为

$$m\ddot{u}(t)+p(u(t))=0 \tag{4-2}$$

式中，非线性有势力$p(u(t))$为仅依赖于系统位移的力，如重力或弹性力等。

图 4-1 中的单摆是保守系统的一个简单示例，其运动微分方程为

$$\ddot{u}(t)+\frac{g}{l}\sin u(t)=0 \tag{4-3}$$

该系统的非线性有势力为

$$p(u)=\frac{g}{l}\sin u \tag{4-4}$$

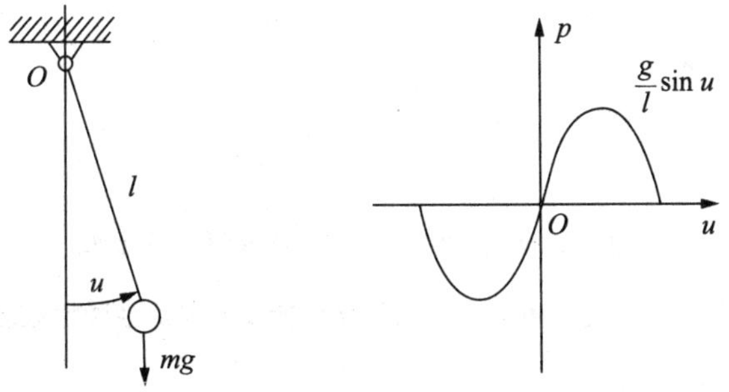

(a)单摆的运动示意图　　(b)单摆的非线性有势力曲线

图 4-1 重力场中的单摆及其非线性有势力

对于小摆角的情况，我们可以将系统近似为线性系统进行分析。对于中等摆角，我们则需要使用三阶 Taylor 展开式$\sin u\approx u-\frac{u^3}{6}$对系统进行更精确的近似，以考虑非线性效应，此时，式（4–3）可简化为

$$\ddot{u}(t)+\frac{g}{l}\left[u(t)-\frac{1}{6}u^3(t)\right]=0 \tag{4-5}$$

通常，我们将运动微分方程形如

$$\ddot{u}(t)+au(t)+bu^3(t)=0 \tag{4-6}$$

的系统称为 Duffing 系统，其中a、b为常数。当摆角为中等时，单摆的运动表现为 Duffing 系统，具有特定的非线性特征。

Duffing 系统的另一示例是图 4–2 所示的端部带有集中质量的弹性梁，在这种情况下，梁的大挠度变形引发了图中的非线性弹性恢复力。如果梁的质量远小于端部的集中质量，那么大挠度下的自由振动可以近似描述为式（4–6）的形式，表现出 Duffing 系统的非线性特征。

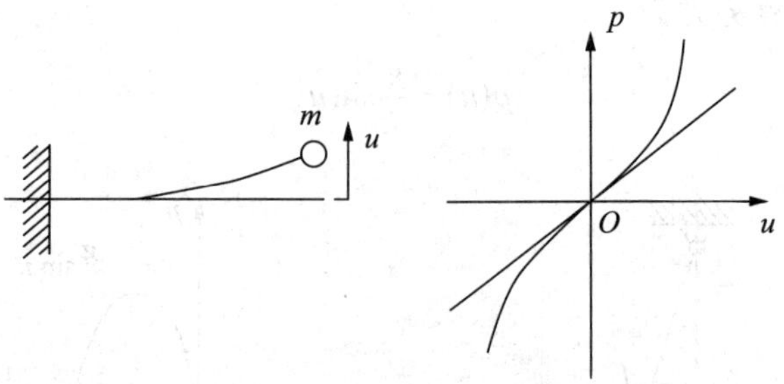

(a)梁的运动示意图　　(b)梁的非线性弹性恢复力

图 4-2　具有集中质量的大挠度梁及其非线性弹性恢复力

将保守系统与单自由度线性系统进行类比时，我们可以将有势力$p(u)$视为由非线性弹簧提供的弹性恢复力的反力。因此，我们可以将非线性刚度定义为

$$k(u)\overset{\text{def}}{=\!=\!=}p'(u)=\frac{\mathrm{d}p(u)}{\mathrm{d}u}\tag{4-7}$$

使其反映系统中非线性弹簧的特性。这一刚度会随系统位移的变化而变化。若非线性弹簧的刚度随位移增大而增大，则称系统为刚度渐硬系统；若刚度随位移增大而减小，则称系统为刚度渐软系统。显然，单摆属于刚度渐软系统，因为其弹性恢复力随位移增大而减小；带集中质量的大挠度梁则属于刚度渐硬系统，因为其弹性恢复力随位移增大而增大。

在机械系统中，间隙与弹性约束的存在非常普遍。图 4-3 展示了一个包含弹性约束的单自由度系统，其中系统的非线性有势力表现为位移u的分段线性函数，如式（4-8）所示。这种非线性特性意味着系统的恢复力在不同的位移区间内以不同的线性方式变化，从而影响系统的整体动态响应和稳定性。因此，这种系统被称为分段线性系统。显然，它属于刚度渐硬系统，因为其非线性有势力随着位移的增加而增大。

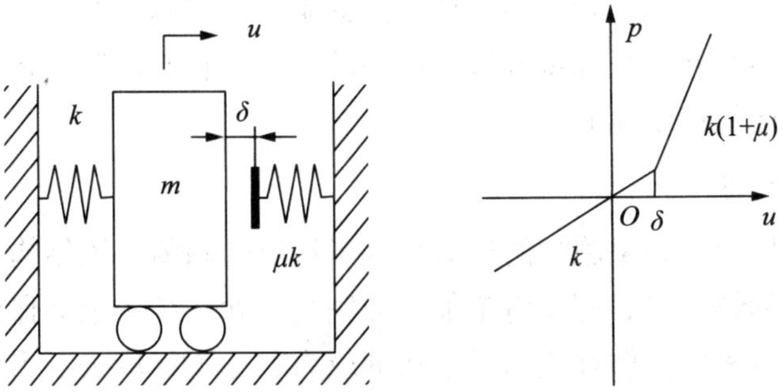

(a)系统的运动示意图　　　　(b)分段线性弹性恢复力

图 4-3　含弹性约束的系统及其分段线性弹性恢复力

$$p(u)=\begin{cases}ku, & u\leqslant\delta\\ k\delta+k(1+\mu)(u-\delta), & u>\delta\end{cases}\tag{4-8}$$

4.1.2　非保守系统

非保守系统的机械能不守恒，这可能是因为系统内部存在耗能因素，或者系统从外界吸收能量。接下来将讨论几种形成非保守系统的非线性因素。

1. 非线性阻尼

由阻尼耗能形成的非保守系统的运动微分方程为

$$m\ddot{u}(t)+q(\dot{u}(t))+ku(t)=0\tag{4-9}$$

式中，阻尼力的反力为

$$q(\dot{u})=c\,|\,\dot{u}\,|^{n-1}\,\dot{u},\quad n=0,1,2,\cdots\tag{4-10}$$

（1）当$n=0$时，式（4-10）可写作

$$q(\dot{u})=c\,\mathrm{sgn}\,\dot{u}\overset{\text{def}}{=\!=}\mu N\,\mathrm{sgn}\,\dot{u}\tag{4-11}$$

$-q(\dot{u})$表现为 Coulomb 干摩擦力，涉及摩擦界面间的正压力和干摩擦系数。

（2）当$n=1$时，$-q(\dot{u})$表现为线性黏性阻尼力，用于描述物体在空气或液体中低速运动时所受到的阻力，这种力是比较常见且容易理解的。

（3）当$n=2$时，$-q(\dot{u})$表现为低黏度流体阻尼力。物体在空气或其他低黏

度液体中进行中速到高速运动时，所受到的阻力可以用低黏度流体阻尼力来描述。这种阻尼力是在较低黏度环境中移动的物体所特有的阻力形式，适合用来分析和预测物体的运动性能。

2. 非线性迟滞

在弹性结构中，如果施加的应力超过了特定的阈值，该结构将产生塑性变形。这种变形的特点是，即便将施加的力完全去除，结构也会保留一部分永久的残余应变。这表明，塑性变形后结构的应力状态不仅取决于当前的应变量，还与之前的应变经历密切相关。因此，应变与应力之间的关系不再是单一的线性关系，而是表现为一种多值性，即同一应变水平可能对应不同的应力值，这反映了材料的历史依赖性。这种现象使应变－应力关系曲线变得复杂，需要考虑材料的历史行为以准确描述力学特性。

理想弹塑性材料的行为可以通过一个简单的模型来描述，如图 4-4（a）所示。此模型还涉及一个非线性力的表达式，用以准确描述材料在达到弹性极限后如何响应进一步的应力，从而体现弹塑性特性。该表达式如下：

$$p(u,t) = k_1 u + z(t), \quad dz = \begin{cases} k_2\, du, & |z| \leqslant z_s \\ 0, & |z| > z_s \end{cases} \tag{4-12}$$

在描述理想弹塑性材料时，所使用的模型确定了一种分段的非线性力$p(u,t)$，这种力的表达需要通过增量形式的微分方程来进行描述。当$u(t)=u_0\sin\omega t$时，该模型在力－位移平面上生成了一种特定的迟滞曲线，如图 4-4（b）所示。这一模型不仅适用于理想弹塑性材料，还可以广泛应用于其他多种力学系统，如那些以钢丝绳和钢丝网垫作为主要弹性和阻尼元件的隔振器，这些系统在图 4-4（a）中有类似的表现，反映了该模型在多种工程应用中的实用性和广泛性。

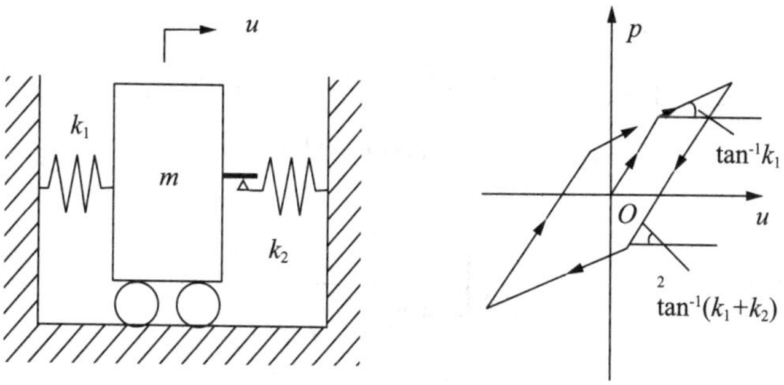

(a)双线性弹塑性宏观模型　　(b)迟滞曲线

图 4-4　双线性弹塑性宏观模型及其迟滞曲线

在更复杂的情况下，描述非线性迟滞现象通常需要使用分段曲线来更准确地捕捉行为模式。例如，在使用磁流变材料的阻尼器中，所施加的阻尼力可以通过特定形式的曲线来表示，如图 4-5 所示。这种表示方法能够详细描绘出材料在不同加载条件下的响应特性，反映非线性和复杂的力学行为。这种分段曲线的使用是为了更好地理解和预测材料在实际应用中的表现。此时的方程可表示为

$$q(\dot{u},\ddot{u}) = a_1\dot{u} + a_2 \arctan\left[a_3\left(\dot{u} - a_4 \operatorname{sgn}\ddot{u}\right)\right] \tag{4-13}$$

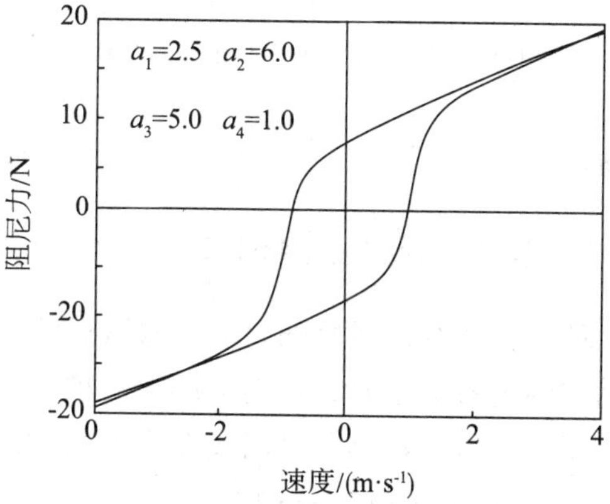

图 4-5　磁流变阻尼器的迟滞曲线

近年来，在工程领域中，研究者已经开发出了多种非线性迟滞模型以描述复杂的物理现象。这些模型的典型应用和效果都可以通过迟滞曲线表示，用来直观显示材料或结构在周期性负载下的响应特性。

3. 参数激励

图 4-6 显示了一个在重力作用下进行垂直运动的摆，其运动微分方程为

$$ml^2\ddot{u}(t)=ml[\ddot{v}(t)-g]\sin u(t) \tag{4-14}$$

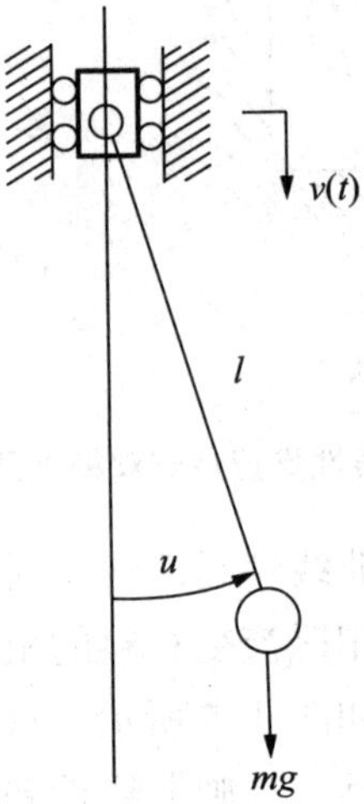

图 4-6　基础激励下的重力摆

若基础进行的是垂直方向的简谐振动$v(t)=a\sin 2t$，则式（4-14）变成一个新的形式：

$$\ddot{u}(t)+\frac{1}{l}(g+4a\sin 2t)\sin u(t)=0 \tag{4-15}$$

将式（4-15）与式（4-3）进行比较可以发现，非线性项$\sin u(t)$的系数由一个常数$\frac{g}{l}$变成了一个时间t的函数$\frac{1}{l}(g+4a\sin 2t)$。

在这个例子中，环境对系统的激励通过时变参数反映在系统的运动微分方程中，因此这种激励被称为参数激励，而对应的振动被称为参激振动。如果该系统的摆角足够小，那么方程（4-15）可以线性化为 Mathieu 方程。

$$\ddot{u}(t)+(\delta+2\varepsilon\sin 2t)u(t)=0 \tag{4-16}$$

式中，

$$\delta\overset{\text{def}}{=}\frac{g}{l},\quad \varepsilon\overset{\text{def}}{=}\frac{2a}{l} \tag{4-17}$$

虽然式（4-16）是一个线性常微分方程，但其系数是随时间变化的函数。

4.1.3　自治与非自治系统

非线性系统除了可以按照保守与非保守进行分类，还可以根据是否自治进行分类。其中，自治系统是指满足式（4–18）所示的特定形式的系统，不具备这种形式的系统称为非自治系统。自治系统可以理解为进行自由振动的系统以及自激振动系统；非自治系统则可以理解为受外部激励或参数激励的系统。这意味着自治系统的运动方程不显含时间，而非自治系统的运动方程中显含时间的参数。

$$m\ddot{u}(t) + p(u(t), \dot{u}(t)) = 0 \tag{4-18}$$

4.2　理论建模

基于牛顿力学的各个动力学分支都涉及对研究对象进行建模的问题，不同的研究对象决定了各动力学分支的特点。

简单质点系或单个刚体的建模通常使用理论力学和分析力学方法，其中 Lagrange 方程是比较常用的方法。然而，对于像机器人这样的由多个刚体和关节组成的复杂系统，我们需要采用多刚体动力学方法，并借助计算机完成建模。这些复杂系统的特点是具有有限个自由度，可以通过多刚体动力学方法更精确地描述其运动行为和相互作用。

相比之下，具有无限自由度的连续介质系统的建模要复杂得多。系统的非线性源于两个方面：系统的运动（如大变形）和构成系统的材料。对于考虑这些非线性的杆、轴、梁、板和简单壳体，高等材料力学和弹性力学提供了一些建模方法。然而，对于更复杂的结构，我们需要采用非线性有限元、多柔体动力学等方法，并借助计算机进行建模。这些方法能够处理更复杂的非线性行为，提供更准确的分析结果。

本节针对理论建模涉及的多个动力学分支，分别介绍几种方法，为不同专业的读者提供入门指导。

4.2.1　分析力学方法

第二类 Lagrange 方程是分析力学中常用的方法，其特点是通过系统的能量来建立运动微分方程，而无须对系统的各部分进行受力分析。下面将简要介绍一些与非线性动力系统建模相关的概念，这些概念将帮助读者理解如何应用 Lagrange 方程进行非线性动力系统的建模，以及该方法在处理复杂动力学问题时的优势。

1. 广义坐标

如果系统的运动可以用一组独立的坐标来完全描述，那么这组坐标就称为系统的广义坐标。广义坐标的量纲不限于长度和角度，还可以包括模态坐标以及机电耦合系统中的电压和电流等。这些广义坐标可以灵活地描述系统的各种运动和状态，从而提供更全面的分析和建模方法。

广义坐标的选择是人为的，有无数种方式可以选择，建立系统力学模型时使用的物理坐标只是其中的一组。为了客观描述系统，任意两组广义坐标必须能够相互转换。例如，n 自由度系统的物理坐标$\boldsymbol{u}=\left[u_1,u_2,\cdots,u_n\right]^{\mathrm{T}}$和另一组广义坐标$\boldsymbol{q}=\left[q_1,q_2,\cdots,q_n\right]^{\mathrm{T}}$之间应存在可逆的关系，这意味着，无论选择哪组广义坐标，我们都可以通过某种方法将其转换为另一组，从而保证系统描述的完整性和一致性。

2. 系统的能量

一个自由度为 $3n-s$ 的系统由 n 个质量为$m_i(i=1,2,\cdots,n)$和 s 个完整定常约束组成。选取一组广义坐标$\boldsymbol{q}=\left[q_1,q_2,\cdots,q_n\right]^{\mathrm{T}}$，各质点相对于空间某个定点的矢径可表示为

$$r_i=r_i(\boldsymbol{q}),\quad i=1,2,\cdots,n \tag{4-19}$$

系统的总动能等于系统内所有质点各自动能的总和，即所有质点动能相加的结果，可表示为

$$T=\frac{1}{2}\sum_{k=1}^{n}m_k(\dot{r}\cdot\dot{r})=\frac{1}{2}\sum_{k=1}^{n}m_k\left(\sum_{i=1}^{n}\frac{\partial r_k}{\partial q_i}\dot{q}_i\right)\cdot\left(\sum_{j=1}^{n}\frac{\partial r_k}{\partial q_j}\dot{q}_j\right)=\frac{1}{2}\sum_{i=1}^{n}\sum_{j=1}^{n}m_{ij}\dot{q}_i\dot{q}_j \tag{4-20}$$

式中，m_{ij}为系统的质量系数，其公式为

$$m_{ij}\overset{\text{def}}{=\!=}\sum_{k=1}^{n}m_k\frac{\partial r_k}{\partial q_i}\cdot\frac{\partial r_k}{\partial q_j},\quad i=1,2,\cdots,n;\ j=1,2,\cdots,n \tag{4-21}$$

系统的质量系数是广义坐标$\boldsymbol{q}$的函数。在研究系统的微小振动时，我们可以将质量系数在平衡位置时的值取为零，这样可以简化分析和计算。

在定常约束条件下，系统的势能仅依赖于广义坐标$\boldsymbol{q}$，我们可以将其记作某个函数$V(\boldsymbol{q})$。如果将平衡位置选作零势能的参考点，并且考虑到势能在平衡位置处达到极值，那么我们可以得出式（4–22）所示的条件。这个条件有助于在分析和研究系统时简化计算，特别是在处理微小振动时。

$$V(0)=0,\quad \left.\frac{\partial V}{\partial q_k}\right|_{q=0}=0,\quad k=1,2,\cdots,n \tag{4-22}$$

3. Lagrange 方程

在分析力学中，人们通常使用虚位移原理和 D'Alembert 原理来推导一般完整约束系统的 Lagrange 方程，这一过程较为复杂。以具有完整定常约束的系统为例，我们可以导出其 Lagrange 方程，这个方程的形式与一般完整约束系统的 Lagrange 方程形式相同，这意味着即使具体系统的约束条件不同，其 Lagrange 方程的基本形式仍然保持一致，这有助于统一处理不同类型的力学系统。

系统的约束可分为两类，分别为理想约束和非理想约束。理想约束的特征是约束反力不做功，如刚体的内力、不可伸长的绳索、光滑固定面和光滑铰链等。非理想约束则包括那些约束反力会做功的情况，如摩擦力等。在分析中，我们需要将非理想约束的反力与外力一并考虑处理。这种分类有助于更清晰地分析和计算系统中的各种力，在处理复杂约束条件时能够提供明确的框架。

根据功能原理，外力和非理想约束反力所做的微小功$\mathrm{d}W$等于系统总能量的微小变化。这意味着在计算系统能量变化时，我们需要考虑外力和非理想约束反力所做的功，并将其等同于系统总能量的微分$\mathrm{d}(T+V)$，这样可以准确描述系统能量的变化过程，即

$$\mathrm{d}(T+V)=\mathrm{d}W \tag{4-23}$$

现在我们来看这一原理在具体广义坐标$\boldsymbol{q}=\left[q_1,q_2,\cdots,q_n\right]^{\mathrm{T}}$下的应用结果。设外力和非理想约束反力之和在这组广义坐标下的分量$\boldsymbol{f}=\left[f_1,f_2,\cdots,f_n\right]^{\mathrm{T}}$为某个值，则它们所做的微小功可以表示为式（4–24）所示的数学表达式。这种表达方式有助于在具体分析广义坐标时，更加清晰地理解外力和非理想约束反力对系统的影响和作用。

$$\mathrm{d}W=\boldsymbol{f}^{\mathrm{T}}\mathrm{d}\boldsymbol{q}=\sum_{j=1}^{n}f_j\mathrm{d}q_j \tag{4-24}$$

对于具有定常约束的系统，其势能仅依赖于广义坐标$\boldsymbol{q}$的函数形式。也就是说，势能可以完全用广义坐标来描述和表示，即

$$\mathrm{d}V=\sum_{j=1}^{n}\frac{\partial V}{\partial q_j}\mathrm{d}q_j \tag{4-25}$$

具有定常约束的系统，其动能是广义坐标及其导数的函数。这说明动能依赖于广义坐标和其变化率。故

$$\mathrm{d}T=\sum_{j=1}^{n}\frac{\partial T}{\partial q_j}\mathrm{d}q_j+\sum_{j=1}^{n}\frac{\partial T}{\partial \dot{q}_j}\mathrm{d}\dot{q}_j \tag{4-26}$$

质量系数仅依赖于广义坐标$\boldsymbol{q}$的函数形式，这意味着质量系数是广义坐标的函数。由式（4–20）可写出

$$\sum_{i=1}^{n}\frac{\partial T}{\partial \dot{q}_i}\dot{q}_i=\sum_{i=1}^{n}\left(\sum_{j=1}^{n}m_{ij}\dot{q}_j\right)\dot{q}_i=\sum_{i=1}^{n}\sum_{j=1}^{n}m_{ij}\dot{q}_i\dot{q}_j=2T \tag{4-27}$$

对式（4–27）两端微分得

$$2\mathrm{d}T=\sum_{j=1}^{n}\mathrm{d}\left(\frac{\partial T}{\partial \dot{q}_j}\right)\dot{q}_j+\sum_{j=1}^{n}\frac{\partial T}{\partial \dot{q}_j}\mathrm{d}\dot{q}_j=\sum_{j=1}^{n}\frac{\mathrm{d}}{\mathrm{d}t}\left(\frac{\partial T}{\partial \dot{q}_j}\right)\mathrm{d}q_j+\sum_{j=1}^{n}\frac{\partial T}{\partial \dot{q}_j}\mathrm{d}\dot{q}_j \tag{4-28}$$

式（4–28）减去式（4–26）得

$$\mathrm{d}T=\sum_{j=1}^{n}\frac{\mathrm{d}}{\mathrm{d}t}\left(\frac{\partial T}{\partial \dot{q}_j}\right)\mathrm{d}q_j-\sum_{j=1}^{n}\frac{\partial T}{\partial q_j}\mathrm{d}q_j \tag{4-29}$$

将式（4–24）、式（4–25）和式（4–29）代入式（4–23），得到功能原理的具体形式：

$$\mathrm{d}(T+V-W)=\sum_{j=1}^{n}\left[\frac{\mathrm{d}}{\mathrm{d}t}\left(\frac{\partial T}{\partial \dot{q}_j}\right)-\frac{\partial T}{\partial q_j}+\frac{\partial V}{\partial q_j}-f_j\right]\mathrm{d}q_j=0 \tag{4-30}$$

根据广义坐标 q_i 的独立性，各个广义坐标$\mathrm{d}q_j$不能同时为零，从而推导出 Lagrange 方程：

$$\frac{\mathrm{d}}{\mathrm{d}t}\left(\frac{\partial T}{\partial \dot{q}_j}\right)-\frac{\partial T}{\partial q_j}+\frac{\partial V}{\partial q_j}=f_j,\quad j=1,2,\cdots,n \tag{4-31}$$

例 4–1 现有一如图 4–7 所示的弹簧摆，忽略弹簧质量，建立描述系统自由振动的微分方程组。

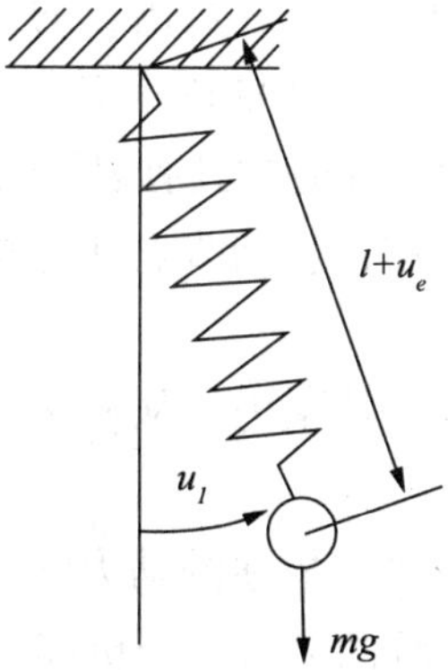

图 4-7　弹簧摆的自由振动

解：这是一个具有二自由度的系统，我们可以静平衡位置作为零势能的参考点。在广义坐标下，系统的动能和势能分别为

$$T=\frac{m}{2}\left[\left(l+u_2\right)^2\dot{u}_1^2+\dot{u}_2^2\right] \tag{4-32a}$$

$$V=mg\left[l-\left(l+u_2\right)\cos u_1\right]+\frac{k}{2}u_2^2 \tag{4-32b}$$

将式（4-32a）和式（4-32b）代入式（4-31）得

$$\begin{cases}m\left(l+u_2\right)\ddot{u}_1+2m\dot{u}_1\dot{u}_2+mg\sin u_1=0\\ m\ddot{u}_2-m\left(l+u_2\right)\dot{u}_1^2-mg\cos u_1+ku_2=0\end{cases} \tag{4-32c}$$

如果保留到二阶非线性项，那么式（4-32c）可以被改写为

$$\begin{cases}\ddot{u}_1+\dfrac{g}{l}u_1=\dfrac{g}{l^2}u_1u_2-\dfrac{2}{l}\dot{u}_1\dot{u}_2\\ \ddot{u}_2+\dfrac{k}{m}u_2=g-\dfrac{g}{2}u_1^2+l\dot{u}_1^2\end{cases} \tag{4-32d}$$

4.2.2　多刚体动力学方法

1. 概述

多刚体动力学研究的对象是由多个刚体、关节、无质量的弹性元件和阻尼元件组成的系统，主要任务是通过一定的方法建立系统的动力学方程，并计算其运动。这一方法是理论力学和分析力学的自然延伸和技术发展。自 20 世纪 60 年代以来，机器人和汽车等工业需求推动了多刚体动力学理论的发展，提出

了一系列新方法。随后，各种计算机代数语言的兴起为建模提供了平台，涌现了如 NEWEUL、MESAVERDE、ADAMS 等建模和分析软件。

一个典型的多刚体动力学软件通常具有以下功能。

第一，输入系统的拓扑结构，包括节点和连接关系以及相关的参数信息，如质量和阻尼系数等。

第二，自动消除系统中的内约束力，从而生成完整的系统动力学方程，以便进行进一步的分析和计算。

第三，生成用计算机高级语言描述的动力学方程，并输出计算结果。这样能够利用计算机高效地进行系统的动力学分析和模拟。

第四，从给定的初始条件出发，计算系统的运动过程，并将计算结果输出，这样可以准确模拟系统在特定条件下的动态行为。

从力学的角度来看，这类软件最关键的模块是如何自动消除系统中的内约束力，并生成系统的动力学方程。下面将特别介绍一种相对容易理解的方法，以便更好地掌握这一过程的基本原理和操作步骤。

2. Schiehlen-Kreuzer 方法

现有一个由n个刚体和s个完整定常约束构成的多体系统。选取其中的某一个刚体 i 作为B_i分离体，根据刚体动力学理论，我们可以分别写出描述该刚体B_i质心运动的 Newton 方程和描述其绕B_i质心转动的 Euler 方程，以全面描述该刚体的运动状态和动力学行为。两个方程的表达式如下。

$$\begin{cases} m_i\ddot{r}_i = e_i + f_i, \\ J_i\dot{\omega}_i + \omega_i \times \left(J_i \cdot \omega_i\right) = g_i + h_i, \quad i = 1,2,\cdots,n \end{cases} \tag{4-33}$$

式中，m_i为B_i的质量；J_i为以质心为参考点的转动惯量张量；$\ddot{r}_i$为B_i质心的加速度矢量；e_i和f_i分别为作用于B_i质心的外力和约束力矢量；ω_i为B_i绕质心转动的角速度矢量；g_i和h_i则分别为作用于B_i质心的外力矩和约束力矩矢量。通过这些物理量，我们可以将n个刚体的动力学方程合并为一个整体进行描述，如式（4–34）所示，从而简化系统的分析和计算过程。

$$\begin{cases} \boldsymbol{M}\ddot{\boldsymbol{r}} = \boldsymbol{e} + \boldsymbol{f} \\ \boldsymbol{J}\dot{\boldsymbol{\omega}} + \boldsymbol{k} = \boldsymbol{g} + \boldsymbol{h} \end{cases} \tag{4-34}$$

式中，

$$\begin{cases} \boldsymbol{M} \overset{\text{def}}{=} \operatorname*{diag}_{1\leqslant i\leqslant n}\left[m_i\right], \quad \boldsymbol{J} \overset{\text{def}}{=} \operatorname*{diag}_{1\leqslant i\leqslant n}\left[J_i\right], \quad \boldsymbol{r} \overset{\text{def}}{=} \left[r_1,\cdots,r_n\right]^{\mathrm{T}}, \quad \boldsymbol{\omega} = \left[\omega_1,\cdots,\omega_n\right]^{\mathrm{T}} \\ \boldsymbol{e} \overset{\text{def}}{=} \left[e_1,\cdots,e_n\right]^{\mathrm{T}}, \quad \boldsymbol{f} \overset{\text{def}}{=} \left[f_1,\cdots,f_n\right]^{\mathrm{T}}, \quad \boldsymbol{g} \overset{\text{def}}{=} \left[g_1,\cdots,g_n\right]^{\mathrm{T}}, \quad \boldsymbol{h} \overset{\text{def}}{=} \left[h_1,\cdots,h_n\right]^{\mathrm{T}} \\ \boldsymbol{k} \overset{\text{def}}{=} \left[\omega_1 \times \left(J_1 \cdot \omega_1\right),\cdots,\omega_n \times \left(J_n \cdot \omega_n\right)\right]^{\mathrm{T}} \end{cases} \tag{4-35}$$

系统由于具有s个约束条件，因此仅有（$6n-s$）个少数独立的广义坐标，这些广义坐标可表示为$q_1,q_2,\cdots,q_n$。在这组广义坐标下，刚体B_i的质心运动可以用式（4-36）来表示，从而简化对系统运动的分析和计算。

$$r_i \overset{\text{def}}{=} r_i\left(q_1,q_2,\cdots,q_n,t\right) \tag{4-36}$$

将式（4-36）对时间求导，得到质心速度：

$$\dot{r}_i = \sum_{j=1}^{n}\frac{\partial r_j}{\partial q_j}\dot{q}_j + \sum_{j=1}^{n}\frac{\partial r_j}{\partial t} = \sum_{j=1}^{n} a_{ij}\dot{q}_j + a_{i0} \tag{4-37}$$

式中，$\dot{q}_j\,(j=1,2,\cdots,n)$为广义速度$\dot{r}_i$的广义坐标的线性组合。由于$\omega_i$可以通过刚体质心的速度 $\dot{r}_i$ 与刚体B_i上另一点速度之差来确定，因此ω_i也可以表示为广义速度的线性组合，如式（4-38）所示。这样一来，我们可以利用广义速度来描述刚体的运动状态，从而更方便地进行系统的动力学分析和计算。

$$\omega_i = \sum_{j=1}^{n} b_{ij}\dot{q}_j + b_{i0} \tag{4-38}$$

由式（4-37）和式（4-38）可导出

$$\begin{cases} \ddot{r}_i = \sum_{j=1}^{n} a_{ij}\ddot{q}_j + \sum_{j=1}^{n}\left(\sum_{k=1}^{n}\frac{\partial a_{ij}}{\partial q_k}\dot{q}_k + \frac{\partial a_{ij}}{\partial t}\right)\dot{q}_j + \frac{\partial a_{i0}}{\partial t} \\ \dot{\omega}_i = \sum_{j=1}^{n} b_{ij}\ddot{q}_j + \sum_{j=1}^{n}\left(\sum_{k=1}^{n}\frac{\partial b_{ij}}{\partial q_k}\dot{q}_k + \frac{\partial b_{ij}}{\partial t}\right)\dot{q}_j + \frac{\partial b_{i0}}{\partial t} \end{cases} \tag{4-39}$$

式（4-39）的矩阵形式为

$$\ddot{\boldsymbol{r}} = \boldsymbol{A}\ddot{\boldsymbol{q}} + \boldsymbol{v}, \quad \dot{\boldsymbol{\omega}} = \boldsymbol{B}\ddot{\boldsymbol{q}} + \boldsymbol{w} \tag{4-40}$$

式中，

$$\boldsymbol{q} \overset{\text{def}}{=} \begin{bmatrix} q_1 & q_2 & \cdots & q_n \end{bmatrix} \tag{4-41}$$

根据式（4–39）可以写出 $\boldsymbol{v}$ 和 $\boldsymbol{w}$ 的具体表达式。将式（4–40）代入式（4–34），可以得到以独立广义坐标向量 $\boldsymbol{q}$ 描述的运动微分方程：

$$\boldsymbol{D}\boldsymbol{E}\ddot{\boldsymbol{q}}+\boldsymbol{p}(\boldsymbol{q},\dot{\boldsymbol{q}})=\boldsymbol{f}_{\mathrm{E}}+\boldsymbol{f}_{\mathrm{I}} \tag{4–42}$$

式中，

$$\boldsymbol{D}\overset{\text{def}}{=\!=}\begin{bmatrix}\mathbf{M} & 0\\ 0 & \boldsymbol{J}\end{bmatrix},\ \boldsymbol{E}\overset{\text{def}}{=}\begin{bmatrix}A\\ B\end{bmatrix},\ \boldsymbol{p}\overset{\text{def}}{=}\begin{bmatrix}\boldsymbol{M}v\\ \boldsymbol{J}w+k\end{bmatrix},\ \boldsymbol{f}_{\mathrm{E}}\overset{\text{def}}{=}\begin{bmatrix}e\\ g\end{bmatrix},\ \boldsymbol{f}_{\mathrm{I}}\overset{\text{def}}{=}\begin{bmatrix}f\\ h\end{bmatrix} \tag{4–43}$$

为了消除约束产生的广义力$\boldsymbol{f}_{\mathrm{I}}$，我们需要分析系统的虚位移。通过分析虚位移，我们可以更有效地理解和处理由约束引起的广义力，从而简化系统的力学分析过程。系统的虚位移一般满足以下关系：

$$\delta\boldsymbol{r}=\boldsymbol{A}\delta\boldsymbol{q},\quad \delta\boldsymbol{\omega}=\boldsymbol{B}\delta\boldsymbol{q} \tag{4–44}$$

根据完整定常约束的性质，约束力$\boldsymbol{f}_{\mathrm{I}}$在虚位移上所做的功为零，即

$$\delta\boldsymbol{q}^{\mathrm{T}}\boldsymbol{E}^{\mathrm{T}}\boldsymbol{f}_{I}=\delta\boldsymbol{q}^{\mathrm{T}}\left(\boldsymbol{A}^{\mathrm{T}}\boldsymbol{f}+\boldsymbol{B}^{\mathrm{T}}\boldsymbol{h}\right)=\delta\boldsymbol{r}^{\mathrm{T}}\boldsymbol{f}+\delta\boldsymbol{\omega}^{\mathrm{T}}\boldsymbol{h}=\mathbf{0} \tag{4–45}$$

由于变量$\delta\boldsymbol{q}$的任意性，我们可以将式（4–42）左乘$\boldsymbol{E}^{\mathrm{T}}$，从而得到系统的运动微分方程：

$$\boldsymbol{E}^{\mathrm{T}}\boldsymbol{D}\boldsymbol{E}\ddot{\boldsymbol{q}}+\boldsymbol{E}^{\mathrm{T}}\boldsymbol{p}(\boldsymbol{q},\dot{\boldsymbol{q}})=\boldsymbol{E}^{\mathrm{T}}\boldsymbol{f}_{\mathrm{E}} \tag{4–46}$$

例 4–2　如图 4–8 所示，双摆系统中两个集中质量均为 m，转动惯量可忽略，摆长为 l。请用 Schiehlen–Kreuzer 方法来建立系统自由振动的微分方程。

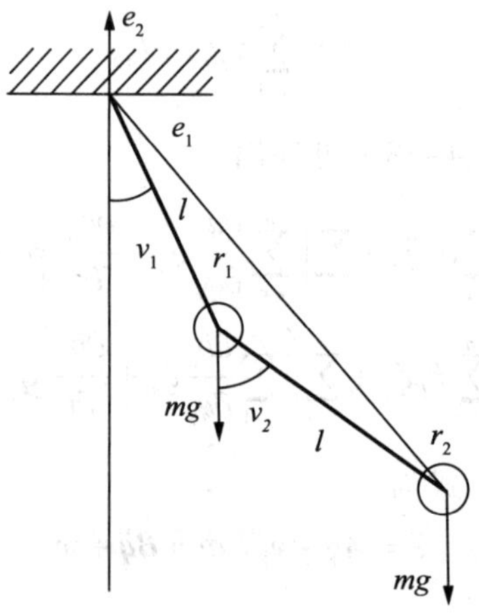

图 4–8　双摆自由振动

解：以图中的单位矢量e_1和e_2为基矢量建立坐标系，选取θ_1和θ_2为描述系统的广义坐标，则两个集中质量的质心位置矢径可以通过这些广义坐标来表示，即

$$\begin{cases} r_1 = l\left(\sin\theta_1 e_1 - \cos\theta_1 e_2\right) \\ r_2 = l\left[\left(\sin\theta_1 + \sin\theta_2\right)e_1 - \left(\cos\theta_1 + \cos\theta_2\right)e_2\right] \end{cases} \tag{4-47a}$$

由于集中质量的转动惯量为零，因此方程（4-46）可以简化为

$$\boldsymbol{A}^{\mathrm{T}}\boldsymbol{M}\boldsymbol{A}\ddot{\boldsymbol{q}} + \boldsymbol{A}^{\mathrm{T}}\boldsymbol{M}\boldsymbol{v} = \boldsymbol{A}^{\mathrm{T}}\boldsymbol{e} \tag{4-47b}$$

式中，

$$\boldsymbol{M} = \begin{bmatrix} m & 0 \\ 0 & m \end{bmatrix},\ \boldsymbol{A} = l\begin{bmatrix} \cos\theta_1 e_1 + \sin\theta_1 e_2 & 0 \\ \cos\theta_1 e_1 + \sin\theta_1 e_2 & \cos\theta_2 e_1 + \sin\theta_2 e_2 \end{bmatrix}$$

$$\boldsymbol{e} = -mge_2\begin{bmatrix} 1 \\ 1 \end{bmatrix},\ \boldsymbol{M}\boldsymbol{v} = \begin{bmatrix} \dot{\theta}_1^2\left(-\sin\theta_1 e_1 + \cos\theta_1 e_2\right) \\ -\left(\sin\theta_1\dot{\theta}_1^2 + \sin\theta_2\dot{\theta}_2^2\right)e_1 + \left(\cos\theta_1\dot{\theta}_1^2 + \cos\theta_2\dot{\theta}_2^2\right)e_2 \end{bmatrix} \tag{4-47c}$$

将式（4-47c）代入式（4-47b），可以得到系统自由振动的非线性微分方程，如式（4-47d）所示。这一步骤是为了通过具体代入来简化方程，从而更准确地描述系统的自由振动行为。

$$\begin{bmatrix} 2 & \cos\left(\theta_1 - \theta_2\right) \\ \cos\left(\theta_1 - \theta_2\right) & 1 \end{bmatrix}\begin{bmatrix} \ddot{\theta}_1 \\ \ddot{\theta}_2 \end{bmatrix} + \begin{bmatrix} \dot{\theta}_2^2\sin\left(\theta_1 - \theta_2\right) \\ \dot{\theta}_1^2\sin\left(\theta_2 - \theta_1\right) \end{bmatrix} = -\frac{g}{l}\begin{bmatrix} 2\sin\theta_1 \\ \sin\theta_2 \end{bmatrix} \tag{4-47d}$$

4.2.3　弹性力学方法

在采用弹性力学方法进行建模时，我们首先需要列出系统的动力平衡方程，然后尽可能地消去联立方程中的未知函数。根据剩余待求解的未知物理量，弹性力学建模方法可以分为位移法、力法和混合法三种。其中，位移法由于其简便性和广泛适用性，成为最常用的一种方法。通过位移法，我们可以直接求解系统的位移，进而分析系统的应力和应变分布，提供对系统行为的深入理解。

图 4-9 是一个两端支撑、材料均匀、等截面的 Bernoulli-Euler 梁，梁的左端固定，右端可移动并施加纵向荷载$P(t)$。下面将以该梁在材料弹性范围内的中等挠度振动为例，说明如何运用弹性力学中的位移法建立系统的运动偏微分方程，从而分析梁的动力学行为。

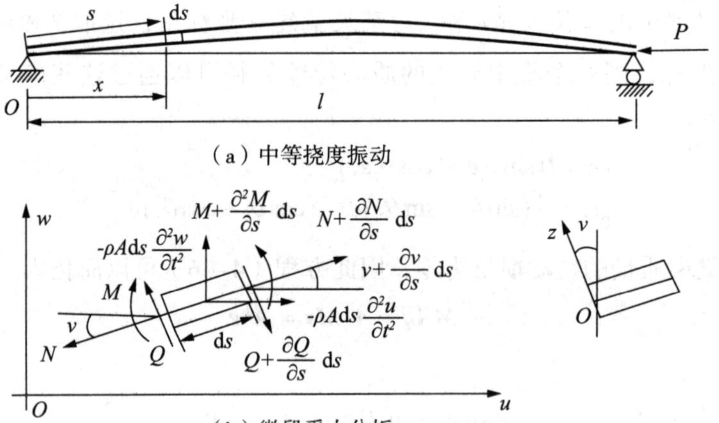

（a）中等挠度振动

（b）微段受力分析

图 4–9　轴向力作用下的梁中等挠度振动及其微段受力分析

首先，取梁上距左端x处的一小段微分单元。根据图 4–9（b）中的受力分析，我们可推导出该微段质心的纵向和横向运动满足式（4–48）所示的动力平衡方程。通过这些平衡方程，我们可以进一步分析梁在各种荷载下的响应，建立梁的运动偏微分方程，并描述其动态行为。

$$\begin{cases} \rho A \dfrac{\partial^2 u}{\partial t^2}\mathrm{d}s = \dfrac{\partial}{\partial s}(n\cos\theta + Q\sin\theta)\mathrm{d}s \\ \rho A \dfrac{\partial^2 w}{\partial t^2}\mathrm{d}s = \dfrac{\partial}{\partial s}(n\sin\theta - Q\cos\theta)\mathrm{d}s \end{cases} \tag{4–48}$$

式中，N 为梁在x截面上沿变形后中性层切线方向的轴力；Q 为剪力。若忽略梁微段的旋转惯量，则剪力 Q 与弯矩 M 之间存在准静力关系：

$$Q = \frac{\partial M}{\partial s} = \cos\theta \frac{\partial M}{\partial x} \tag{4–49}$$

将式（4–48）代入式（4–49），得到

$$\rho A \frac{\partial^2 u}{\partial t^2} = \frac{\partial}{\partial x}\left(n\cos\theta + \frac{\partial M}{\partial x}\cos\theta\sin\theta\right)\cos\theta \tag{4–50a}$$

$$\rho A \frac{\partial^2 w}{\partial t^2} = \frac{\partial}{\partial x}\left(n\sin\theta - \frac{\partial M}{\partial x}\cos\theta\cos\theta\right)\cos\theta \tag{4–50b}$$

对于梁的中等挠度变形，我们通常将式（4–50）中的三角函数进行近似处理，如式（4–51）所示，并在后续分析中维持这样的二阶 Taylor 展开截断，以简化方程和计算过程。

$$\sin\theta \approx \frac{\partial w}{\partial x}, \quad \cos\theta \approx 1 - \frac{1}{2}\left(\frac{\partial w}{\partial x}\right)^2 \tag{4-51}$$

在建立变形几何方程时，我们通常根据实验观察结果引入一些变形假设，以简化问题。这里假设变形前垂直于梁轴线的横截面在变形后仍然垂直于变形后的轴线。通过这种假设，我们可以更方便地描述和分析梁的变形行为。

根据这一基本假设，距中性层z点的纵向位移$\tilde{u}(x,z,t)$由三部分组成：第一部分是轴力引起的横截面纵向平动$\tilde{u}(x,0,t)$，即微段质心的纵向位移$u(x,t)$；第二部分是由横截面转动引起的位移$z\theta(x,t)$；第三部分是由横向弯曲引起的位移$\int_0^x \sqrt{1+\left(\frac{\partial w}{\partial x}\right)^2}\mathrm{d}x - x$。因此，该点的总纵向位移是上述三部分位移的总和，即

$$\tilde{u}(x,z,t) = u + z\theta + \int_0^x \sqrt{1+\left(\frac{\partial w}{\partial x}\right)^2}\mathrm{d}x - x \tag{4-52}$$

由此得到该点的正应变为

$$\begin{aligned}\varepsilon(x,z,t) = \frac{\partial \tilde{u}}{\partial s} &= \left[\frac{\partial u}{\partial x} + z\frac{\partial \theta}{\partial x} + \sqrt{1+\left(\frac{\partial w}{\partial x}\right)^2} - 1\right]\cos\theta \\ &\approx \left[\frac{\partial u}{\partial x} + z\frac{\partial \theta}{\partial x} + \frac{1}{2}\left(\frac{\partial w}{\partial x}\right)^2\right]\cos\theta\end{aligned} \tag{4-53}$$

在材料弹性范围内，梁在横截面上的正应力可以表示为

$$\sigma(x,z,t) = E\varepsilon(x,z,t) \tag{4-54}$$

式中，E为材料的弹性模量。这个正应力公式用于描述梁在受力情况下的应力分布。

现在，以梁的纵向位移$u(x,t)$和横向位移$w(x,t)$为未知量，建立运动偏微分方程。将式（4–53）代入式（4–54），然后在梁的横截面上进行积分，求得轴力和弯矩为

$$\begin{aligned}n(x,t) = \iint_A \sigma(x,z,t)\mathrm{d}A &= E\iint_A \left\{\frac{\partial u(x,t)}{\partial x} + z\frac{\partial \theta(x,t)}{\partial x} + \frac{1}{2}\left[\frac{\partial w(x,t)}{\partial x}\right]^2\right\}\cos\theta(x,t)\mathrm{d}A \\ &= EA\left[\frac{\partial u}{\partial x} + \frac{1}{2}\left(\frac{\partial w}{\partial x}\right)^2\right]\cos\theta\end{aligned} \tag{4-55}$$

$$M(x,t)=\iint_A \sigma(x,z,t)z\mathrm{d}A$$

$$=E\iint_A z\left\{\frac{\partial u(x,t)}{\partial x}+z\frac{\partial\theta(x,t)}{\partial x}+\frac{1}{2}\left[\frac{\partial w(x,t)}{\partial x}\right]^2\right\}\cos\theta(x,t)\mathrm{d}A=EI\frac{\partial\theta}{\partial x}\cos\theta \tag{4-56}$$

式中，$I=\iint_A z^2\mathrm{d}A$为梁的截面惯性矩。根据几何关系$\tan\theta\frac{\partial w}{\partial x}$，可导出

$$\frac{\partial\theta}{\partial x}=\cos^2\theta\frac{\partial^2 w}{\partial x^2} \tag{4-57}$$

因此

$$M(x,t)=EI\frac{\partial^2 w}{\partial x^2}\cos^3\theta \tag{4-58}$$

将式（4–55）、式（4–58）与式（4–51）一起代入式（4–50），可以得到一个仅包含未知位移的动力学方程：

$$\left[\rho A\frac{\partial^2 u}{\partial t^2}-EA\frac{\partial^2 u}{\partial x^2}-EI\frac{\partial^2 w}{\partial x^2}\frac{\partial^3 w}{\partial x^3}\right]-\left[EA\left(1-2\frac{\partial u}{\partial x}\right)\frac{\partial^2 w}{\partial x^2}+EI\frac{\partial^4 w}{\partial x^4}-6EI\left(\frac{\partial^2 w}{\partial x^2}\right)^3\right]\frac{\partial w}{\partial x}$$
$$+\left[\frac{3}{2}EA\frac{\partial^2 u}{\partial x^2}+\frac{25}{2}EI\frac{\partial^2 w}{\partial x^2}\frac{\partial^3 w}{\partial x^3}\right]\left(\frac{\partial w}{\partial x}\right)^2=0 \tag{4-59a}$$

$$\left[\rho A\frac{\partial^2 w}{\partial t^2}-EA\frac{\partial u}{\partial x}\frac{\partial^2 w}{\partial x^2}+EI\frac{\partial^4 w}{\partial x^4}-3EI\left(\frac{\partial^2 w}{\partial x^2}\right)^3\right]-\left[EA\frac{\partial^2 u}{\partial x^2}+11EI\frac{\partial^2 w}{\partial x^2}\frac{\partial^3 w}{\partial x^3}\right]\frac{\partial w}{\partial x}$$
$$+\left[2EA\left(\frac{\partial u}{\partial x}-\frac{3}{4}\right)\frac{\partial^2 w}{\partial x^2}-3EI\frac{\partial^4 w}{\partial x^4}+\frac{21}{2}EI\left(\frac{\partial^2 w}{\partial x^2}\right)^3\right]\left(\frac{\partial w}{\partial x}\right)^2=0 \tag{4-59b}$$

式（4–59）为包含几何非线性效应的梁纵横向运动耦合动力学方程，其最低阶截断误差为特定值$\left(\frac{\partial w}{\partial x}\right)^3$。

在研究梁的横向非线性振动时，我们通常对纵向运动的微分方程进行简化假设。如果忽略梁的横向运动对纵向运动的影响，那么式（4–59a）将简化为

一个线性波动方程，如式（4-60a）所示。这种简化能够大大降低复杂性，使对梁的动力学行为的分析更加直观和易于处理。

$$\rho A\frac{\partial^2 u}{\partial t^2}-EA\frac{\partial^2 u}{\partial x^2}=0 \tag{4-60a}$$

式（4-60a）相应的边界条件是

$$u(0,t)=0,\quad EA\frac{\partial u(l,t)}{\partial x}=-P(t) \tag{4-60b}$$

在给定的初始条件下，我们需要先解出纵向位移$u(x,t)$，然后将其代入式（4-59b），这样可以得到一个非线性偏微分方程。这个方程以横向位移$w(x,t)$为未知函数，纵向位移作为时变系数。通过这种方法，我们可以更准确地描述梁的非线性振动行为。

对于定常纵向荷载$P(t)=P_0$，我们一般略去梁的纵向惯性效应，将轴力近似为

$$N(x,t)\approx EA\frac{\partial u}{\partial x}=-P_0 \tag{4-61}$$

这意味着

$$\frac{\partial n}{\partial x}=EA\frac{\partial^2 u}{\partial x^2}=0,\text{即 }\rho A\frac{\partial^2 u}{\partial t^2}=0 \tag{4-62}$$

这时，式（4-59b）可简化为

$$\left[\rho A\frac{\partial^2 w}{\partial t^2}+P_0\frac{\partial^2 w}{\partial x^2}+EI\frac{\partial^4 w}{\partial x^4}-3EI\left(\frac{\partial^2 w}{\partial x^2}\right)^3\right]-\left[11EI\frac{\partial^2 w}{\partial x^2}\frac{\partial^3 w}{\partial x^3}\right]\frac{\partial w}{\partial x}-$$
$$\frac{1}{2}\left[\left(4P_0+3EA\right)\frac{\partial^2 w}{\partial x^2}+6EI\frac{\partial^4 w}{\partial x^4}-21EI\left(\frac{\partial^2 w}{\partial x^2}\right)^3\right]\left(\frac{\partial w}{\partial x}\right)^2=0 \tag{4-63}$$

或简记为

$$\rho A\frac{\partial^2 w}{\partial t^2}+D(w)=0 \tag{4-64}$$

式中，$D(w)$为关于x的非线性偏微分算子，用来描述系统中的非线性行为。

式（4-64）是一个非线性偏微分方程，其解空间具有无限维。通常，人们采用 Galerkin 方法将其简化为有限个常微分方程来研究。Galerkin 方法的基本

思路是选择一组满足梁边界条件的形状函数$\varphi_r(x)(r=1,2,\cdots,n)$，通过这些形状函数来构造和求近似解，从而将问题转化为有限维的常微分方程系统进行分析和求解。此时

$$w(x,t)=\sum_{r=1}^{n}\varphi_r(x)q_r(t) \tag{4-65}$$

方程的残差反映了系统中的残余力。为了尽量减小残余力，未知函数$q_r(t)(r=1,2,\cdots,n)$使残余力关于每个形状函数$\varphi_r(x)(r=1,2,\cdots,n)$对应的位移的平均作功为零。这样，通过选择适当的未知函数，我们可以有效减少系统的残余力，提高解的精度。将式（4-65）代入式（4-64）可得

$$\int_0^l\left[\rho A\sum_{r=1}^{n}\varphi_r(x)\ddot{q}(t)+D\left(\sum_{r=1}^{n}\varphi_r(x)q_r(t)\right)\right]\varphi_s(x)\mathrm{d}x=0,\quad s=1,2,\cdots,n \tag{4-66}$$

这明显是n个涉及未知函数$q_r(t)$的二阶常微分方程问题。

在处理梁的振动问题时，常用的形状函数通常是梁的微振动固有振型。以简支梁的低频振动为例，通常只考虑梁的第一阶固有振型$\varphi_1(x)=\sin\dfrac{\pi x}{l}$。将这一固有振型代入式（4-64）后，再将结果代入式（4-66），经过计算后可以得到一个单自由度的非线性振动方程，如式（4-67）所示。这种方法通过简化固有振型来建立非线性振动模型，以便于分析和计算。

$$\ddot{q}_1(t)+\frac{1}{\rho A}\left\{\left(\frac{\pi^4EI}{l^4}-\frac{\pi^2P_0}{l^2}\right)q_1(t)+\left[\frac{\pi^4(4P_0+3EA)}{8l^4}-\frac{5\pi^6EI}{4l^6}\right]q_1^3(t)-\frac{21\pi^8EI}{16l^8}q_1^5(t)\right\}=0 \tag{4-67}$$

最后需要指出的是，现有文献通常在最初阶段就选用$\cos\theta\approx1$，弯矩表达式（4-58）中的$\cos\theta\approx1-\dfrac{1}{2}\left(\dfrac{\partial w}{\partial x}\right)^2$，而不是选择其他表达式。这种选择上的不一致导致最终结果发生了截断，从而影响了分析的准确性。此时

$$\ddot{q}_1(t)+\frac{1}{\rho A}\left[\left(\frac{\pi^4EI}{l^4}-\frac{\pi^2P_0}{l^2}\right)q_1(t)-\left(\frac{3\pi^6EI}{4l^6}\right)q_1^3(t)\right]=0 \tag{4-68}$$

由于$q^3(t)$前系数的差异，式（4-67）和式（4-68）会具有截然不同的动力学性质。

4.3　实验建模

在工程实践中，很多非线性因素无法通过理论方法准确确定，因此实验成为非线性动力系统建模的重要手段。实验建模问题通常分为两类：第一类问题是系统的数学模型已经明确，但模型中某些未知参数需要通过实验来确定，这种情况称为参数估计；第二类问题则是系统的数学模型尚不明确，需要通过实验来建立或确定模型，这种情况称为模型辨识。总之，实验在非线性系统建模中扮演着关键角色，可以补充理论模型中无法涵盖的部分。

4.3.1　参数估计

现在我们以单自由度非线性系统为例来说明参数估计的问题及其解决方法。已知

$$\ddot{u}(t)+p(u(t),\dot{u}(t),t,\boldsymbol{q})=f(t) \tag{4-69}$$

在这种情况下，虽然非线性力$p\left(u(t),\dot{u}(t),t,\boldsymbol{q}\right)$的表达形式已知，但参数向量$\boldsymbol{q}$仍然未知。参数估计的任务是设计实验，通过实际测得的激励和响应数据来确定这些未知的参数向量$\boldsymbol{q}$。

设激励$f(t)$和系统加速度$\ddot{u}(t)$的采样序列为$f(t_k)$和$\ddot{u}(t_k)$, $k=1,2,\cdots,n$，则

$$p_k\overset{\text{def}}{=}p\left(u(t_k),\dot{u}(t_k),t_k,q\right)=f(t_k)-\ddot{u}(t_k),\quad k=1,2,\cdots,n \tag{4-70}$$

在这种情况下，系统中的非线性力的采样序列需要着重分析。若$p\left(u(t),\dot{u}(t),t,\boldsymbol{q}\right)$关于未知参数向量$\boldsymbol{q}$的关系是线性的，则这个问题被称为线性参数估计；若关系是非线性的，则称为非线性参数估计。下面将分别对这两种情况进行讨论，以详细说明各自的处理方法和特点。

1. 线性参数估计

以 Duffing 系统为例，其非线性力为

$$p(u,\dot{u},\boldsymbol{q})=q_1u+q_2u^3+q_3\dot{u},\quad \boldsymbol{q}\overset{\text{def}}{=}\begin{bmatrix}q_1 & q_2 & q_3\end{bmatrix}^{\mathrm{T}} \tag{4-71}$$

由此可将含测量误差$e_k(k=1,2,\cdots,n)$的非线性力采样序列写作

$$p_k = q_1u_k + q_2u_k^3 + q_3\dot{u}_k + e_k,\quad k=1,2,\cdots,n \tag{4-72}$$

在这种情况下，$\dot{u}_k=\dot{u}(t_k)(k=1,2,\cdots,n)$，系统的位移和速度的采样序列可以直接测量得到，也可以通过对加速度采样序列进行积分来获得。式（4-72）对应的矩阵形式为

$$\boldsymbol{Uq}=\boldsymbol{p}-\boldsymbol{e} \tag{4-73}$$

式中，

$$\boldsymbol{U}=\begin{bmatrix} u_1 & u_1^3 & \dot{u}_1 \\ u_2 & u_2^3 & \dot{u}_2 \\ \vdots & \vdots & \vdots \\ u_n & u_n^3 & \dot{u}_n \end{bmatrix},\quad \boldsymbol{p}=\begin{bmatrix} p_1 \\ p_2 \\ \vdots \\ p_n \end{bmatrix},\quad \boldsymbol{e}=\begin{bmatrix} e_1 \\ e_2 \\ \vdots \\ e_n \end{bmatrix} \tag{4-74}$$

显然，式（4-73）表示的是一个关于未知参数向量$\boldsymbol{q}$的线性代数方程组，其解的存在条件是$n\geqslant m=3$。通常情况下，实验设置会满足$n\gg m=3$，因此式（4-73）可能形成一个具有无限多解的矛盾方程组。在这种情况下，方程在最小二乘意义下的解被用来确定最佳拟合解，从而解决这种矛盾。此时

$$\hat{\boldsymbol{q}}=\left(\boldsymbol{U}^{\mathrm{T}}\boldsymbol{U}\right)^{-1}\boldsymbol{U}^{\mathrm{T}}p \tag{4-75}$$

根据数理统计理论，$\hat{\boldsymbol{q}}$是未知参数向量$\boldsymbol{q}$的无偏估计。

2. 非线性参数估计

当未知参数向量$\boldsymbol{q}$与$p\left(u(t),\dot{u}(t),t,\boldsymbol{q}\right)$具有非线性关系时，参数估计问题变得较为复杂。理论上，我们可以通过构造一个优化问题来解决这个难题，从而找到最佳的参数估计结果，如式（4-76）所示。

$$\min_{q\in D}\left\|p\left(u_k,\dot{u}_k,t_k,\boldsymbol{q}\right)-p_k\right\| \tag{4-76}$$

为了在特定参数域中寻找未知参数向量$\boldsymbol{q}$，我们可以运用各种数值优化方法，包括基因算法和模拟退火算法等。这些方法可通过不同的优化策略在参数空间内进行搜索，以找到最合适的参数估计。

由于多变量全局优化技术尚未完全成熟，实践中通常尽量避免处理非线性参数估计问题。实际上，许多非线性参数估计问题可以通过某些技巧和方法转

化为线性参数估计问题，从而简化求解过程。

例如，现有一个带有间隙的振子，其非线性力可以用以下形式表示：

$$p(u,\dot{u},\mathbf{q})=\begin{cases}k_1u+c\dot{u}, & u\leqslant d\\ k_1d+(k_1+k_2)(u-d)+c\dot{u}, & u>d\end{cases} \tag{4-77}$$

式中，待估计参数向量为

$$\boldsymbol{q}=\begin{bmatrix}k_1 & k_2 & c & d\end{bmatrix}^{\mathrm{T}} \tag{4-78}$$

如果直接从式（4–77）对应的采样序列来确定参数$\boldsymbol{q}$，将会遇到非线性参数估计问题。为了解决这一难题，我们可以通过施加足够强的激励使系统产生碰撞振动，并在正向和反向位移的峰值处分别获取采样序列。这样可以将问题转化为线性参数估计问题，从而简化计算过程。此时

$$p_k^-=q_1^-u_k+q_2^-\dot{u}_k+e_k^-,\quad k=1,2,\cdots \tag{4-79a}$$

$$p_k^+=q_1^+u_k+q_2^+\dot{u}_k+q_3^++e_k^+,\quad k=1,2,\cdots \tag{4-79b}$$

通过应用最小二乘解，我们可以获得两个参数估计向量，如式（4–80）所示，这些估计向量是基于最小化误差的标准计算得到的。

$$\hat{\boldsymbol{q}}^-=\begin{bmatrix}\hat{\boldsymbol{q}}_1^- & \hat{\boldsymbol{q}}_2^-\end{bmatrix}^{\mathrm{T}}=\begin{bmatrix}\hat{k}_1 & \hat{c}\end{bmatrix}^{\mathrm{T}},\hat{\boldsymbol{q}}^+=\begin{bmatrix}\hat{\boldsymbol{q}}_1^+ & \hat{\boldsymbol{q}}_2^+ & \hat{\boldsymbol{q}}_3^+\end{bmatrix}^{\mathrm{T}}=\begin{bmatrix}\hat{k}_1+\hat{k}_2 & \hat{c}-\hat{k}_2\hat{d}\end{bmatrix}^{\mathrm{T}} \tag{4-80}$$

由式（4–80）可解出

$$\hat{k}_1=\hat{\boldsymbol{q}}_1^-,\quad \hat{k}_2=\hat{\boldsymbol{q}}_1^+-\hat{\boldsymbol{q}}_1^-,\quad \hat{c}=\hat{\boldsymbol{q}}_2^+,\quad \hat{d}=\frac{\hat{\boldsymbol{q}}_3^+}{\hat{\boldsymbol{q}}_1^--\hat{\boldsymbol{q}}_1^+} \tag{4-81}$$

上述分批辨识参数的方法可以进一步扩展。例如，我们可以将系统中的元件分为耗能类和保守类。具体而言，我们可以分析由以下元件并联组成的系统：线性弹簧、带间隙的弹簧、立方非线性弹簧、理想弹塑性元件、线性阻尼器以及平方非线性阻尼器。这种系统提供的非线性力可以用以下形式表示，用来研究不同类型的元件对系统整体行为的影响。

$$p(u,\dot{u},t)=k_1u+k_2p_1+k_3u^3+k_4p_2+c_1\dot{u}+c_2\dot{u}\,|\,\dot{u}\,| \tag{4-82}$$

式中，

$$p_1=\begin{cases}0, & |\,u\,|\leqslant d\\ u-d\,\mathrm{sgn}(u), & |\,u\,|>d\end{cases}\qquad \mathrm{d}p_2=\begin{cases}\mathrm{d}u, & |p_2|\leqslant b\\ 0, & |p_2|>b\end{cases} \tag{4-83}$$

利用保守元件在相同变形状态下不耗能的特性，我们可以建立一个仅包含

耗能元件参数c_1,c_2,k_4,b的线性识别方程来完成对耗能元件的参数辨识。在此基础上，进一步使用能量积分的方法可以建立一个仅包含保守元件参数k_1,k_3,k_2,d的线性识别方程，从而对保守元件的参数进行辨识。这种方法允许将复杂的系统参数辨识问题分解为两个较为简单的线性问题，逐步完成整体系统的参数估计。

此外，我们还可以对包含非线性参数的项进行多项式逼近，辨识出多项式的系数后，再反演出未知的非线性参数。例如，我们可以使用切比雪夫多项式或傅里叶级数来逼近非线性迟滞力p_2，然后通过最小二乘算法来识别钢丝绳和钢丝网垫隔振器的非线性动力学参数。这样的方法能够有效地将复杂的非线性问题转化为更易处理的线性形式，以便进行参数辨识。

4.3.2　模型辨识

现有以下单自由度非线性系统：

$$\ddot{u}(t)+p(u(t),\dot{u}(t),t)=f(t) \tag{4-84}$$

在这种情况下，非线性力$p\big(u(t),\dot{u}(t),t\big)$的具体形式尚未确定。模型辨识的任务是设计实验，通过实际测得的激励和响应数据来确定函数$p\big(u(t),\dot{u}(t),t\big)$。具体来说，模型辨识需要通过实验获得激励和系统响应的采样序列，以便对未知的非线性力进行建模和分析，从而确定其精确的数学表达式。采样序列如下：

$$t_k,\quad u_k=u(t_k),\quad \dot{u}_k=\dot{u}(t_k),\quad p_k=f(t_k)-\ddot{u}(t_k),\quad k=1,2,\cdots,n \tag{4-85}$$

通常情况下，模型辨识问题没有精确解。解决这一问题的唯一方法是通过在某种函数类或映射类中寻找最佳逼近，以最小化指定范数意义下的误差。在实际操作中，我们可以根据对系统的先验知识选择适当的逼近方法，如使用多项式、正交函数或人工神经网络。为了说明模型辨识的过程，下面以采用切比雪夫多项式为例进行详细说明。通过这种方法，我们可以对未知函数进行有效的逼近和建模。

1. 切比雪夫多项式

闭区间 [-1，1] 上的第r阶切比雪夫多项式定义为

$$T_r(x)\overset{\text{def}}{=}\cos\big(r\cos^{-1}x\big),\quad x\in[-1,1] \tag{4-86}$$

根据这一定义，可以很容易地推导出各阶切比雪夫多项式之间的递推关系：

$$T_0(x)=1,\quad T_1(x)=x,\quad T_{r+1}(x)=2xT_r(x)-T_{r-1}(x),\quad r=1,2,\cdots \tag{4-87}$$

通过进行变量代换$x=\cos\theta$，我们可以证明以下的加权正交关系：

$$\int_{-1}^{1}\frac{T_r(x)T_s(x)}{\sqrt{1-x^2}}\mathrm{d}x=\int_0^{\pi}\cos r\theta\cos s\theta\mathrm{d}\theta=\begin{cases}\pi, & r=s=0\\ \dfrac{\pi}{2}, & r=s\neq 0\\ 0, & r\neq s\end{cases} \tag{4-88}$$

根据函数逼近理论，切比雪夫多项式能够在闭区间 [-1，1] 上逼近任何连续函数$f(x)$，即

$$f(x)=\sum_{r=1}^{+\infty}c_rT_r(x),\quad \forall x\in[-1,1] \tag{4-89}$$

利用加权正交关系式（4-88）可得到

$$\begin{aligned}I_r&=\int_{-1}^{1}\frac{f(x)T_r(x)}{\sqrt{1-x^2}}\mathrm{d}x=\int_0^{\pi}f(\cos\theta)\cos r\theta\mathrm{d}\theta\\&=\sum_{s=1}^{+\infty}c_s\int_0^{\pi}\cos r\theta\cos s\theta\mathrm{d}\theta=c_r\begin{cases}\pi, & r=0\\ \dfrac{\pi}{2}, & r\neq 0\end{cases}\end{aligned} \tag{4-90}$$

如果已知函数$f(x)$的采样序列为$f_k=f(x_k),k=1,2,\cdots,n$，我们可以通过数值方法计算式（4-90）左端的积分I_r，从而解出所需的结果c_r。具体来说，通过对采样数据进行积分运算，我们可以得到函数的相关值或参数，进而完成对问题的求解。

对于二元函数，类似地有

$$f(x,y)=\sum_{r=1}^{+\infty}\sum_{s=1}^{+\infty}c_{rs}T_r(x)T_s(y),\quad \forall(x,y)\in[-1,1]\times[-1,1] \tag{4-91}$$

且式中的系数c_{rs}可由下式确定：

$$\begin{aligned}I_{rs}&=\int_{-1}^{1}\int_{-1}^{1}\frac{f(x,y)T_r(x)T_s(y)}{\sqrt{1-x^2}\sqrt{1-y^2}}\mathrm{d}x\mathrm{d}y=\int_0^{\pi}\int_0^{\pi}f(\cos\varphi,\cos\theta)\cos r\varphi\cos s\theta\mathrm{d}\varphi\mathrm{d}\theta\\&=c_{rs}\begin{cases}\dfrac{\pi^2}{2}, & r=s=0\\ \dfrac{\pi^2}{2}, & rs=0,r^2+s^2\neq 0\\ \dfrac{\pi^2}{4}, & rs\neq 0\end{cases}\end{aligned} \tag{4-92}$$

2. 辨识方法

为了便于叙述，下面以一个特定$p(u,\dot{u})$的辨识问题为例进行分析。在使用切比雪夫多项式进行逼近之前，我们需要先将测得的系统状态归一化到闭区间[-1，1]上。这一过程涉及引入新的状态变量采样序列，从而将原始数据转换到适合切比雪夫多项式逼近的范围内，如式（4-93）所示。

$$\begin{cases} x_k = \dfrac{2u_k - (u_{\min} + u_{\max})}{u_{\max} - u_{\min}}, \\ y_k = \dfrac{2\dot{u}_k - (\dot{u}_{\min} + \dot{u}_{\max})}{\dot{u}_{\max} - \dot{u}_{\min}} \end{cases} \quad k = 1, 2, \cdots \tag{4-93}$$

在这种情况下，二维非线性力的采样序列可以被近似为以下形式：

$$p(u_k, \dot{u}_k) = \tilde{p}(x_k, y_k) \approx \sum_{r=1}^{m} \sum_{s=1}^{n} c_{rs} T_r(x_k) T_s(y_k) \tag{4-94}$$

式中，截断阶次n和m是根据$p(u_k,\dot{u}_k)$的波动情况选择的，通常取值为3~5。显然，只要确定了式（4-94）中的未知系数，我们就能够得到所需的二维非线性力的逼近。通过这种方式，我们可以有效地对二维非线性力进行建模和近似，即

$$p(u,\dot{u}) \approx \sum_{r=1}^{m} \sum_{s=1}^{n} c_{rs} T_r\left(\frac{2u - u_{\min} - u_{\max}}{u_{\max} - u_{\min}}\right) T_s\left(\frac{2\dot{u} - \dot{u}_{\min} - \dot{u}_{\max}}{\dot{u}_{\max} - \dot{u}_{\min}}\right) \tag{4-95}$$

确定系数c_{rs}的方法有以下两种。

（1）利用最小二乘法确定c_{rs}。由于式（4-94）关于未知参数c_{rs}是线性的，因此我们可以利用4.3.1中介绍的最小二乘方法进行参数估计。这种方法相对简单，但当参数的乘积mn较大时，可能会导致病态估计的问题。病态估计会使参数估计不稳定或不准确，因此在处理时需要特别注意可能出现的数值问题，以确保最终结果的可靠性。

（2）通过计算式（4-92）中的积分I_{rs}来确定c_{rs}。I_{rs}的数值近似为

$$\begin{aligned} I_{rs} &= \int_0^{\pi} \tilde{p}(\cos\varphi, \cos\theta) \cos r\varphi \cos s\theta \mathrm{d}\varphi \mathrm{d}\theta \\ &\approx \sum_{i=0}^{M} \sum_{j=0}^{n} \tilde{p}(\cos(ir\Delta\varphi), \cos(js\Delta\theta)) \cos(ir\Delta\varphi) \cos(js\Delta\theta) \Delta\varphi \Delta\theta \end{aligned} \tag{4-96}$$

式中，$\Delta\varphi = \dfrac{\pi}{M}$，$\Delta\theta = \dfrac{\pi}{n}$，$M$和$n$是沿$u$和$\dot{u}$方向所取的数值积分步数。显然，测

量到的$p(u_k,\dot{u}_k)$并不与式（4–96）中的$\tilde{p}\big(\cos(ir\Delta\phi),\cos(js\Delta\theta)\big)$重合。因此，计算上述积分时要通过对$p(u_k,\dot{u}_k)$进行插值获得$\tilde{p}\big(\cos(ir\Delta\phi),\cos(js\Delta\theta)\big)$。出于这种考虑，实验时应采用随机激励，以求获得区域$[u_{\min},\ u_{\max}]\times[\dot{u}_{\min},\ \dot{u}_{\max}]$上尽可能均匀的测量值$p(u_k,\dot{u}_k)$。

4.3.3　模型的可靠性

实验建模的可靠性至关重要。下面总结和归纳了一些在实验建模中提升模型可靠性的方法。

1. 充分利用先验信息

实验建模的研究对象主要是工程中的非线性动力系统，其中许多系统是人工设计的。在建模之前，通常会有一些先验信息可供利用。充分运用这些先验信息可以将黑箱问题转变为灰箱问题，从而减少建模过程中的盲目性。这种方法不仅有助于提高模型的可靠性，还能显著提升模型的精度，使建模结果更加准确和有效。具体措施如下。

（1）非线性系统通常有多种平衡态和稳态运动，如果已知系统的工作范围，那么我们可以在建模实验中选择合适的激励，使系统尽可能接近实际工作状态。这样，通过实测数据建立的模型就能够更准确地反映系统在实际运行中的动力学行为。

（2）不同的动力系统在建模时可能有不同的目的，因此所建立的模型也会有所不同。以系统的动力学分析为例，它只需确保模型能够有效反映系统的主要动力学特性即可。在建模过程中，我们应在允许的条件下忽略次要项，特别是那些具有很小系数的高阶非线性项。因为这些次要项在实验中的贡献通常非常微弱，且很难准确辨识，所以它们对主要分析结果的影响较小。

（3）在进行非线性力建模时，我们应先观察实验数据。这通常可以通过分析位移与非线性力之间的关系，或者速度与非线性力之间的关系来评估非线性的强度，以及系统是否存在间隙、干摩擦等典型的非线性因素。对于大多数工程问题，这种初步观察可以将建模问题简化为参数估计问题，从而更有效地进行建模和分析。

（4）通常情况下，模型中的未知参数越多，参数估计越容易出现病态解。因此，我们可以先通过静态测量获取系统的质量、间隙等参数作为先验信息，从而减少动力学模型中需要确定的未知参数，以降低病态解的风险并提高模型的稳定性和准确性。

2. 尽可能提高测试数据的信噪比

采样数据中的测试误差会显著影响建模结果。为了减少这种影响，我们需要尽量提高数据的信噪比，以确保数据的准确性和可靠性，从而获得更可靠的建模结果。具体措施如下。

（1）直接测量位移、速度和加速度的采样序列。这种直接测量的数据可以提供更高的准确性和可靠性，避免通过间接方法计算引入的误差。

（2）尽量避免使用数值微分方法来由位移计算速度，或由速度计算加速度，因为这可能引入额外的误差，直接测量这些数据更为准确。

（3）如果因传感器类型限制需要通过加速度积分来获得速度，或通过速度积分来获得位移，那么在选择采样频率（间隔）时应考虑数值积分的精度。同时，应使用数字滤波器来消除因数值积分引起的零漂和趋势项，以提高数据的准确性。

（4）由于测量仪器和采样系统的误差与待建模的系统无关，因此在系统处于共振状态时，所测得的响应数据通常具有较高的信噪比。因此，我们在实验中，应尽量使系统处于某种共振状态。如果实验中使用宽频带激励，我们可以将采样序列转换到频域，在共振频带内的数据通常会有较高的信噪比。这种方法为非线性系统建模引入了频域分析技术，以提高建模的准确性和可靠性。

3. 对模型进行检验

为了保证所建立模型的可靠性，我们必须对模型进行一系列必要的检验。这些检验可以帮助验证模型的准确性、稳定性和实际表现情况，以确保模型能够在实际应用中有效地反映系统的特性。在对模型进行检验时，我们需要分析不同模型阶次对识别结果的影响，评估模型复杂度对识别准确性的影响，以确定最合适的阶次，从而优化模型的表现水平和可靠性。通过改变激励的幅值或频率进行重复实验，我们可以检验结果的稳定性和一致性，以验证模型在不同激励条件下的可靠性和准确性。

课后练习

1. 以下哪一项是非线性动力系统建模的特点？（　）

A. 系统方程中只包含线性项　　　B. 系统的响应可以通过叠加原理预测

C. 系统可能包含幂次项、指数项或乘积项　　D. 系统的行为完全可预测

2. 在物理系统的建模过程中，以下哪种现象最有可能引入非线性项？（　）

A. 弹性小位移　　　B. 电路中的小信号分析

C. 大振幅的机械振动　　D. 恒温条件下的化学反应

3. 在非线性动力系统的建模过程中，常见的非线性形式有哪些？请列举至少三种，并解释其物理意义和在实际系统中出现的原因。

第 5 章　非线性动力系统的定性分析方法

非线性振动的定性分析方法通过从运动微分方程出发，直接研究解的性质来判断系统的运动状态。这种分析主要用于研究振动系统可能发生的稳态运动（如平衡状态或周期运动），并分析这些稳态运动在初始扰动下的稳定性。在工程应用中，稳态运动通常表示机械系统的正常工作状态，这种状态必须是稳定的。李雅普诺夫稳定性理论提供了研究运动稳定性的理论基础，本章将首先介绍与李雅普诺夫稳定性理论相关的基本概念，以便深入理解稳定性的分析方法。

相平面法是一种直观的定性分析方法，专门用于单自由度系统。它通过描绘相轨迹来描述系统的运动状态，其中相轨迹的奇点和极限环分别代表系统的平衡状态和周期运动。通过分析这些奇点和极限环的类型，我们可以评估平衡状态和周期运动的稳定性，并预测系统在扰动下的振动特性。系统的平衡状态或周期运动的数量和稳定性可能会随着系统参数的变化而突然发生变化，这种现象被称为分岔现象。

5.1　稳定性理论

5.1.1　稳态运动和扰动方程

能产生振动的机械系统被称为振动系统，也可称为动力学系统，简称系统。使用理论力学的知识可以为多个自由度的系统建立动力学微分方程。首先，通过选择广义坐标q_j（j=1，2，…，n）来确定系统的位形。广义坐标与对应的广义速度q_j（j=1，2，…，n）共同构成了 $2n$ 个状态变量，记作y_j（j=1，2，…，

$2n$）。因此，动力学方程可以表示为一组以这些状态变量y_j（$j=1$，2，…，$2n$）为未知数的一阶常微分方程组，其一般形式为

$$\dot{y}_j = Y_j\left(y_1, y_2, \cdots, y_{2n}, t\right) \quad (j=1,2,\cdots,2n) \tag{5-1}$$

式中，$2n$ 个状态变量的微分方程组被称为系统的状态方程。基于状态变量建立的抽象 $2n$ 维空间R_1^n被称为状态空间或相空间。在相空间中，每个点对应于状态变量的一个特定值组，称为相点。随着时间的推移，相点在相空间中的位置不断变化，描绘出的曲线称为相轨迹，这些轨迹由状态方程的解所确定。对于单自由度振动系统的特殊情况，相空间退化为二维的相平面，在这种情况下，相轨迹表现为平面曲线。

引入n维列阵$\boldsymbol{y}=\left(y_j\right)$和$\boldsymbol{Y}=\left(Y_j\right)$，则式（5–1）也可写为矩阵形式：

$$\dot{\boldsymbol{y}} = \boldsymbol{Y}(\boldsymbol{y}, t) \tag{5-2}$$

式（5–2）满足解的存在与唯一性条件。如果式（5–2）存在特解$y = y_s(t)$，那么该特解必须满足特定的条件，即

$$\dot{y}_s = \boldsymbol{Y}\left(\boldsymbol{y}_s, t\right) \tag{5-3}$$

该特解描述了系统的某种特定运动，这种运动在实践中对应于系统的某种正常状态，如平衡状态或周期运动。这种特定的运动被称为系统的未受干扰的运动，简称未扰运动或稳态运动。只要系统的状态变量初始值符合稳态运动的条件$y\left(t_0\right) = y_s\left(t_0\right)$，该运动就会稳定地存在。如果状态变量的初始值偏离稳态运动，那么系统的运动将偏离原有的稳态运动，这种偏离称为受扰运动。受扰运动与未扰运动虽然都由相同的动力学方程描述，但它们的初始条件不同。为了分析这种偏离，我们通常将受扰运动与未扰运动之间的差异作为新的变量进行研究，即

$$x(t) = y(t) - y_s(t) \tag{5-4}$$

$x(t)$被称为扰动，其初始值$x(0)$为初扰动。将式（5–1）与式（5–3）相减，可以得到一个微分方程，该方程可用于确定扰动的规律。因此，扰动方程为

$$\dot{x} = X(x, t) \tag{5-5}$$

式中，

$$X(x,t)=Y\left(y_s+x,t\right)-Y\left(y_s,t\right) \tag{5-6}$$

因此，系统的未扰运动与扰动方程的零解$x(t)\equiv 0$完全等价。在相空间中，零解所对应的点被称为平衡点。

5.1.2 李雅普诺夫稳定性定义

在工程实际问题中，工程师通常需要判断系统的某种稳态运动是否稳定，即在状态变量受到微小初扰动后，受扰运动是否仍然接近未扰运动。如果未扰运动与扰动方程的零解等价，那么稳定性问题可以转化为分析式（5–6）的零解的稳定性。李雅普诺夫在 1892 年首次给出了稳定性概念的严格定义，为稳定性分析提供了理论基础。

定义一：若给定任意小的正数ε，存在正数δ，对于一切受扰运动，只要其初扰动满足$\left\|x\left(t_0\right)\right\|\leqslant\delta$，对于所有$t>t_0$，均有$\left\|x(t)\right\|<\varepsilon$，则称未扰运动$y_s(t)$是稳定的。

此稳定性定义的几何解释是，在相空间内以零点为中心作$\|x\|=\varepsilon$的球面S_ε和$\|x\|=\delta$的球面S_δ，从S_δ内出发的每一条相轨迹将永远限制在S_ε以内（图 5–1 曲线a）。

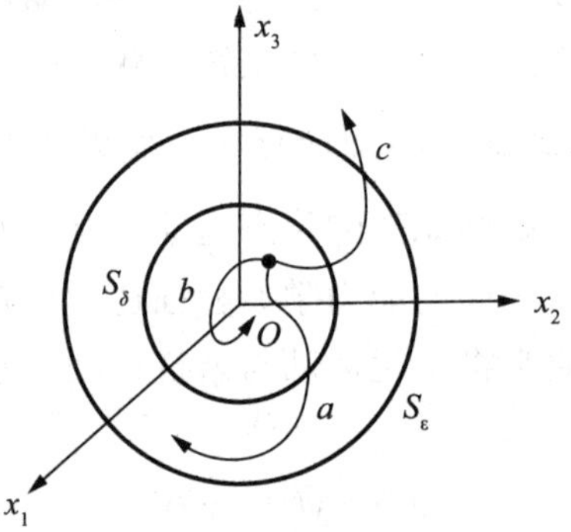

图 5–1　稳定性的几何解释

定义二：若未扰运动稳定，且当$t\to\infty$时均有$\left\|x(t)\right\|\to 0$，则称未扰运动$y_s(t)$是渐近稳定的。

渐近稳定的几何解释是，相空间内从S_δ内出发的每一条相轨迹都渐近地向原点趋近（图 5-1 曲线 b）。

定义三：若存在正数ε_0，对任意δ，存在受扰运动$y(t)$，当其初扰动满足$\|x(t_0)\|\leqslant\delta$时，存在时刻$t_1>t_0$，满足$\|x(t)\|=\varepsilon_0$，则称未扰运动$y_s(t)$是不稳定的。

不稳定的几何解释是，无论相空间内的S_δ有多小，总有一条从S_δ内出发的相轨迹最终到达S_ε的边界（图 5-1 曲线 c）。

5.1.3　李雅普诺夫直接方法

李雅普诺夫直接方法是研究运动稳定性的一个重要工具。该方法不需要对扰动方程进行求解，而是通过构造具有特定性质的李雅普诺夫函数来分析系统的稳定性。通过将李雅普诺夫函数与扰动方程联系起来，我们可以估计受扰运动的趋向，从而判断未扰运动的稳定性。对于扰动方程式（5-5），若其右端不显含时间，则称该振动系统为自治系统；若右端显含时间，则为非自治系统。本节仅讨论自治系统，并将扰动方程表述为

$$\dot{x}=X(x) \tag{5-7}$$

李雅普诺夫直接方法的理论基础由以下三个定理组成。

定理一：若能构造可微正定函数$V(x)$，使沿扰动方程式（5-7）解曲线计算的全导数$\dot{V}$为半负定或等于零，则系统的未扰运动稳定。

定理二：若能构造可微正定函数$V(x)$，使沿扰动方程式（5-7）解曲线计算的全导数$\dot{V}$为负定，则系统的未扰运动渐近稳定。

定理三：若能构造可微正定、半正定或不定函数$V(x)$，使沿扰动方程式（5-7）解曲线计算的全导数$\dot{V}$为正定，则系统的未扰运动不稳定。

我们可采用几何方法对以上定理作不严格但直观的证明。设扰动变量为二维，即$x=(x_1,\ x_2)$。在$(x_1,\ x_2,\ V)$三维空间内作正定的函数曲面Σ，此曲面在原点处与$(x_1,\ x_2)$平面相切。以原点为中心，在$(x_1,\ x_2)$相平面内作半径为ε的圆S_ε。过S_ε作柱面与Σ交于S_1，过S_1曲线的最低点作平面 V=const 与Σ相交于S_2，S_2在相

平面上的投影S_3是与S_ε相切的闭曲线，选择此闭曲线的内切圆为S_δ（图 5-2）。若V沿扰动方程式（5-7）解曲线计算的全导数$\dot{V}$为半负定或等于零，则从S_δ内出发的任意相点P在Σ上的对应点P'的运动不可能上行，而是局限于S_2曲线的下方，因此从S_δ内出发的每一条扰动方程相轨迹均不能越出S_ε，根据李雅普诺夫稳定性定义一可知，未扰运动稳定。若$\dot{V}$为负定，则P'的运动必沿Σ曲面下行至最低点，相平面内相应的P点向原点趋近，根据李雅普诺夫稳定性定义二可知，未扰运动渐近稳定。若V不定而$\dot{V}$为正定，则在$V>0$区域内出发的P'的运动必沿Σ曲面上行，相平面内的点P相应地不断远离原点而达到任意指定的S_ε的边界（图 5-3），根据李雅普诺夫稳定性定义三可知，未扰运动不稳定。

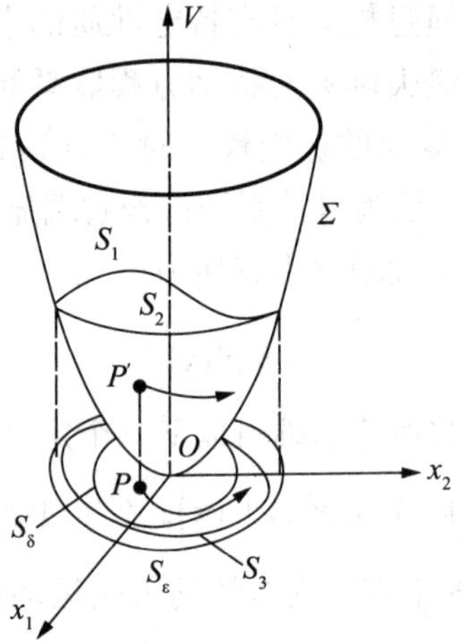

图 5-2　李雅普诺夫直接方法定理一和定理二的几何解释

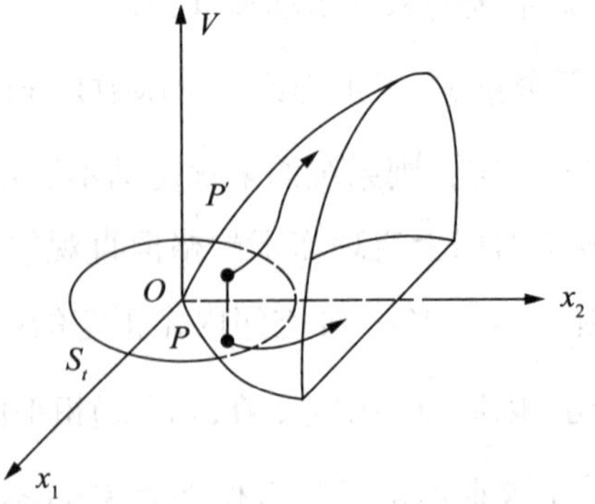

图 5-3　李雅普诺夫直接方法定理三的几何解释

作用力仅与位置有关的系统被称为保守系统。应用李雅普诺夫直接方法来分析保守系统的平衡稳定性时，我们可以选择总机械能$T+V$作为李雅普诺夫函数。由于保守系统的机械能守恒，任何扰动运动的总机械能$T+V$保持不变，因此其在扰动方程解曲线上的全导数为零。对于任何定常约束的系统，其动能T都是广义速度的正定函数。将平衡位置设置为势能的零点时，势能V在平衡位置会取到极小值，并且势能是广义坐标的正定二次型。因此，总机械能是包含坐标和速度的正定函数。根据李雅普诺夫定理可知，平衡位置是稳定的。这就证明了判断保守系统平衡稳定性的拉格朗日定理：如果保守系统的势能在平衡状态处存在孤立极小值，那么该平衡状态是稳定的。这意味着，在平衡状态附近的扰动会使系统的势能增加，从而促使系统回到平衡状态，表明系统具有稳定性。

例 5–1 使用李雅普诺夫直接方法来评估式（5–8a）所示系统的零解稳定性，以确定未扰运动的稳定性情况。

$$\begin{cases}\dot{x}_1 = x_2 + x_1 x_2^2 \\ \dot{x}_2 = -x_1 - x_1^2 x_2\end{cases} \tag{5–8a}$$

解：选择正定的李雅普诺夫函数

$$V(x_1, x_2) = x_1^2 + x_2^2 \tag{5–8b}$$

计算V沿式（5–8a）解曲线的全导数，得到

$$\dot{V} = \frac{\partial V}{\partial x_1}\dot{x}_1 + \frac{\partial V}{\partial x_2}\dot{x}_2 = 2x_1\left(x_2 + x_1 x_2^2\right) + 2x_2\left(-x_1 - x_1^2 x_2\right) = 0 \tag{5–8c}$$

由于$\dot{V}$等于零，因此系统的未扰运动为稳定。

例 5–2 用李雅普诺夫直接方法判断式（5–9a）所示系统未扰运动的稳定性。

$$\begin{cases}\dot{x}_1 = x_2 - x_1\left(x_1^2 + x_2^2\right) \\ \dot{x}_2 = -x_1 - x_2\left(x_1^2 + x_2^2\right)\end{cases} \tag{5–9a}$$

解：选择正定的李雅普诺夫函数

$$V(x_1, x_2) = x_1^2 + x_2^2 \tag{5–9b}$$

计算 V 沿式（5–9a）解曲线的全导数，得到该导数的表达式为

$$\dot{V}=\frac{\partial V}{\partial x_1}\dot{x}_1+\frac{\partial V}{\partial x_2}\dot{x}_2=2x_1\left[x_2-x_1\left(x_1^2+x_2^2\right)\right]+2x_2\left[-x_1-x_2\left(x_1^2+x_2^2\right)\right]$$
$$=-2\left(x_1^2+x_2^2\right)^2 \tag{5-9c}$$

由于函数$\dot{V}$是负定的，因此系统的未扰运动是渐近稳定的，即系统的运动会逐渐回到平衡状态。

例 5-3 用李雅普诺夫直接方法判断式（5-10a）所示系统未扰运动的稳定性。

$$\begin{cases}\dot{x}_1=a^2x_1+x_1x_2\\ \dot{x}_2=-b^2x_2+x_1^2\end{cases} \tag{5-10a}$$

解：选择不定的李雅普诺夫函数

$$V\left(x_1,x_2\right)=x_1^2-x_2^2 \tag{5-10b}$$

计算V沿式（5-10a）解曲线的全导数，得到

$$\dot{V}=\frac{\partial V}{\partial x_1}\dot{x}_1+\frac{\partial V}{\partial x_2}\dot{x}_2=2x_1\left(a^2x_1+x_1x_2\right)-2x_2\left(-b^2x_2+x_1^2\right)=2\left(a^2x_1^2+b^2x_2^2\right) \tag{5-10c}$$

由于$\dot{V}$为正定，因此系统的未扰运动为不稳定。

5.1.4 线性系统的稳定性准则

由于线性常系数常微分方程组的数学理论已经非常成熟，因此在工程实践中，工程师常常使用近似的线性系统来替代复杂的非线性系统。这种处理方法可以简化问题的分析和计算。对于包含 n 个状态变量的自治系统，其动力学方程通常具有一种普遍形式，如式（5-11）所示，这种形式可以被广泛应用于非线性系统的线性化分析。

$$\dot{x}_j=X_j\left(x_1,x_2,\cdots,x_n\right)\quad(j=1,2,\cdots,n) \tag{5-11}$$

式（5-11）也可改写为矩阵形式：

$$\dot{x}=\boldsymbol{X}\boldsymbol{x} \tag{5-12}$$

式中，n维列阵$\boldsymbol{x}$表示稳态运动的扰动，函数列阵$\boldsymbol{X}$则不显含时间t。当扰动足够微小时，我们可以将扰动方程式（5-12）的右边展开为泰勒级数，并忽略二次

以上的项。这种展开方法将非线性方程组近似为一个线性方程组，即原系统的一阶近似方程。这种线性化处理有助于简化对系统稳定性的分析。此时

$$\dot{\boldsymbol{x}} = \boldsymbol{A}\boldsymbol{x} \tag{5-13}$$

式中，$n \times n$型系数矩阵$\boldsymbol{A}$为$x=0$处函数$\boldsymbol{X}$相对变量x的雅可比矩阵，表示在某个点处，函数对变量的偏导数，即

$$a_{ij} = \left.\frac{\partial X_i}{\partial x_j}\right|_{x=0} \quad (i,j=1,2,\cdots,n) \tag{5-14}$$

设方程（5–12）的解为

$$\boldsymbol{x} = \boldsymbol{B}\mathrm{e}^{\lambda t} \tag{5-15}$$

式中，$\boldsymbol{B}$为n维常值矩阵。将式（5–15）代入式（5–13），得到

$$(\boldsymbol{A}-\lambda\boldsymbol{E})\boldsymbol{B}=\boldsymbol{0} \tag{5-16}$$

矩阵$\boldsymbol{B}$存在非零解的充要条件是其系数行列式等于零，此时有

$$|\boldsymbol{A}-\lambda\boldsymbol{E}|=0 \tag{5-17}$$

把式（5–16）展开以后，得到λ的n次方程，也就是矩阵$\boldsymbol{A}$的本征方程。设一共有m个不同的本征值，分别为λ_1，$\lambda_2,\cdots$，λ_m，每个根的重数分别表示为$n_1,n_2,\cdots$，n_m，因此有$n_1+n_2+\cdots+n_m=n$。

对式（5–17）作非奇异变换可得

$$\boldsymbol{x}=\boldsymbol{T}\boldsymbol{y} \tag{5-18}$$

将式（5–18）代入式（5–13），并左乘$\boldsymbol{T}^{-1}$，可得柯西正则型方程：

$$\dot{\boldsymbol{y}}=\boldsymbol{J}\boldsymbol{y},\quad \boldsymbol{J}=\boldsymbol{T}^{-1}\boldsymbol{A}\boldsymbol{T} \tag{5-19}$$

式中，$\boldsymbol{y}$为变换后的状态变量。通过适当选择$\boldsymbol{T}$变换，我们可以将状态变量转换为$\boldsymbol{J}$标准型，使变换后的矩阵成为对角型分块矩阵，即由子矩阵$\boldsymbol{J}_k\left(k=1,2,\cdots,m\right)$排成的对角型分块矩阵：

$$\boldsymbol{J}=\begin{pmatrix} \boldsymbol{J}_1 & & \boldsymbol{0} \\ & \boldsymbol{J}_2 & \\ & & \ddots & \\ \boldsymbol{0} & & & \boldsymbol{J}_k \end{pmatrix} \tag{5-20}$$

$n_k \times n_k$型子矩阵$\boldsymbol{J}_k\left(k=1,2,\cdots,m\right)$为与各本征值$\lambda_k$对应的若尔当矩阵，该矩

阵对角线上所有元素均为特定的常数λ_k，而左下方的次对角线上的所有元素均为1，其余位置上的元素全为零，如式（5–21）所示。这种矩阵形式简化了矩阵的结构，便于进行各种数学分析和计算。

$$
\boldsymbol{J}_k=\begin{pmatrix} \lambda_k & 0 & \cdots & 0 & 0 \\ 1 & \lambda_k & \cdots & 0 & 0 \\ 0 & 1 & \ddots & 0 & 0 \\ \vdots & \vdots & \ddots & \vdots & \vdots \\ 0 & 0 & \cdots & 1 & \lambda_k \end{pmatrix} \quad (k=1,2,\cdots,m) \tag{5–21}
$$

由于相似变换保留了矩阵的特征值，因此矩阵$\boldsymbol{J}$和$\boldsymbol{A}$作相似变换后的矩阵具有相同的特征值，以下是几种可能的情况。

第一，设$\boldsymbol{A}$有n个不同的单根，$\boldsymbol{J}$为对角阵，则式（5–13）有基本解：

$$
x_j=\mathrm{e}^{\lambda_j t} \quad (j=1,2,\cdots,n) \tag{5–22}
$$

方程（5–13）的通解可由基本解（5–22）的线性组合构成。

第二，设$\boldsymbol{A}$有重本征值λ_k，重数为n_k，则式（5–13）的基本解为

$$
x_k=f_k(t)\mathrm{e}^{\lambda_k t} \tag{5–23}
$$

式中，$f_k(t)$为t的（n_k-1）次代数多项式。

线性方程组式（5–13）零解的稳定性依赖于本征值的实部符号。根据这一分析，我们可以总结出以下定理。

定理一：若所有本征值的实部均为负，则线性方程的零解渐近稳定。

定理二：若至少有一本征值的实部为正，则线性方程的零解不稳定。具有正实部本征值的数目称为不稳定度。

定理三：若存在零实部的本征值，其余根的实部为负，且零实部根为单根，则线性方程的零解稳定，但非渐近稳定。若为重根，则零解不稳定。

5.1.5 李雅普诺夫一次近似理论

在推导线性方程式（5–13）的过程中，由于忽略了高次项，这些方程与原方程式（5–12）已完全不同。因此，稳定性准则只能应用于一次近似方程。李雅普诺夫证明，在特定条件下，可以通过一次近似方程的稳定性来推断原方程的稳定性。下面是李雅普诺夫一次近似理论的相关定理。

定理一：若一次近似方程的所有本征值实部均为负，则原方程的零解渐近稳定。

定理二：若一次近似方程至少有一本征值实部为正，则原方程的零解不稳定。

定理三：若一次近似方程存在零实部的本征值，其余根的实部为负，则不能判断原方程的零解的稳定性。

例 5-4　对带有阻尼的单摆的平衡状态进行稳定性分析，以确定该系统在平衡位置的稳定性。

解：假设单摆的质量为 m、摆长为 l、黏性阻尼系数为 c、偏角为 φ（如图 5-4 所示），则其动力学方程为

$$ml^2\ddot{\varphi}+c\dot{\varphi}+mgl\sin\varphi=0 \tag{5-24}$$

或

$$\ddot{\varphi}+2\zeta\omega_0\dot{\varphi}+\omega_0^2\sin\varphi=0 \tag{5-25a}$$

式中，$2\zeta\omega_0=\dfrac{c}{ml^2}$，$\omega_0^2=\dfrac{g}{l}$。式（5-25a）的一次近似方程为

$$\ddot{\varphi}+2\zeta\omega_0\dot{\varphi}+\omega_0^2\varphi=0 \tag{5-25b}$$

此线性系统的本征方程和本征值为

$$\lambda^2+2\zeta\omega_0\lambda+\omega_0^2=0,\lambda_{1,2}=\omega_0\left(-\zeta\pm\sqrt{\zeta^2-1}\right) \tag{5-25c}$$

在所有情况下，本征值的实部都为负，这使线性方程式（5-25b）的零解渐近稳定。根据李雅普诺夫一次近似理论的定理一，原非线性系统的零解同样是渐近稳定的。因此，带阻尼单摆的平衡状态是渐近稳定的。

若单摆无阻尼，可令 $\zeta=0$，则本征值为纯虚根，即

$$\lambda_{1,2}=\pm\mathrm{i}\omega_0 \tag{5-25d}$$

虽然线性方程式（5-25b）的零解稳定，但根据李雅普诺夫一次近似理论的定理三，无法仅凭此来判断原非线性方程的零解稳定性。

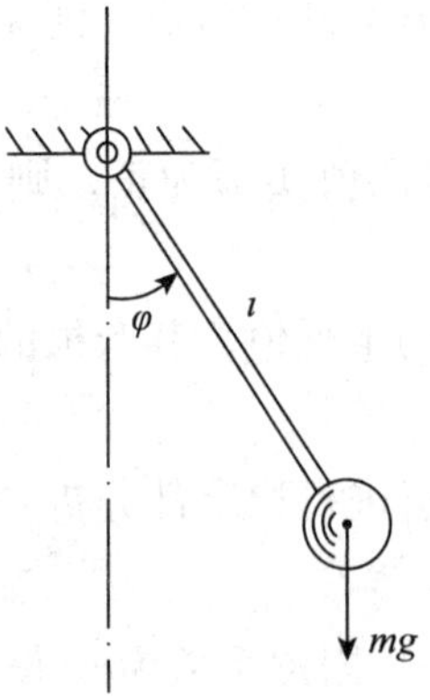

图 5-4　单摆

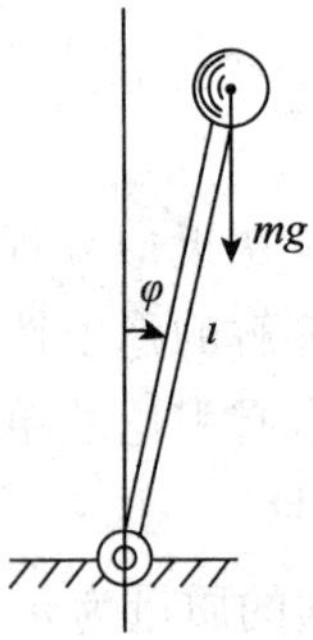

图 5-5　倒置的单摆

例 5-5　分析例 5-4 的单摆倒立平衡的稳定性。

解：如图 5-5 所示，倒置单摆的动力学方程为

$$\ddot{\varphi}+2\zeta\omega_0\dot{\varphi}-\omega_0^2\sin\varphi=0 \tag{5-26a}$$

式（5-26a）的一次近似方程的本征方程和本征值为

$$\lambda^2+2\zeta\omega_0\lambda-\omega_0^2=0，\ \lambda_{1,2}=\omega_0\left(-\zeta\pm\sqrt{\zeta^2+1}\right) \tag{5-26b}$$

由于本征值具有正实部，根据李雅普诺夫一次近似理论的定理二，原方程的零解以及一次近似方程的零解均不稳定，因此倒置单摆的平衡是不稳定的。

5.1.6　吸引性、吸引子和吸引盆

李雅普诺夫稳定性描述了振动系统的长期运动状态。吸引性是振动系统长期运动状态的另一种描述。考虑一般非自治系统的情形，设式（5-2）存在特解$y=y_s(t)$满足式（5-3），相应的扰动方程为式（5-5）。

若给定任意小的正数ε，对所有初值t_0和一切初扰动满足$\|x(t_0)\|\leqslant\delta$的受扰运动，存在与$\varepsilon$、$t_0$和$x(t_0)$有关的数$T$，使当$t>T$时有$\|x(t)\|<\varepsilon$，则称未扰运动$y_s(t)$具有吸引性。若$\delta$可取任意大，则未扰运动的吸引性是全局的。

根据定义，当未扰运动具有吸引性时，扰动$x(t)$在$t\to\infty$时都能趋近于$\|x(t)\|\to 0$的平衡状态。因此，我们可以认为，李雅普诺夫意义下的渐近稳定性包含了李雅普诺夫意义下的稳定性和吸引性。尽管渐近稳定运动同时具备稳定

性和吸引性，但这两者是不同的概念。一个未扰运动即使不是渐近稳定的，也可以不具备吸引性；具有吸引性的稳态运动也未必具有稳定性。

在相空间中，一个闭集 A 若满足以下条件，则称为吸引集：第一，以 A 中的任意点为初始条件的相轨迹始终位于 A 内；第二，对于 A 的任意邻域 U，以 U 中的任意点为初始条件的相轨迹，经过足够长时间后将逐渐接近 A。然而，吸引集通常不是最基本的吸引集合，它可以被进一步细分，那些不能进一步分解的吸引集被称为吸引子。在系统的演化过程中，吸引子上的任意点将逐渐接近该吸引子上的其他点。吸引子的常见例子是渐近稳定的平衡点，但也存在其他类型的吸引子。对于复杂的吸引子，验证其能否进一步分解常常十分困难，一些文献经常将吸引集视为吸引子的特例，尽管从严格的角度来看，吸引集和吸引子是不同的概念。

吸引性和吸引集都是局部概念，在实际应用中，常常需要确定吸引范围。全局吸引性能够确保吸引范围覆盖整个相空间，但在许多情况下，人们只需关注特定扰动范围内的未扰运动的吸引性。换言之，虽然全局吸引性提供了对整个系统状态的保证，但在实际问题中人们通常会专注于特定扰动条件下的行为，以便更精确地理解和控制系统的动态特性。为此，人们引入了吸引盆的概念。若相空间中存在点y_0使当$t \to \infty$时从y_0出发的相轨迹趋于吸引集A，则点y_0的全体称为吸引集A的吸引盆，也称吸引域。吸引盆是指从其中出发的相轨迹可以渐近趋近于某个吸引集的点集。根据微分方程解对初值的连续依赖性可知，吸引盆是非空的开集。此外，由于微分方程解的唯一性，不同的吸引集的吸引盆是互不相交的。

借助李雅普诺夫函数，我们可以在一定条件下估计或确定系统的吸引盆。对于低维系统，我们可以使用数值方法来具体确定这些吸引盆的范围。

例 5–6　估计非线性系统

$$\begin{cases}\dot{x}_1 = x_2 + x_1\left(x_1^2 + x_2^2 - r^2\right)\\ \dot{x}_2 = -x_1 + x_2\left(x_1^2 + x_2^2 - r^2\right)\end{cases} \tag{5-27a}$$

零点的吸引盆。

解：选择李雅普诺夫函数为

$$V\left(x_1, x_2\right) = x_1^2 + x_2^2 \tag{5-27b}$$

计算V沿式（5–27a）解曲线的全导数，得到

$$\dot{V}(x_1,x_2)=-2(x_1^2+x_2^2)\left[r^2-(x_1^2+x_2^2)\right] \tag{5-27c}$$

只有 $x_1^2+x_2^2<r^2$ 时，才有 $\dot{V}<0$。因此，原点的吸引盆包含开圆域 $\left\{(x_1,x_2)\in \boldsymbol{R}^2 \middle| x_1^2+x_2^2<r^2\right\}$。

例 5-7 估计阻尼非线性自由振动系统

$$\ddot{x}+c\dot{x}-x+x^3=0 \quad (c>0) \tag{5-28}$$

的吸引盆边界。

解：在相平面 $(x,\dot{x})$ 上，系统的吸引子是渐近稳定平衡点 $S_1(1,0)$ 和 $S_2(-1,0)$，不同的初始条件最终会被吸引到两个平衡点中的一个，用数值方法得到吸引盆及其边界如图 5-6 所示，阴影区域为 S_1 的吸引盆，空白区域为 S_2 的吸引盆，二者之间为吸引盆边界。

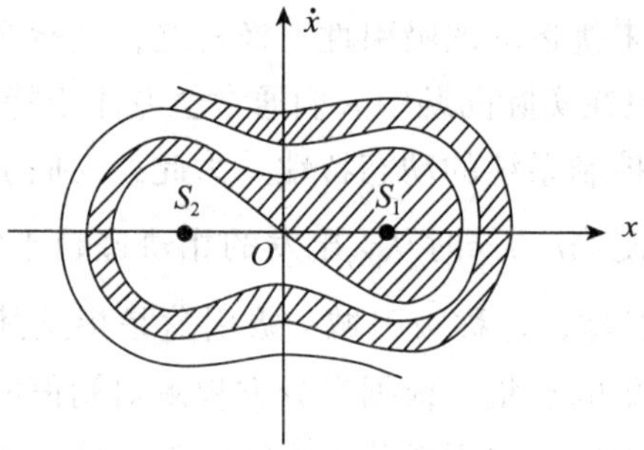

图 5-6 吸引盆

5.2 相平面、相轨迹和奇点

5.2.1 相平面内的相轨迹

对于一个单自由度机械系统的自由振动问题，其动力学方程通常可以表示为以下形式：

$$\ddot{x}+f(x,\dot{x})=0 \tag{5-29}$$

式中，函数 $f(x,\dot{x})$ 表示单位质量物体上作用的合力，包括恢复力和阻尼力。由于式（5–29）不显含时间变量，因此进行自由振动的系统必须是自治系统。为了进行分析，我们引入新的变量y来表示系统的速度$\dot{x}$，即

$$y = \dot{x} \tag{5-30}$$

因此，系统的运动状态可由位置x和速度y两个变量来描述，x和y这两个变量构成了系统的状态变量。式（5–29）可以转化为关于这些状态变量的一阶微分方程组，以便进行进一步的分析。

$$\dot{x} = y, \quad \dot{y} = -f(x, y) \tag{5-31}$$

设状态变量的初始条件为

$$t = 0，x(0) = x_0，y(0) = y_0 \tag{5-32}$$

式（5–31）满足初始条件的解$x(t)$和$y(t)$能够确定系统的运动过程。以x和y为坐标轴建立(x, y)平面，该平面称为系统的相平面。在相平面上，与系统的运动状态一一对应的点被称为相点。系统的运动过程可以通过相点在相平面上移动的轨迹来描述，这些轨迹被称为相轨迹。所有具有不同初始条件的相轨迹集合构成了相轨迹族。当不需要详细了解每个具体时刻的相点位置时，我们只需对相轨迹族的几何特征进行定性分析，以掌握系统在不同初始条件下的整体运动特征。

通过将式（5–31）中的两个方程相除并消去时间微分，可以得到描述相轨迹族的一阶微分方程：

$$\frac{\mathrm{d}y}{\mathrm{d}x} = -\frac{f(x, y)}{y} \tag{5-33}$$

在式（5–33）中，给定系统的作用力，即$f(x, y)$被指定以后，式（5–33）能够确定相平面（x，y）内的各个点的向量场，构成相轨迹族，如图 5–7 所示。在相平面的上半部分（$\dot{x}>0$，$y>0$），相点随着时间从左向右移动；在下半部分（$\dot{x}>0$），相点则从右向左移动。在横坐标轴上的各点$y = 0$，则$\left.\frac{\mathrm{d}y}{\mathrm{d}x}\right|_{y=0} \to \infty$，相轨迹与横坐标轴正交。

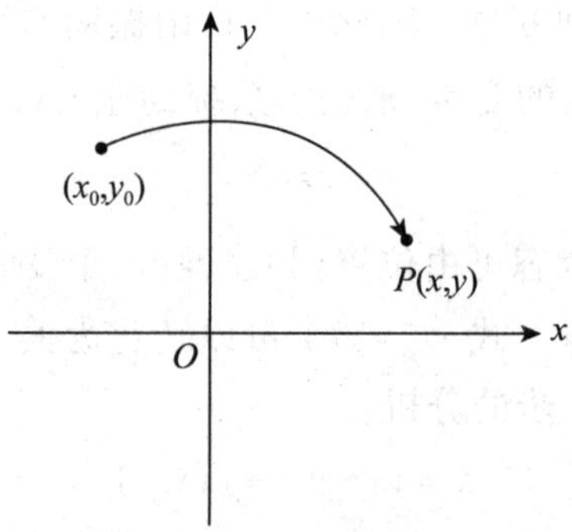

图 5-7　相平面内的相轨迹族

5.2.2　相轨迹的奇点

在相平面内，使式（5-33）的分子和分母同时为零的特殊点称为相轨迹的奇点。在奇点处，$\frac{\mathrm{d}y}{\mathrm{d}x}$相轨迹的向量场可能不存在或为不定值。奇点的坐标$(x_s, y_s)$满足方程

$$y_s = 0, \quad f(x_s, y_s) = 0 \tag{5-34}$$

因此奇点都分布在横坐标轴上。

根据微分方程解的存在唯一性定理，如果式（5-33）的右侧函数连续且满足李普希茨条件，那么在(x, y)平面上，除奇点以外的任何点都有且仅有一条积分曲线通过，奇点处的积分曲线要么不存在，要么有无数条通过。由于奇点处$\dot{x} = \dot{y} = 0$，相点沿通往奇点的相轨迹移动时，必须经过无限长时间才能到达奇点。因此，奇点处的系统速度和加速度均为零，$\dot{x} = \dot{y} = 0$表明这是系统的平衡状态，因此奇点也被称为平衡点。

奇点的稳定性反映了系统平衡的稳定性，根据李雅普诺夫的稳定性定义，若对于任意的正数$\varepsilon>0$，存在一个确定的正数$\delta(\varepsilon)>0$，使在时间$t = t_0$内，从以奇点为中心、半径为δ的圆内的任意点出发，其相轨迹始终保持在以奇点为中心、半径为δ的圆内，则该奇点是稳定的；若相轨迹不能保持在该圆内，则该奇点为不稳定。

5.2.3　保守系统的自由振动

1. 势能曲线与奇点

下面我们通过相平面法来研究最基本的振动系统，这类系统是保守系统，其作用力仅与位置有关。保守系统的动力学方程可以表示为式（5–35）所示的一般形式，该方程仅涉及位置相关的作用力，并不包括与时间相关的外部因素。

$$\ddot{x}+f(x)=0 \tag{5-35}$$

式（5–35）对应的相轨迹微分方程为

$$\frac{\mathrm{d}y}{\mathrm{d}x}=-\frac{f(x)}{y} \tag{5-36}$$

这个方程可以通过分离变量来积分。给定初始条件后，经过积分，可以得到相轨迹的方程，如式（5–37）所示，这个方程描述了系统的运动轨迹。

$$\frac{1}{2}y^2+V(x)=E,\quad V(x)=\int_0^x f(x)\mathrm{d}x \tag{5-37}$$

在式（5–37）中，$V(x)$代表保守系统的势能，积分常数$E=\frac{y_0^2}{2}+V(x_0)$则是系统的总机械能。式（5–37）实际上是保守系统的能量积分，也可以表示为以下形式：

$$y=\pm\sqrt{2[E-V(x)]} \tag{5-38}$$

由式（5–38）可以看出，保守系统的势能曲线和相轨迹（图 5–8）有以下特点。

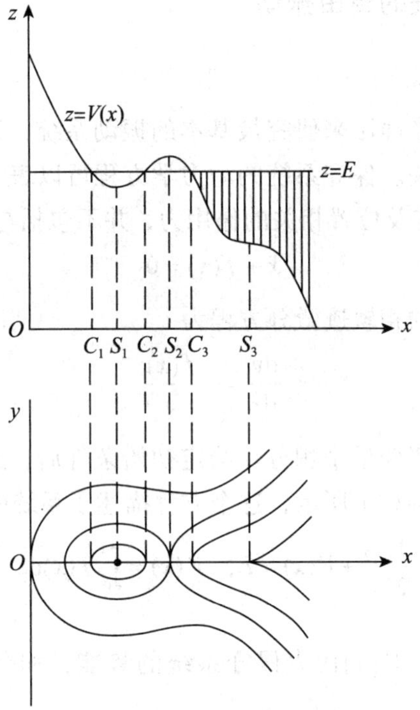

图 5-8 保守系统的势能曲线和相轨迹

（1）相轨迹曲线相对于横坐标轴呈对称分布。

（2）势能曲线$z=V(x)$与横坐标轴的平行线$z=E$交点的横坐标C_1,C_2,C_3处，相轨迹与横坐标轴相交。

（3）横坐标轴上与势能曲线$z=V(x)$驻点相对应的点被称为奇点，因为它们符合奇点的定义，即这些点满足条件，使在这些点S_1,S_2,S_3处的相轨迹指向不确定或不存在。

（4）在势能取极小值的$x=S_1$处，设$E=V(S_1)$，则在$x=S_1$的某个小邻域内都有$E\geqslant V(x)$。在相平面上，根据式（5-38），可以观察到一条围绕奇点的封闭相轨迹。当参数逐渐减小时，这条封闭轨迹会逐渐收缩，直至缩为奇点本身。而当$E=V(S_1)$时，相平面上将不再存在对应的相轨迹，这种类型的奇点被称为中心，属于稳定的奇点，对应于系统的稳定平衡状态。在这种情况下，系统的状态会在奇点附近周期性振荡而不发散，体现出系统的自我平衡特性，是一种典型的稳定动态系统行为。

（5）在势能取极大值的$x = S_2$处，设$E < V(S_2)$，则在区间(C_2, C_3)内没有对应的相轨迹，而在$x < C_2$及$x > C_3$处得到相轨迹的两个分支，当E增大时这两支曲线逐渐靠近，当$E = V(S_2)$时它们在奇点S_2处相接触。当$E > V(S_2)$时，相轨迹则演变为分布在x轴的上方和下方的两支曲线。这种类型的奇点被称为鞍点，表明系统的平衡状态是不稳定的。通过鞍点的相轨迹被称为分隔线，因为它将相平面划分为具有不同类型相轨迹的区域。

（6）在势能曲线的拐点$x = S_3$处，相轨迹在$x < S_3$左侧呈中心性质，在$x > S_3$右侧呈鞍点性质，相轨迹不封闭。这种奇点称为退化的鞍点，表示不稳定的平衡状态。

当需要计算周期运动的周期时，我们可将式（5–30）代入式（5–2），分离变量后沿封闭相轨迹积分，得到

$$T = \oint \frac{\mathrm{d}x}{\sqrt{2[E - V(x)]}} \tag{5-39}$$

通常情况下，周期会随着初始条件的变化而改变；但在线性保守系统中，周期不受初始条件的影响。

2. 保守系统的平衡稳定性

根据保守系统的几何性质，我们可以验证拉格朗日定理，该定理指出：保守系统平衡状态的稳定性可以通过势能在平衡点处是否具有孤立极小值来判断。具体来说，若势能在平衡状态处具有孤立的极小值，则该平衡状态是稳定的，这个条件是充分的。

保守系统的几何性质还能证明拉格朗日定理的逆命题：如果保守系统的势能在平衡状态处具有非孤立的极小值，那么该平衡状态是不稳定的。然而，对于多自由度系统，这一逆命题的适用性需要额外的条件来补充和验证，以确保其正确性。

例 5–8　分析线性保守系统中的相轨迹，以了解系统的运动特性和稳定性。

解：线性保守系统是最基本的保守系统，其恢复力与位移成线性关系：

$$f(x) = \alpha x \tag{5-40a}$$

对应的势能和相轨迹方程分别为

$$V(x)=\frac{1}{2}\alpha x^2 \tag{5-40b}$$

$$y^2+\alpha x^2=2E \tag{5-40c}$$

若弹簧的恢复力系数 α 为正值，则式（5-40c）表示椭圆族，相点为中心，表明系统的自由振动为简谐振动，如图 5-9（a）所示。令式（5-40c）中 $y=0$，$x=A$，$\alpha=\omega_0^2$（ω_0 为线性系统的角频率），解得振幅 $A=\frac{\sqrt{2E}}{\omega_0}$，$A$ 的大小取决于积分常数 E，由初始条件确定。将式（5-40b）代入式（5-39），算出的周期 T 与振幅无关，如式（5-40d）所示，证明线性系统存在等时性。

$$T=\frac{4}{\omega_0}\int_0^A\frac{\mathrm{d}x}{\sqrt{A^2-x^2}}=\frac{2\pi}{\omega_0} \tag{5-40d}$$

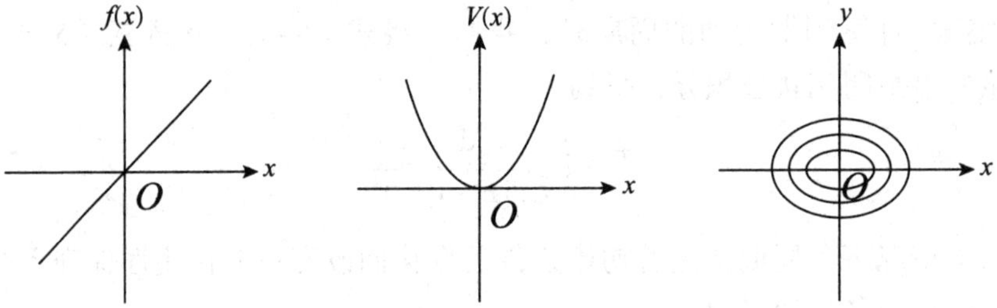

（a）$\alpha>0$

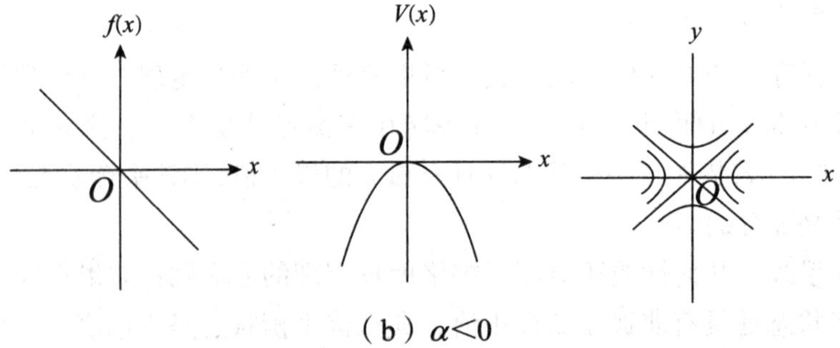

（b）$\alpha<0$

图 5-9　线性保守系统的相轨迹

如果 α 取负值，恢复力变为排斥力，这种情况称为负刚度系统，其相轨迹为双曲线族，奇点为鞍点，使平衡状态不稳定，如图 5-9（b）所示。

3. 分段线性系统

分段线性系统是一种特殊的非线性振动系统，其恢复力 $f(x)$ 由分段线性函

数表示。以图 5–10（a）所示的系统为例，其恢复力$f(x)$为与位移x方向相反的常力F，可写为

$$f(x)=F\,\mathrm{sgn}\,x \tag{5-41}$$

这种最简单的分段线性恢复力在自动控制系统中很常见，称为砰砰控制。将式（5–41）代入式（5–38）和（5–39）进行计算，可以得到系统的相轨迹由左右两半平面内的抛物线族构成，如图 5–10（b）所示。如果恢复力系数为零（$F=0$），那么抛物线将退化为与x轴平行的直线族，这表示在没有恢复力情况下，物体会进行匀速直线运动。

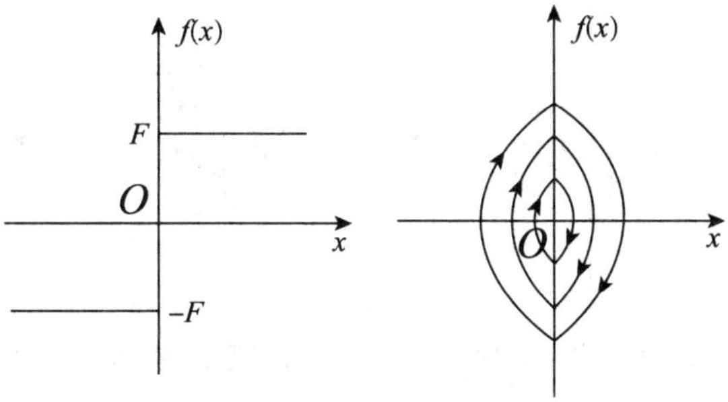

（a）恢复力　（b）相轨迹

图 5–10　砰砰控制的恢复力和相轨迹

之前已指出，具有线性恢复力的保守系统的相轨迹呈椭圆族。对于更复杂的分段线性系统，其相轨迹则是由直线、抛物线和椭圆通过拼接而成的。如图 5–11 为典型分段线性恢复力，其拼接形成的相轨迹曲线如图 5–12 所示。在实际工程问题中，图 5–11 中的图 a 和图 b 分别对应于具有不灵敏区的系统，图 c 对应于存在饱和区的系统，而图 d 则表示带有间隙的多弹簧系统。

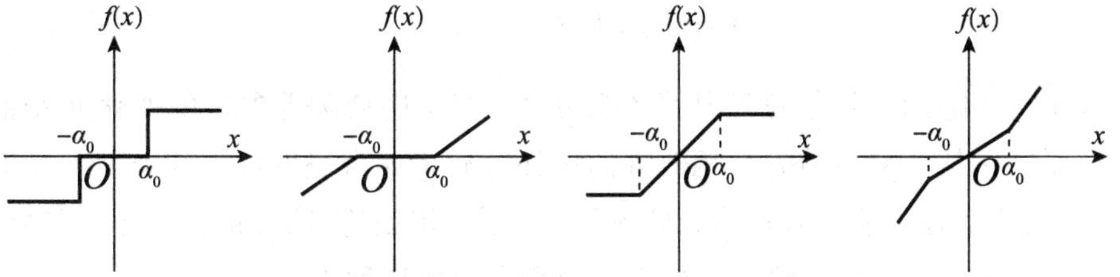

（a）存在不灵敏区1　（b）存在不灵敏区2　（c）存在饱和区　（d）带间隙的多弹簧系统

图 5–11　分段线性系统的恢复力

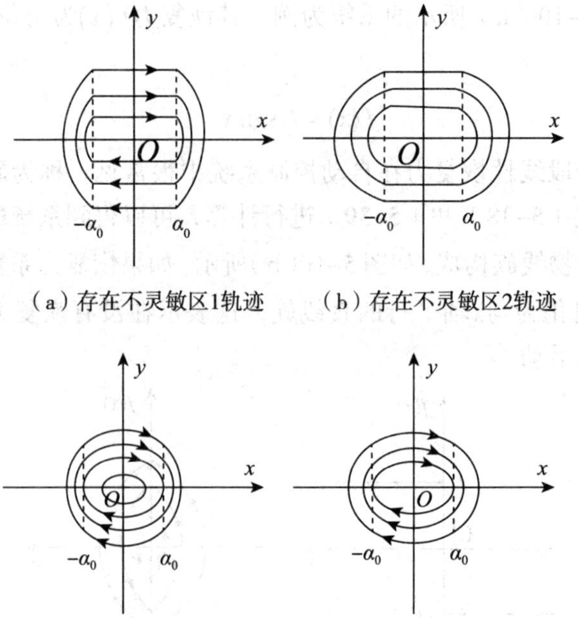

（a）存在不灵敏区1轨迹　（b）存在不灵敏区2轨迹

（c）存在饱和区轨迹　（d）带间隙的多弹簧系统轨迹

图 5-12　分段线性系统的相轨迹

5.2.4　静态分岔

假设所研究的保守系统的力场依赖某个参数μ，则其运动方程为

$$\ddot{x}+f(x,\mu)=0 \tag{5-42}$$

势能为

$$V(x,\mu)=\int_0^x f(x,\mu)\mathrm{d}x \tag{5-43}$$

当保守系统的力场依赖于某个参数μ时，相轨迹会随着参数的变化而发生改变。如果在某个临界值处，相轨迹的拓扑性质（如奇点的数量和类型）发生突变，那么这个临界值就被称为相轨迹的分岔点，相关的参数μ被称为分岔参数。这种因参数变化产生的相轨迹拓扑性质的突变现象被称为分岔。

相轨迹的奇点由以下方程确定：

$$f\left(x_{\mathrm{s}},\mu\right)=0 \tag{5-44}$$

式（5-44）在$\left(x_{\mathrm{s}},\mu\right)$平面上所确定的曲线将此平面分隔成两个区域，分别对应于$f(x_s,\mu)>0$和$f(x_s,\mu)<0$，如图 5-13 所示。图 5-13 中阴影部分表示$f(x_s,\mu)>0$的区域，对于任一给定的参数μ_0，奇点的位置可由直线$\mu=\mu_0$与曲线$f(x_s,\mu)=0$的交点 1，2，3 的横坐标x_{s1},x_{s2},x_{s3}确定。当x从小于x_{s1}经过x_{s1}变为大于x_{s1}时，$f(x_s,\mu)$从正值变为负值，因而有

$$f'(x_s,\mu_0)<0,\ 即\ V_x''(x_s,\mu_0)<0 \tag{5-45}$$

表明势能$V(x,\mu_0)$在$x=x_{s1}$处取极大值，奇点为鞍点。奇点$x=x_{s3}$也是鞍点。至于$x=x_{s2}$，则有

$$f'(x_s,\mu_0)>0,\ 即\ V_x''(x_s,\mu_0)>0 \tag{5-46}$$

因此势能$V(x,\mu_0)$在$x=x_{s2}$处取极小值，奇点为中心。由此可以导出庞加莱证明的以下定理：

若区域$f(x_s,\mu)>0$位于曲线$f(x_s,\mu)=0$的上方，则平衡位置稳定，奇点为中心；若位于$f(x_s,\mu)=0$的下方，则平衡位置不稳定，奇点为鞍点。

图 5-13 中，稳定位置和不稳定位置分别用实线和虚线表示。曲线上$\dfrac{d\mu}{dx_s}$那些点具有临界性质，因为它们对应的点$\mu=\mu_1$，μ_2，μ_3可使奇点的数量和类型发生突变，所以μ_1，μ_2，μ_3这些点是相轨迹的分岔点。分岔现象只发生于非线性系统，所以当分岔参数是线性函数时，不会出现分岔点。

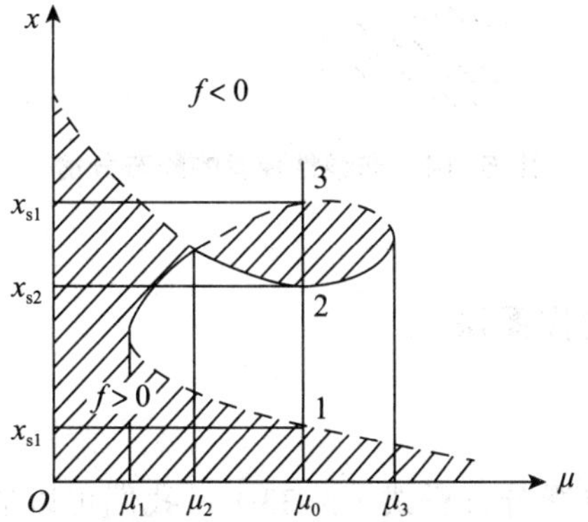

图 5-13　奇点位置与参数μ的关系曲线

例 5-9 讨论非线性弹簧的平衡位置和稳定性与其刚度之间的关系。

解：设系统的恢复力为坐标的非线性函数

$$f(x)=\alpha x+\varepsilon x^3 \tag{5-47a}$$

将式（5-47a）中的ε以μa代替，$\mu=\dfrac{\varepsilon}{a}$，可得

$$f(x,\mu)=\alpha x\left(1+\mu x^2\right) \tag{5-47b}$$

将式（5-47b）代入式（5-44）确定奇点位置，得到$x_{s1}=0$。对于软弹簧情况，还存在另外两个奇点：

$$x_{s2,3}=\pm\frac{1}{\sqrt{|\mu|}} \tag{5-47c}$$

在图 5-14 中，(μ,x_s)曲线标出了中心和鞍点。右半平面中的硬弹簧系统只有一个中心不变形状态$(x_s=0)$。左半平面除了不变形状态，还增加了两个鞍点，分岔点则为$\mu=0$。

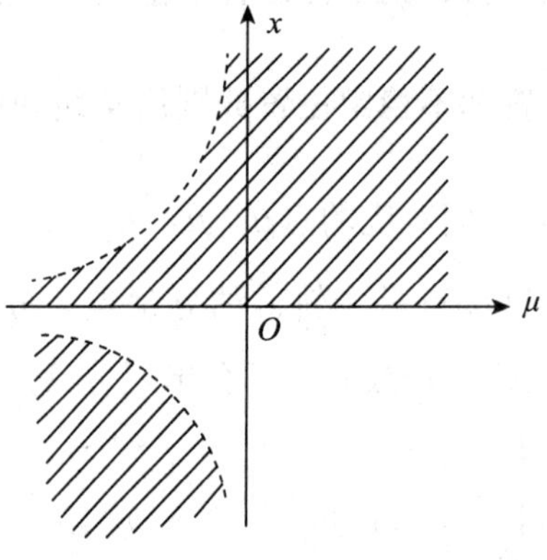

图 5-14　非线性弹簧的静态分岔

5.2.5　相轨迹的作图法

1. 等倾线法

对于给定的相轨迹微分方程式（5-33），我们可以通过作图方法绘制相轨迹，其中最简单的作图方法是等倾线法。具体做法是将式（5-33）的右边设为

常数C，得到如式（5–48）所示的方程形式，从而得到(x, y)相平面内一族以常数为参数的曲线，这些曲线可以帮助我们确定相轨迹的形状和分布，被称为相轨迹的等倾线族。

$$f(x, y) + Cy = 0 \tag{5–48}$$

等倾线族内每一条曲线上的所有点对应的向量场都指向相同的方向。例如，对于线性保守系统，其等倾线族为过原点的射线族，即

$$\omega_0^2 x + Cy = 0 \tag{5–49}$$

通过分析等倾线族，我们可以发现，相轨迹形成了以原点为中心的椭圆族，如图 5–15 所示。

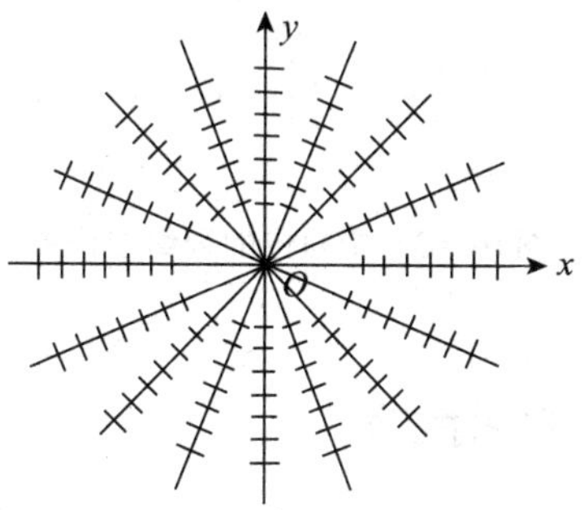

图 5–15　相平面内线性保守系统的等倾线族

2. 列纳法

列纳法是一种专门用于线性恢复力情形的作图方法。通过适当选择单位，我们可以将弹簧刚度系数设为 1，以简化分析和计算。设单位质量的阻尼力为$-\varphi(y)$，则有$f(x, y) = x + \varphi(y)$。相轨迹微分方程为

$$\frac{\mathrm{d}y}{\mathrm{d}x} = -\frac{x + \varphi(y)}{y} \tag{5–50}$$

在平面上绘制一条辅助曲线以辅助分析或计算：

$$x = -\varphi(y) \tag{5–51}$$

这条辅助曲线就是前面提到的零斜率等倾线。通过相点 P（x，y）作一条与 x 轴平行的线，与辅助曲线交于点 R，再从点 R 作一条与 y 轴平行的线与x轴相交于点 S，最后连接 PS。将向量$\boldsymbol{PS}$逆时针旋转 90° 后，便是式（5–50）所确

定的相轨迹切线方向（图 5–16）。为证明该结论，我们只需引入$\theta=\angle PSR$即可，则有

$$\frac{\mathrm{d}y}{\mathrm{d}x}=\tan(-\theta)=-\frac{PR}{RS}=-\frac{x+\varphi(y)}{y} \tag{5–52}$$

以线性保守系统为例，辅助曲线与y轴重合，经过特定点P的相轨迹是以点O为圆心，PO为半径的圆。

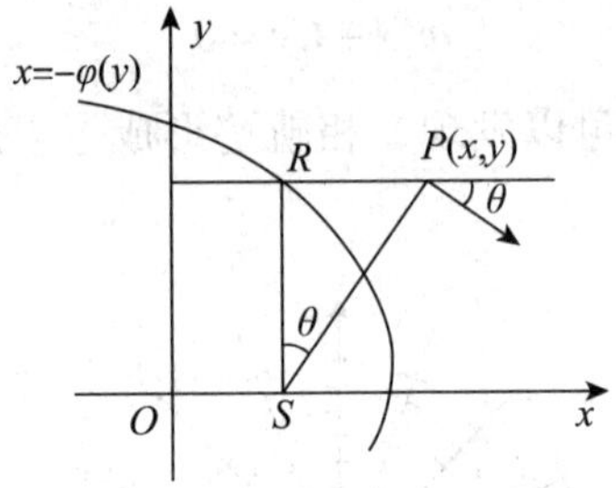

图 5–16　相轨迹的列纳法作图

5.2.6　耗散系统的自由振动

1. 黏性阻尼系统

能量耗散的机械系统被称为耗散系统，如带有黏性阻尼或干摩擦的系统。我们首先讨论黏性阻尼系统，假设单位质量物体上作用的恢复力和阻尼力分别为$-ax$和$-c\dot{x}$，则有

$$f(x,y)=ax+cy \tag{5–53}$$

通过等倾线法绘制相轨迹，将式（5–53）代入式（5–28）后，得到的等倾线族是一组经过原点的射线族：

$$\alpha x+(c+C)y=0 \tag{5–54}$$

与式（5–49）比较，零斜率等倾线从y轴移至第二、四象限。c较小时，相轨迹是朝原点趋近的螺线，它围绕奇点（0，0）无穷尽地转动但始终达不到奇点位置，这类奇点称为稳定焦点，如图 5–17（a）所示。

当系统参数c较大时，系统的运动表现为衰减振动。在这种情况下，相轨迹在尚未完成绕奇点的完整旋转时便接近奇点，并逐渐沿着直接通向奇点的路径前进。然而，由于相点在奇点处的移动速度为零，系统需要经过无限长的时

间才能真正到达奇点的位置。这种类型的奇点被称为稳定结点，如图 5–17（b）所示。在这种状态下，系统的运动是衰减的非往复运动，表现为一种趋于稳定而不再来回振荡的行为，最终趋于稳定平衡。

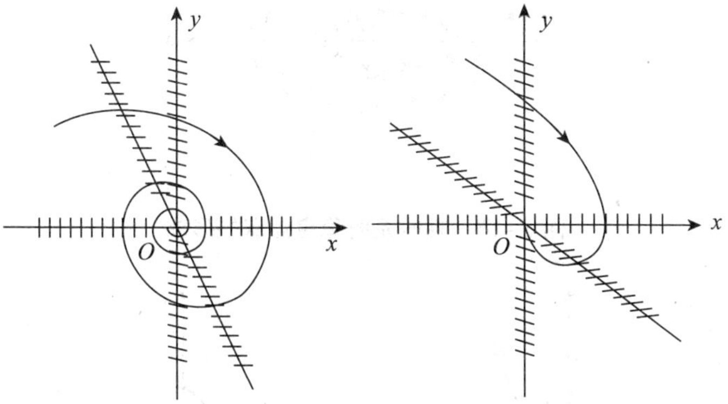

（a）稳定焦点　　（b）稳定结点

图 5–17　稳定焦点与稳定结点

我们也可将式（5–53）代入相轨迹微分方程式（5–33），得到

$$\frac{\mathrm{d}y}{\mathrm{d}x}=-\frac{\alpha x}{y}-c \tag{5–55}$$

与线性保守系统的相轨迹微分方程相比，耗散系统的方程具有不同的动态行为特征。线性保守系统的相轨迹微分方程为

$$\frac{\mathrm{d}y}{\mathrm{d}x}=-\frac{\alpha x}{y} \tag{5–56}$$

由式（5–55）和式（5–56）可以看出，线性保守系统和耗散系统的区别在于，相平面上相同点处的相轨迹斜率相差 $-c$，即耗散项。在图 5–15 的基础上，我们可以推测耗散系统的相轨迹会逐渐从能级较高的椭圆过渡到能级较低的椭圆，并不断朝原点方向接近，如图 5–18 所示。这种变化反映了能量逐渐耗散的过程，使系统状态趋于稳定，而不是维持在特定的能级上。

在耗散系统中，阻尼系数 c 必须为正数。如果 c 为负值，意味着系统不仅没有耗散能量，反而从外界获取能量，这种现象被称为负阻尼。在这种情况下，系统的平衡状态是不稳定的，其相轨迹呈现为不断向外扩展的螺旋线或射线。如果使用等倾线法作图，零斜率等倾线会出现在第一和第三象限，此类奇点被称为不稳定焦点或不稳定结点（如图 5–19 所示），反映了系统在受到外界能量输入时会发生逐渐偏离稳定状态的行为，导致振荡幅度的增加或系统的崩溃。

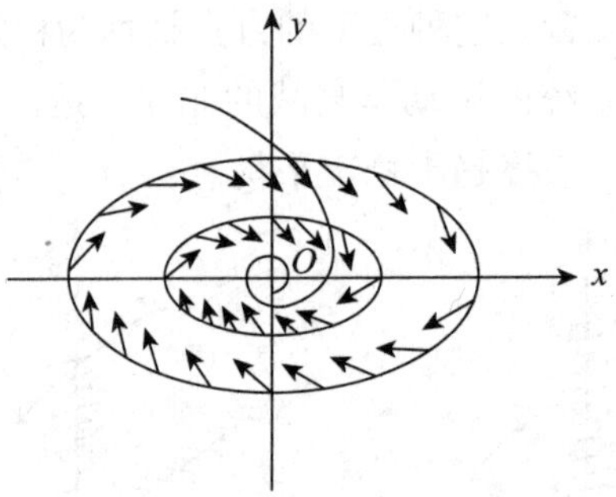

图 5-18　耗散系统稳定焦点的形成

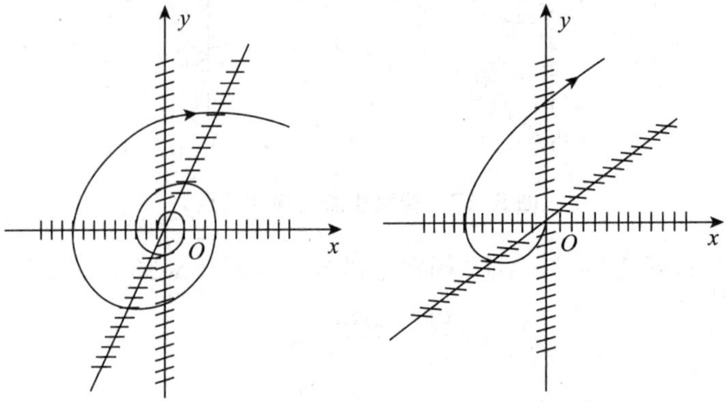

（a）不稳定焦点　　（b）不稳定结点

图 5-19　不稳定焦点与不稳定结点

2. 干摩擦系统

当物体在粗糙平面上滑动时，单位质量物体上受到的摩擦力-$\varphi(y)$遵循以下规律：

$$\varphi(y) = F\,\mathrm{sgn}\,y \tag{5-57}$$

如图 5-20 所示，动摩擦力为常值F，方向与滑动方向相反，F等于最大静摩擦力。根据库仑摩擦定律，摩擦力F与接触面间的正压力F_N成正比，即

$$F = fF_N \tag{5-58}$$

式中，静摩擦系数 f 是摩擦力与正压力的比例系数。在分析受干摩擦力作用的质量－弹簧系统时，如果弹簧是线性的且刚度系数为 1，我们可以采用列纳法来研究系统的运动轨迹和行为。先作出辅助曲线，即

$$x = -F \operatorname{sgn} y \tag{5-59}$$

相轨迹在上半相平面内的圆以（$-F$，0）为圆心，而在下半相平面内的圆以（F，0）为圆心。当相点的起始位置为（a_0，0）时，下一次与横轴相交的位置为（$-a_1$，0），再下一次为（$-a_2$，0），依此类推。从图 5-21 中可以看出，随着每次相点与横轴的交点移动，振幅逐渐减小。这说明系统在运动过程中能量不断耗散，导致振幅递减，最终趋于稳定。这种振幅递减规律清晰地反映了系统的耗散特性和阻尼效果。

$$a_1 = a_0 - 2F,\quad a_2 = a_1 - 2F,\quad \cdots,\quad a_n = a_{n-1} - 2F \tag{5-60}$$

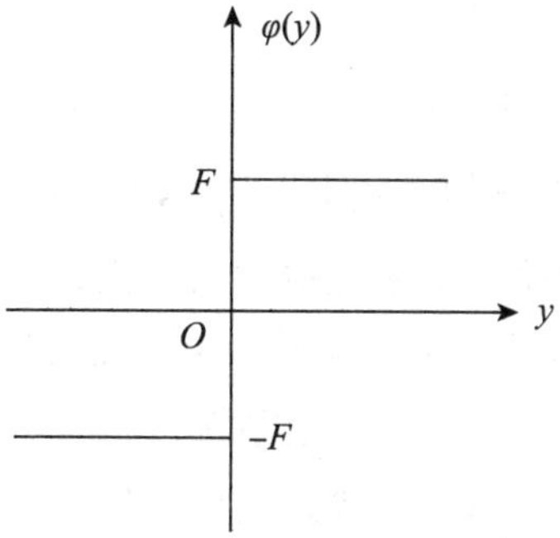

图 5-20　干摩擦力与相对速度关系曲线

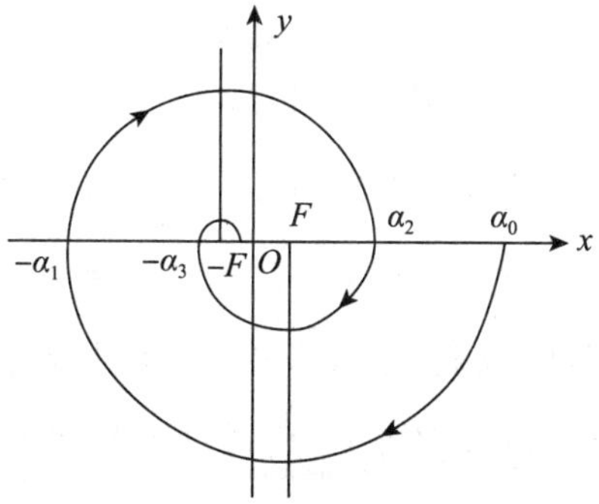

图 5-21　有干摩擦的质量 - 弹簧系统的相轨迹

相轨迹由半径逐渐减小的半圆形组成，呈螺旋状并逐渐向原点靠近。当$a_n<F$时，相点停止运动，此时弹簧的恢复力小于最大静摩擦力，系统达到平衡状态。因此，x轴上的某个区间$(-F,\ F)$内的每个点都成为奇点，形成所谓的“干摩擦死区”，在这个死区内，相点的终止位置是随机的。由于黏性阻尼系

统不存在死区，因此我们可在测量仪器中添加润滑油，将干摩擦转换为黏性阻尼，这样能够有效消除由于死区导致的零点不准确现象，从而提高测量的准确性和稳定性。

5.3 奇点类型

5.3.1 平面动力学系统

设动力学系统的状态方程为

$$\dot{x}_1 = P(x_1, x_2), \quad \dot{x}_2 = Q(x_1, x_2) \tag{5-61}$$

一个包含两个状态变量的动力学系统被称为平面动力学系统，简称平面系统。当方程的右边不显含时间t时，该系统被称为平面自治系统。例如，单自由度系统的自由振动就是一个典型的平面自治系统。将式（5-61）中的两式相除，可以得到一个与时间变量无关的一阶微分方程，如式（5-62）所示。这种简化有助于分析系统的行为和特性，因为它摆脱了时间变量的影响，专注于系统内在的状态变化。

$$\frac{\mathrm{d}x_2}{\mathrm{d}x_1} = \frac{Q(x_1, x_2)}{P(x_1, x_2)} \tag{5-62}$$

相轨迹上的奇点x_{1s}, x_{2s}是以下方程的解：

$$P(x_{1s}, x_{2s}) = 0, \quad Q(x_{1s}, x_{2s}) = 0 \tag{5-63}$$

通常情况下，我们可以将坐标原点移动到奇点位置进行分析，此时$x_{1s} = x_{2s} = 0$。将函数$P(x_1, x_2)$和$Q(x_1, x_2)$在奇点（0，0）附近展开为泰勒级数，得到

$$\begin{cases} P(x_1, x_2) = a_{11}x_1 + a_{12}x_2 + \varepsilon_1(x_1, x_2) \\ Q(x_1, x_2) = a_{21}x_1 + a_{22}x_2 + \varepsilon_2(x_1, x_2) \end{cases} \tag{5-64}$$

式中，ε_1和ε_2为x_1和x_2的二次以上的项，$a_{ij}(i, j = 1, 2)$为函数P和Q关于变量x_1和x_2的雅可比矩阵 A 的元素，雅可比矩阵可表示为

$$A=\frac{\partial(\boldsymbol{P},\boldsymbol{Q})}{\partial\left(x_1,x_2\right)}=\begin{pmatrix}a_{11} & a_{12}\\ a_{21} & a_{22}\end{pmatrix} \tag{5-65}$$

式中，

$$\begin{cases}a_{11}=\left(\dfrac{\partial \boldsymbol{P}}{\partial x_1}\right)_{\mathrm{s}}, & a_{12}=\left(\dfrac{\partial \boldsymbol{P}}{\partial x_2}\right)_{\mathrm{s}}\\ a_{21}=\left(\dfrac{\partial \boldsymbol{Q}}{\partial x_1}\right)_{\mathrm{s}}, & a_{22}=\left(\dfrac{\partial \boldsymbol{Q}}{\partial x_2}\right)_{\mathrm{s}}\end{cases} \tag{5-66}$$

下标 s 代表在奇点的值。引入一个矩阵$\boldsymbol{x}=\left(x_1,x_2\right)^{\mathrm{T}}$后，这个线性化方程可被重写为

$$\dot{\boldsymbol{x}}=\boldsymbol{A}\boldsymbol{x} \tag{5-67}$$

对 $\boldsymbol{x}$ 作非奇异线性变换，得

$$\boldsymbol{x}=\boldsymbol{T}\boldsymbol{u} \tag{5-68}$$

将式（5–68）代入式（5–67），并左乘$\boldsymbol{T}^{-1}$，转化为柯西型正则方程：

$$\dot{\boldsymbol{u}}=\boldsymbol{J}\boldsymbol{u},\quad \boldsymbol{J}=\boldsymbol{T}^{-1}\boldsymbol{A}\boldsymbol{T} \tag{5-69}$$

式中，$\boldsymbol{u}=\left(u_1,u_2\right)^{\mathrm{T}}$为变换后的状态变量。通过适当选择 $\boldsymbol{T}$，使变换后的矩阵$\boldsymbol{J}$成为若当标准型，且矩阵 $\boldsymbol{T}$ 与矩阵$\boldsymbol{J}$、$\boldsymbol{A}$有相同的本征值。

5.3.2　线性系统的奇点类型

下面将在不同情形下分别讨论矩阵$\boldsymbol{J}$的本征值与奇点之间的关系，以理解其动态。

1. $\boldsymbol{J}$有不等实本征值λ_1，λ_2

这种情况下，$\boldsymbol{J}$为对角矩阵：

$$\boldsymbol{J}=\begin{pmatrix}\lambda_1 & 0\\ 0 & \lambda_2\end{pmatrix} \tag{5-70}$$

式（5–69）的投影式为

$$\dot{u}_1=\lambda_1 u_1,\quad \dot{u}_2=\lambda_2 u_2 \tag{5-71}$$

式（5–71）的通解为

$$u_1=u_{10}\mathrm{e}^{\lambda_1 t},\quad u_2=u_{20}\mathrm{e}^{\lambda_2 t} \tag{5-72}$$

将式（5–71）的两个方程相除，得到

$$\frac{\mathrm{d}u_2}{\mathrm{d}u_1}=\alpha\frac{u_2}{u_1} \tag{5-73}$$

对于式（5–73），通过变量分离法进行积分可以得到相轨迹方程：

$$u_2=Cu_1^{\alpha} \tag{5-74}$$

相轨迹为指数曲线族：当参数$\alpha<0$，即λ_1，λ_2异号时，奇点为鞍点，如图 5–22（a）所示；当$\alpha>0$，即λ_1，λ_2同号时，奇点为结点。结点的稳定性可通过式（5–72）判断，当参数λ_1，λ_2同为负号时，奇点为稳定结点，如图 5–22（b）和图 5–22（c）所示；同为正号时奇点为不稳定结点。

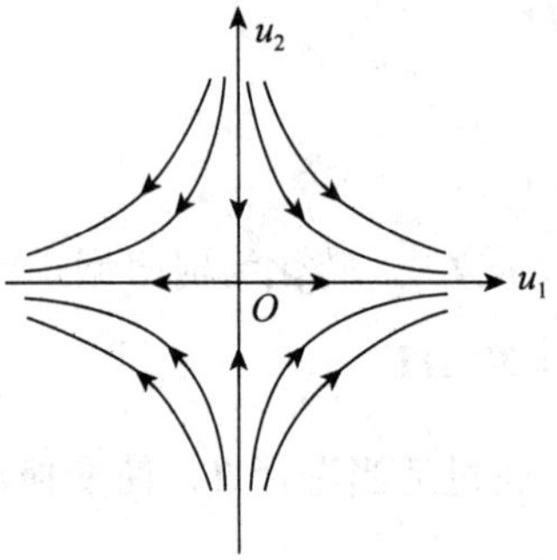

(a) $\alpha<0$

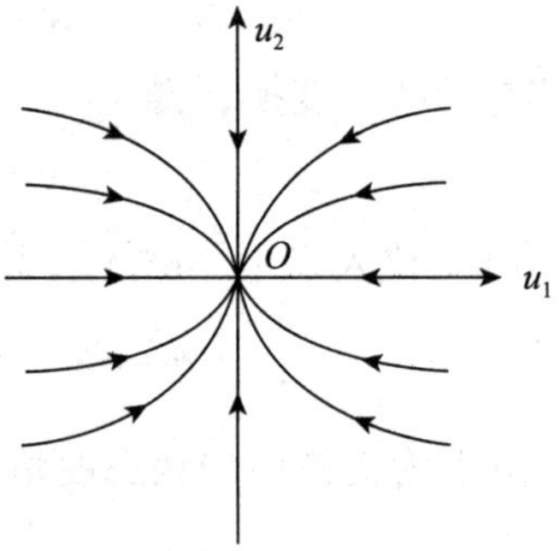

(b) $0<\alpha<1$

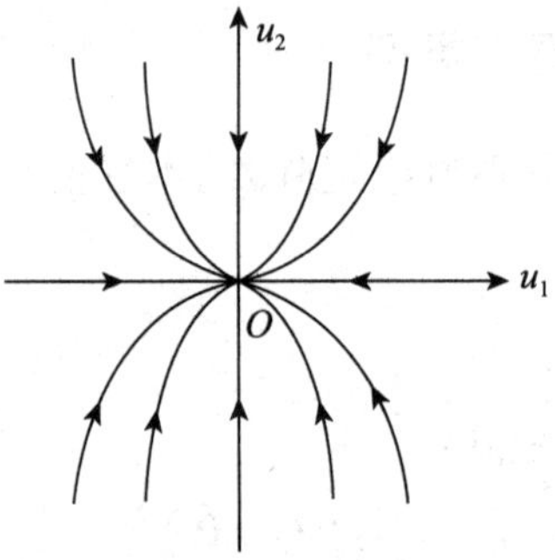

(c) $\alpha>1$

图 5–22　*J* 有不等实本征值时的鞍点与稳定结点

2. ***J***有二重实本征值$\lambda_1=\lambda_2$

这种情况下，***J***为非对角矩阵：

$$\boldsymbol{J}=\begin{pmatrix}\lambda_1 & 0\\ 1 & \lambda_1\end{pmatrix} \tag{5-75}$$

式（5-69）的投影式为

$$\begin{cases}\dot{u}_1=\lambda_1 u_1\\ \dot{u}_2=u_1+\lambda_1 u_2\end{cases} \tag{5-76}$$

式（5-76）的通解为

$$\begin{cases}u_1=u_{10}\mathrm{e}^{\lambda_1 t}\\ u_2=\left(u_{20}+u_{10}t\right)\mathrm{e}^{\lambda_1 t}\end{cases} \tag{5-77}$$

将式（5-76）的两个方程相除，得到

$$\frac{\mathrm{d}u_2}{\mathrm{d}u_1}=\frac{u_1+\lambda_1 u_2}{\lambda_1 u_1} \tag{5-78}$$

若$\lambda_1=0$，则相轨迹与u_2轴重合。若$\lambda_1\neq 0$，当$t\to\infty$时，$\frac{u_2}{u_1}$无限增大，$\frac{\mathrm{d}u_2}{\mathrm{d}u_1}\to\infty$，因此所有的相轨迹都趋于与$u_2$轴相切，并且奇点表现为结点。结点的稳定性可用式（5-77）判断，当λ_1<0时，奇点为稳定结点；当λ_1>0时，奇点为不稳定结点。

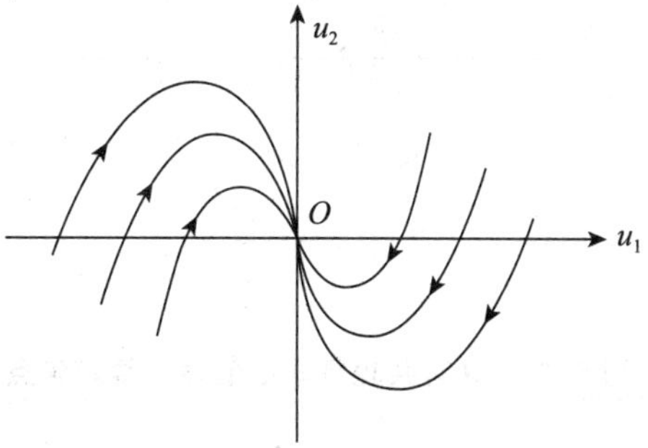

图 5-23　J 有二重实本征值时的稳定结点

3. **J**有共轭复本征值$\lambda_{1,2}=\alpha\pm\mathrm{i}\beta$

这种情况下，矩阵**J**为

$$\boldsymbol{J}=\begin{pmatrix}\alpha+\mathrm{i}\beta & 0\\ 0 & \alpha-\mathrm{i}\beta\end{pmatrix} \tag{5-79}$$

将u_1，u_2变换为

$$u_1 = r\mathrm{e}^{\mathrm{i}\varphi}, \quad u_2 = r\mathrm{e}^{-i\varphi} \tag{5-80}$$

将式（5-80）代入式（5-69），得到

$$\begin{cases} \dot{u}_1 = (\dot{r} + \mathrm{i}r\dot{\varphi})\mathrm{e}^{\mathrm{i}\varphi} = (\alpha + \mathrm{i}\beta)r\mathrm{e}^{\mathrm{i}\varphi} \\ \dot{u}_2 = (\dot{r} - \mathrm{i}r\dot{\varphi})\mathrm{e}^{-\mathrm{i}\varphi} = (a - \mathrm{i}\beta)r\mathrm{e}^{-\mathrm{i}\varphi} \end{cases} \tag{5-81}$$

由式（5-81）可导出r和φ的微分方程

$$\dot{r} = \alpha r, \quad \dot{\varphi} = \beta \tag{5-82}$$

式（5-82）中两个方程的通解为

$$r = r_0\mathrm{e}^{\alpha t} \tag{5-83a}$$

$$\varphi = \varphi_0 + \beta t \tag{5-83b}$$

相轨迹为围绕奇点的螺线，奇点为焦点。焦点的稳定性可利用式（5-83a）判断，当 $\alpha<0$ 时为稳定焦点（图 5-24），$\alpha>0$ 时为不稳定焦点。对于 $\alpha=0$ 的特殊情形，相轨迹转化为椭圆，奇点为中心（图 5-25）。

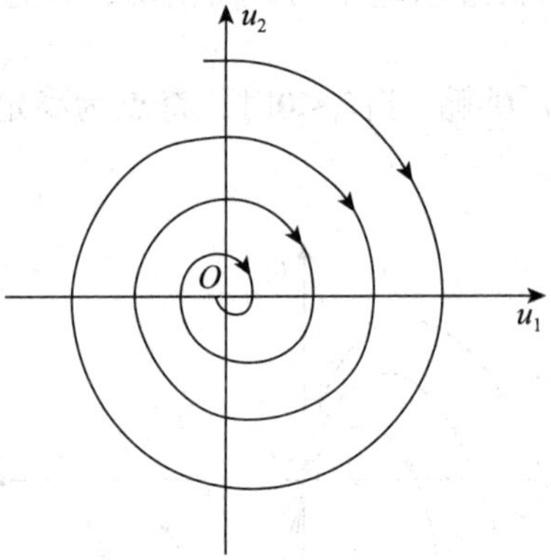

图 5-24　*J* 有共轭复本征值时的稳定焦点

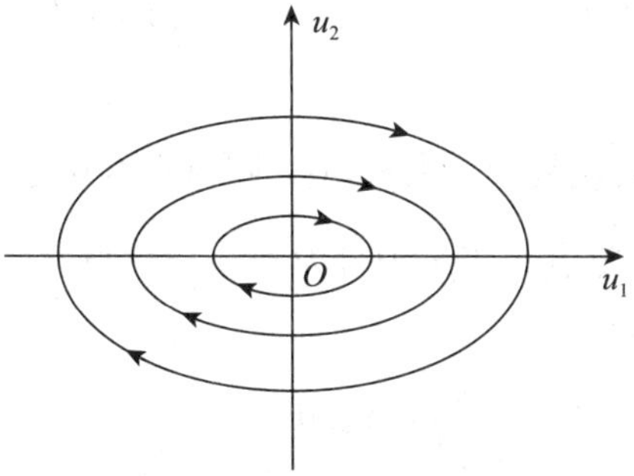

图 5-25　J 有共轭复本征值时的中心

5.3.3　奇点的分类准则

线性变换后的变量$\boldsymbol{u}$与变换前的变量$\boldsymbol{x}$是线性同构的，因此它们具有相同的奇点类型。通过以上分析可知，奇点类型由矩阵$\boldsymbol{A}$的本征值决定，展开矩阵$\boldsymbol{A}$的本征方程，得到

$$|\boldsymbol{A}-\lambda E|=\lambda^2-p\lambda+q=0 \tag{5-84}$$

式中，

$$\begin{cases}p=\operatorname{tr}\boldsymbol{A}=a_{11}+a_{22}\\ q=\det\boldsymbol{A}=a_{11}a_{22}-a_{12}a_{21}\end{cases} \tag{5-85}$$

式（5-84）的本征值为

$$\lambda_{1,2}=\frac{p\pm\sqrt{\Delta}}{2} \tag{5-86}$$

式中，

$$\Delta=p^2-4q \tag{5-87}$$

奇点的不同类型可由参数p和Δ来确定。

当$\Delta>0$时，$\lambda_{1,2}$为不等实根。若$q>0$，则λ_1与λ_2同号，奇点为结点，且当$p<0$时为稳定结点，当$p>0$时为不稳定结点。若$q<0$，则λ_1与λ_2异号，奇点为鞍点。若$q=0$，即$\boldsymbol{A}$为奇异情形，则$\lambda_{1,2}$出现零根，相轨迹为平行直线族，奇点为退化情形。

当$\varDelta=0$时，$\lambda_{1,2}$为重根，奇点为结点，且当$p<0$时为稳定结点，当$p>0$时为不稳定结点。

当$\varDelta<0$时，$\lambda_{1,2}$为共轭复根。若$p=0$，则奇点为中心。若$p\neq0$，则奇点为焦点，且当$p<0$时为稳定焦点，当$p>0$时为不稳定焦点。

由此可归纳出以下结论：

$$\begin{cases}\varDelta\geqslant0\begin{cases}q=0\text{退化}\\ q>0\text{结点}\begin{cases}p<0\text{稳定}\\ p>0\text{不稳定}\end{cases}\\ q<0\text{鞍点}\end{cases}\\ \varDelta<0\begin{cases}p=0\text{中心}\\ p\neq0\text{焦点}\begin{cases}p<0\text{稳定}\\ p>0\text{不稳定}\end{cases}\end{cases}\end{cases}$$

利用此分类准则，我们可在(p,q)参数平面内划分出不同类型的奇点，如图5-26所示。

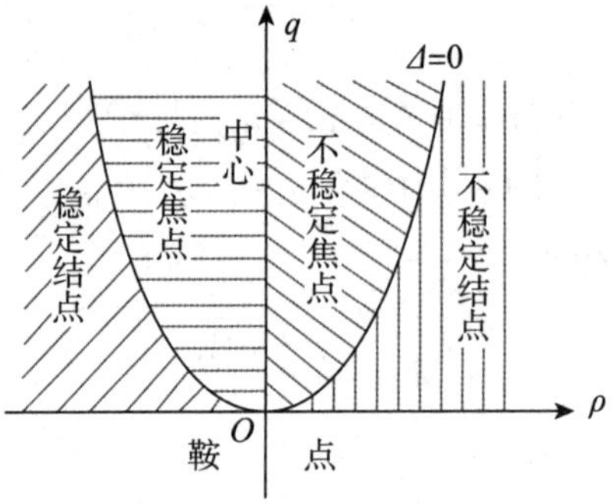

图 5-26　参数平面内的奇点类型

若矩阵$\boldsymbol{A}$的本征值实部不为零，则相应奇点是双曲奇点；若本征值实部为零，则相应奇点是非双曲奇点。在线性系统中，双曲奇点只能是非中心型奇点。

以上关于线性系统奇点类型的讨论有助于分析非线性系统的奇点类型，从而更深入理解非线性系统的动态行为。

庞加莱证明了，当矩阵$\boldsymbol{A}$的行列式非零时，将式（5-64）中的二阶以上小量ε_1和ε_2忽略后，线性化方程与原方程具有相同类型的奇点。

当行列式为零时，线性系统的奇点为退化情况，需分析原系统ε_1和ε_2的高阶项以判断奇点类型，可能出现新的奇点类型。

例 5-10 确定单摆的奇点类型，以分析其动态行为特征和稳定性。

解：忽略单摆的阻尼力，其动力学方程为

$$\ddot{\varphi}+\frac{g}{l}\sin\varphi=0 \tag{5-88a}$$

令$y=\dot{\varphi}$，将式（5-88a）化为

$$\frac{\mathrm{d}y}{\mathrm{d}\varphi}=-\frac{\frac{g}{l}\sin\varphi}{y} \tag{5-88b}$$

奇点为

$$S_1\begin{cases}y_s=0\\ \varphi_s=0\end{cases},\quad S_2\begin{cases}y_s=0\\ \varphi_s=\pi\end{cases} \tag{5-88c}$$

令$x=\varphi-\varphi_s$，式（5-88b）可线性化为

$$\frac{\mathrm{d}y}{\mathrm{d}x}=-\frac{\frac{g}{l}\cos\varphi_s x}{y} \tag{5-88d}$$

计算式（5-88d）的雅可比矩阵，以分析系统的稳定性和动态变化：

$$\boldsymbol{A}=\begin{pmatrix}0 & 1\\ -\frac{g}{l}\cos\varphi_s & 0\end{pmatrix} \tag{5-88e}$$

得到

$$p=0,\quad q=\frac{g}{l}\cos\varphi_s,\quad \varDelta=-\frac{4g}{l}\cos\varphi_s \tag{5-89}$$

奇点类型见表 5-1。

表 5-1 奇点类型

奇点	p	q	$\varDelta$	奇点类型
S_1	0	+	−	中心
S_2	0	−	+	鞍点

5.4 极限环

5.4.1 瑞利方程和范德波尔方程

以上分析表明，相平面中的封闭相轨迹是对系统周期运动的定性描述。通常，稳定中心奇点周围的密集闭轨迹族对应于单自由度保守系统的自由振动，其中实际运动的相轨迹由初始状态确定。然而，某些特殊振动系统的运动方程在相平面上会形成一条孤立的封闭曲线，称为极限环。这种孤立的封闭相轨迹所对应的周期运动由系统的物理参数唯一确定，与初始运动状态无关。自激振动是与极限环对应的一种周期运动，展现出系统在特定条件下的独特行为。

作为极限环出现的典型例子，我们可以讨论以下类型的微分方程，以分析其动态行为：

$$\ddot{x}-\varepsilon\dot{x}\left(1-\delta\dot{x}^2\right)+\omega_0^2x=0 \tag{5-90}$$

此方程被称为瑞利方程。

方程（5–90）的第二项相当于耗散系统的阻尼项。当方程（5–90）较小时，此阻尼项为负值，但对于方程（5–90）足够大的值，此阻尼项变为正值。范德波尔方程对小幅度运动表现为负阻尼，而对大幅度运动表现为正阻尼。这种特性使系统能够自我调整，从而形成极限环。通过使用变量替换，方程（5–90）可以化为一阶自治微分方程，从而简化对系统行为的分析：

$$\frac{\mathrm{d}y}{\mathrm{d}x}=\frac{\varepsilon y\left(1-\delta y^2\right)-x}{y} \tag{5-91}$$

使用列纳法作图，首先绘制零斜率的等倾线，如图 5–27 中的虚线，即

$$x=\varepsilon y\left(1-\delta y^2\right) \tag{5-92}$$

可以看出在原点附近，阻尼为负值，零斜率发生在第一、三象限；而在远离原点的地方，阻尼为正值，零斜率出现在第二、四象限。因此，与原点重合的奇点为不稳定焦点，使附近的相点向外发散。而在远离原点的地方，相点的运动接近于稳定焦点周围的相轨迹，并形成一个向内收敛的极限环。可以预见，这两类方向相反的相轨迹之间一定存在一个稳定的极限环（如图 5–27 所示）。这种极限环连接了向外发散和向内收敛的运动轨迹。

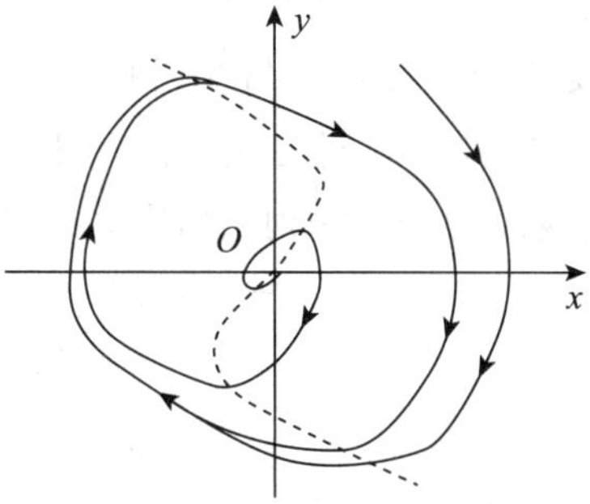

图 5-27　范德波尔方程

5.4.2　闭轨迹的稳定性

关于闭轨迹的稳定性，我们给出以下定义：若给定任意小的正数ε，存在正数δ，使在初始时刻$t=t_0$时，从闭轨迹$\varGamma$的任一侧距离δ处出现的受扰相轨迹上的点在$t>t_0$时总留在闭轨迹$\varGamma$的ε距离以内，则称未扰闭轨迹为稳定，反之不稳定；若未扰闭轨迹稳定，且受扰轨迹与未扰闭轨迹的距离在$t\to\infty$时趋近于零，则称无扰闭轨迹为渐近稳定（图 5-28）。

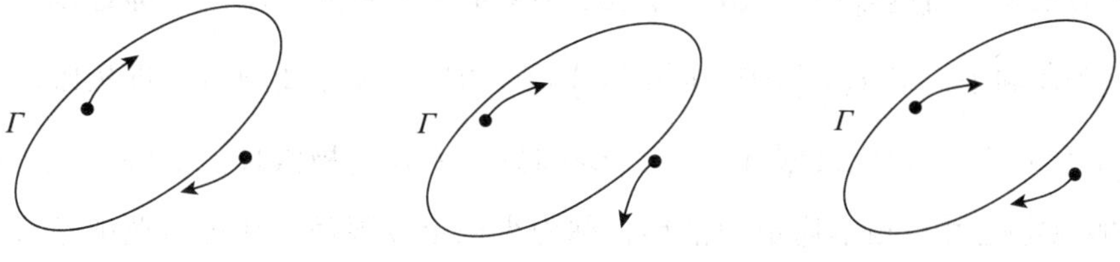

（a）稳定　（b）不稳定　（c）渐近稳定

图 5-28　闭轨迹稳定性的几何解释

上述定义只要求未受扰动的闭轨迹与受扰后的轨迹之间在整体上足够接近，而不要求在每个瞬时未受扰动的相点与受扰动的相点位置接近。这种定义不同于之前所提到的李雅普诺夫意义下的稳定性，它强调的是轨迹的整体形状和特性，因此被称为轨道稳定性。由于庞加莱首次提出了这种概念，这种稳定性也被称为庞加莱意义下的稳定性。这种稳定性关注的是轨迹在相空间中的保持特征，而不是个别相点的具体位置。

极限环的稳定性可以通过点映射的概念来说明。在相平面内画一条线段L，并确保该线段在任何位置都不与相轨迹相切，这条线段称为无切点线段。若从该线段L上的某一点P出发的相轨迹再次与线段相交，则称该交点P'为原点P的后继点，如图 5-29 所示。这种点映射方法可以用来分析极限环的动态行为和稳定性，通过观察轨迹与线段的交点序列来研究系统的周期运动特性。

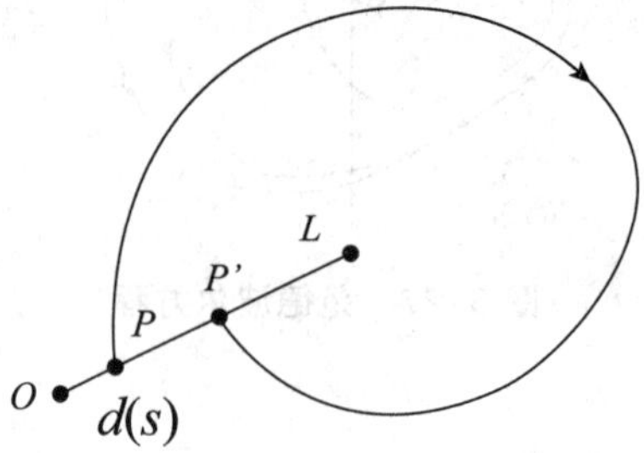

图 5-29 相轨迹上的点映射

设P和P'相对于参考点O的坐标分别为s和s'，则s'是s的函数，这个函数被称为后继函数，即

$$s' = f(s) \tag{5-93}$$

此函数建立了线段L上的点P与后继点P'之间的点映射关系。定义$d(s)=s'-s$为P与P'的距离，若$f(s_0)=s_0$或$d(s_0)=0$，则s_0是点映射的不动点，即过该点的相轨迹Γ为闭轨迹。若$d(s_0)=0$，而$d'(s_0)\neq 0$，则Γ为孤立闭轨迹，即极限环，且当$d'(s_0)<0$时Γ为稳定极限环，$d'(s_0)>0$时Γ为不稳定极限环。极限环也可能出现一侧稳定但另一侧不稳定的情形，称为半稳定极限环。在更普遍的意义下，若$d^{(i)}(s_0)=0(i=1,2,\cdots,\ k-1)$，且$d^{(k)}(s_0)\neq 0$，则$\Gamma$称为$k$重极限环，当$k=1$时称为单重极限环。若$k$为奇数，且$d^{(k)}(s_0)<0$，则$\Gamma$稳定；若$d^{(k)}(s_0)>0$，则$\Gamma$不稳定。若$k$为偶数，则$\Gamma$为半稳定。稳定或不稳定的单重极限环也称为双曲闭轨。

根据轨道稳定性的定义，我们可以推知保守系统的闭轨迹是轨道稳定的，而稳定极限环是轨道渐近稳定的，不稳定和半稳定极限环则是不稳定的。这意味着，只有那些轨道稳定的闭轨迹才能在物理上实现周期运动，因为它们能够在受到扰动后恢复到原有状态，不稳定的轨迹则无法维持周期性运动。稳定的轨迹特性使这些运动形式在实际物理系统中能够被观察和实现。

例 5-11 试确定下列动力学方程描述的系统的极限环并讨论稳定性。

$$（1）\begin{cases}\dot{x}=y+\dfrac{x}{\sqrt{x^2+y^2}}\left(1-x^2-y^2\right)\\ \dot{y}=-x+\dfrac{y}{\sqrt{x^2+y^2}}\left(1-x^2-y^2\right)\end{cases} \tag{5-94a}$$

$$（2）\begin{cases}\dot{x}=-y+x\left(x^2+y^2-1\right)\\ \dot{y}=x+y\left(x^2+y^2-1\right)\end{cases} \tag{5-94b}$$

$$（3）\begin{cases}\dot{x}=y+\dfrac{x}{\sqrt{x^2+y^2}}\left(x^2+y^2-1\right)\\ \dot{y}=-x+\dfrac{y}{\sqrt{x^2+y^2}}\left(x^2+y^2-1\right)\end{cases} \tag{5-94c}$$

解：（1）作变量置换：

$$x=\rho\cos\varphi,\quad y=\rho\sin\varphi \tag{5-94d}$$

或

$$\rho^2=x^2+y^2,\quad \tan\varphi=\frac{y}{x} \tag{5-94e}$$

得出

$$x\dot{x}+y\dot{y}=\rho\dot{\rho},\quad x\dot{y}-y\dot{x}=\rho^2\dot{\varphi} \tag{5-94f}$$

将式（5-95d）代入式（5-95a）并利用式（5-95e），得出

$$\dot{\rho}=1-\rho^2,\quad \dot{\varphi}=-1 \tag{5-94g}$$

积分得到

$$\rho=\frac{C-\mathrm{e}^{-2t}}{C+\mathrm{e}^{-2t}},\quad \varphi=\varphi_0-t \tag{5-94h}$$

式中，$C=\dfrac{1+\rho_0}{1-\rho_0}$。由于$\lim\limits_{t\to\infty}\rho=1$，因此$\rho=1$，即$x^2+y^2=1$为稳定的极限环。

（2）将式（5-95d）代入式（5-95b）并利用式（5-95e），可以得出

$$\dot{\rho}=\rho\left(\rho^2-1\right),\quad \dot{\varphi}=1 \tag{5-94i}$$

积分得到

$$\rho=\frac{1}{\sqrt{1-C\mathrm{e}^{2t}}},\quad \varphi=\varphi_0+t \tag{5-94j}$$

式中，$C=\dfrac{\rho_0^2-1}{\rho_0^2}$。当$\rho_0<1$时，$C<0$，由于$\lim\limits_{t\to\infty}\rho=1$，相轨线从$\rho=1$的圆内远离该圆；当$\rho_0>1$时，$C>0$，有$\lim\limits_{t\to\infty}\rho=1$，相轨线从$\rho=1$的圆外远离该圆。因此，$\rho=1$，即$x^2+y^2=1$为不稳定极限环。

（3）将式（5–95d）代入式（5–95c）并利用式（5–95e），可以得出

$$\dot{\rho}=\rho\left(\rho^2-1\right)^2,\quad \dot{\varphi}=-1 \tag{5–94k}$$

积分得到

$$\frac{\rho^2}{\rho^2-1}\mathrm{e}^{-\frac{1}{\rho_0^2-1}}=C\mathrm{e}^{2t},\quad \varphi=\varphi_0-t \tag{5–94l}$$

式中，

$$C=\frac{\rho_0^2}{\rho_0^2-1}\mathrm{e}^{-\frac{1}{\rho_0^2-1}} \tag{5–94m}$$

当$\rho_0<1$时，$C<0$，由于$\lim\limits_{t\to\infty}\rho=1$，相轨线从$\rho=1$的圆内远离该圆；当$\rho_0>1$时，$C>0$，有$\lim\limits_{t\to\infty}\rho=1$，相轨线从$\rho=1$的圆外远离该圆。因此，$\rho=1$，即$x^2+y^2=1$为半稳定极限环。

5.4.3 闭轨迹存在的必要条件

下面探讨一般形式的平面自治系统的状态方程：

$$\dot{x}=P(x,y),\quad \dot{y}=Q(x,y) \tag{5–95}$$

对应的相轨迹微分方程为

$$\frac{\mathrm{d}y}{\mathrm{d}x}=\frac{Q(x,y)}{P(x,y)} \tag{5–96}$$

如图 5–30 所示，在由式（5–97）决定的(x,y)相平面的向量场中绘制一条不经过奇点的封闭曲线C。当一个动点P沿着这条曲线C逆时针环绕一周并回到原点时，点P处向量与固定坐标轴之间的夹角θ的总变化量为2π的整倍数$2\pi j$。这个整数j称为封闭曲线的庞加莱指数，反映了动点绕行过程中向量场旋转的累积效应，说明了向量场在封闭曲线上的整体旋转性质，其表达式如下：

$$j(C)=\frac{1}{2\pi}\oint_C \mathrm{d}\left(\arctan\frac{Q}{P}\right)=\frac{1}{2\pi}\oint_C \frac{P\mathrm{d}Q-Q\mathrm{d}P}{P^2+Q^2} \tag{5-97}$$

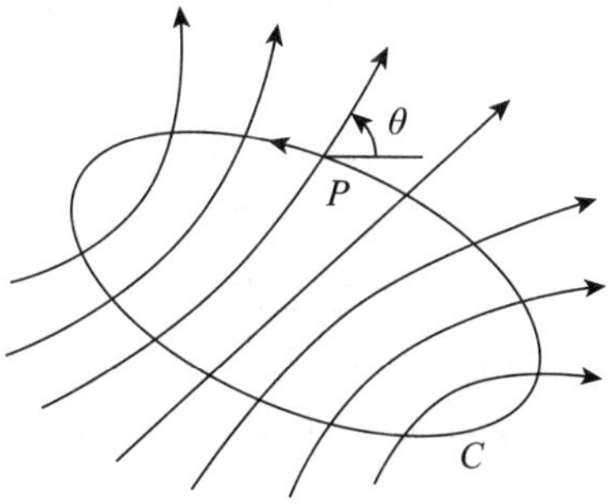

图 5-30　向量场中的闭曲线

$j(C)$有以下性质。

第一，如果封闭曲线 C 的内部没有奇点，那么庞加莱指数 j 为 0，这表示向量场在曲线 C 上的总旋转角度为零。

第二，如果封闭曲线C的内部包含一个奇点，那么庞加莱指数被称为该奇点的奇点指数。对于中心、焦点和结点，奇点指数为$j=+1$；而对于鞍点，奇点指数为$j=-1$。这表明不同类型的奇点在相平面上具有不同的旋转性质。

第三，如果封闭曲线C的内部包含多个奇点，那么庞加莱指数 j 等于这些奇点指数的代数和。这意味着，曲线内部所有奇点的指数总和决定了封闭曲线的整体旋转性质，如图 5-31 所示。

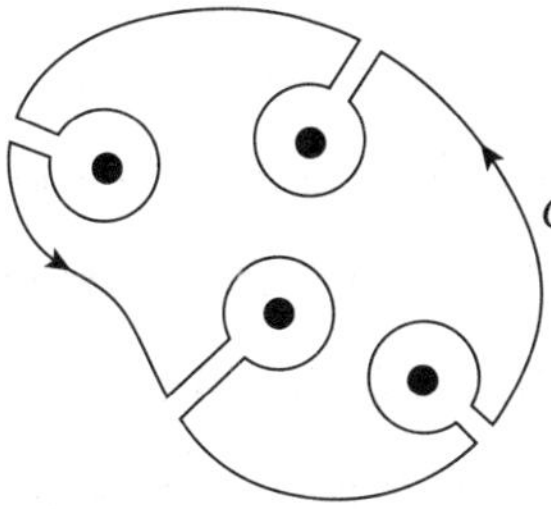

图 5-31　计算多个奇点指数的闭曲线

第四，如果曲线与封闭相轨迹重合，那么其庞加莱指数为$j=\pm 1$，表示轨迹的稳定性条件。

第五，如果曲线 C 上所有点的向量都指向外或向内，那么庞加莱指数为 ± 1。

利用上述性质，我们可以直观地确定包括极限环在内的封闭相轨迹存在的必要条件。

第一，封闭相轨迹的内部至少包含一个奇点，才能保证其存在。

第二，如果封闭相轨迹内部只有一个奇点，那么该奇点必须是中心、焦点或结点之一，才能确保轨迹的存在和稳定性。

第三，如果封闭相轨迹内有多个奇点，那么这些奇点指数的代数和必须为 +1，这意味着鞍点的数量必须比其他类型的奇点少一个，以满足轨迹存在的条件。

5.4.4 闭轨迹存在的充分条件

判断极限环存在有多种充分条件，其中庞加莱－本迪克生定理是最直观的一种。这一定理由庞加莱在 1881 年首先提出，后由本迪克生在 1901 年进行了严格的证明。

定理：若平面自治系统在环形域D的边界上的相轨迹均由外向内（或由内向外）进入D域，且D域内无奇点，则在D域内存在稳定（或不稳定）极限环（图 5–32）。

应用该定理的难点在于选择环形域边界，李雅普诺夫提供了一种简便的方法。叙述如下：在相平面内，以原点为中心绘制两个不同半径的同心圆，形成一个环形区域D（图 5–33），选择圆周上的任意点，并沿径向绘制法线n，然后将该法线与该点处的向量场向量进行点积计算，若$a \cdot n<0$，则向量朝原点方向穿过圆周；若$a \cdot n>0$，则向量朝相反方向穿过圆周。$a \cdot n$的符号可用$Px+Qy$来判断。根据庞加莱－本迪克生定理，若环形域D内无奇点，则D域内存在稳定极限环的充分条件为在内圆周上各点$Px+Qy>0$，在外圆周上各点$Px+Qy<0$。D域内存在不稳定极限环的充分条件为在内圆周上各点$Px+Qy<0$，在外圆周上各点$Px+Qy>0$。

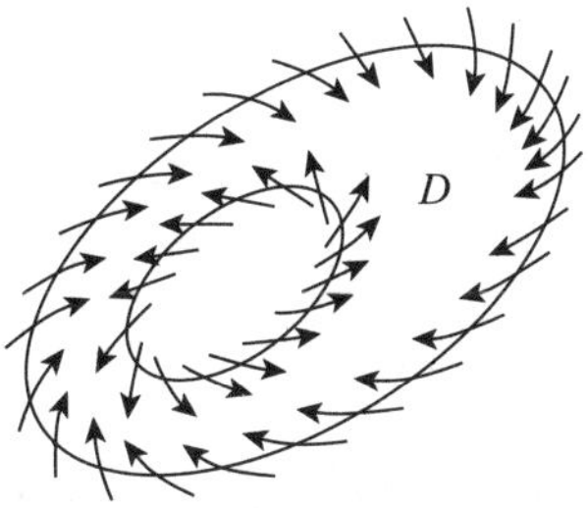

图 5-32　存在极限环的环形域

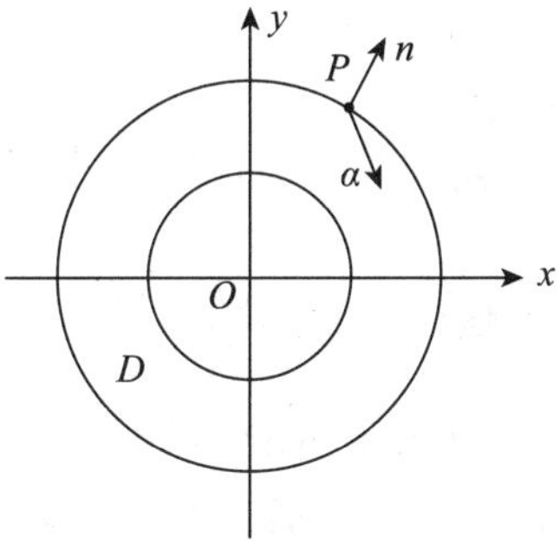

图 5-33　同心圆围成的环形域

例 5-12　试通过庞加莱 - 本迪克生定理来证明以下动力学方程中的极限环的存在性。

$$\begin{cases} \dot{x} = y - x\left(x^2 + y^2 - 1\right) \\ \dot{y} = -x - y\left(x^2 + y^2 - 1\right) \end{cases} \tag{5-98a}$$

解：此方程只有一个奇点$x_s = y_s = 0$，利用线性化方程的本征值判断此奇点为不稳定焦点或结点，满足极限环存在的必要条件。为证明极限环存在的充分条件也成立，对于$\delta>0$，作圆周C_1：$x^2 + y^2 = 1 + \delta$和C_2：$x^2 + y^2 = 1 - \delta$围成环形域D。圆周上各点满足

$$\begin{cases} C_1 : Px + Qy = -\left(x^2 + y^2\right)\left(x^2 + y^2 - 1\right) = \left(x^2 + y^2\right)\delta > 0 \\ C_2 : Px + Qy = -\left(x^2 + y^2\right)\left(x^2 + y^2 - 1\right) = -\left(x^2 + y^2\right)\delta < 0 \end{cases} \tag{5-98b}$$

根据庞加莱 - 本迪克生定理，D域内必存在极限环，即圆周：$x^2 + y^2 = 1$。

5.4.5 闭轨迹不存在的条件

除了前述的极限环存在的条件，本迪克生还证明了一个关于闭轨迹不存在的条件，以帮助识别系统中不可能形成闭轨迹的情况。

定理：对于用式（5–97）描述的平面自治系统，如果在单连通域D内P,Q有连续偏导数，且$\frac{\partial P}{\partial x}+\frac{\partial Q}{\partial x}$为常号函数，那么在$D$域内必不存在闭轨迹。

证明：采用反证法，假设D域内存在闭轨迹Γ，且D'为Γ包围的域，利用格林公式和式（5–97）可导出

$$\iint_{D'}\left(\frac{\partial P}{\partial x}+\frac{\partial Q}{\partial y}\right)\mathrm{d}x\mathrm{d}y=\oint_{\Gamma}(P\mathrm{d}y-Q\mathrm{d}x)=0 \tag{5-99}$$

为了确保式（5–100）在域内成立，$\frac{\partial P}{\partial x}+\frac{\partial Q}{\partial x}$必须存在变号现象，这与定理的前提条件相矛盾。因此，闭轨迹不可能存在。

例 5–13 尝试探讨范德波尔方程描述的系统中极限环存在的可能性。

解：令范德波尔方程中$\omega_0^2=1$，方程可化为

$$\frac{\mathrm{d}y}{\mathrm{d}x}=\frac{\varepsilon y\left(1-\delta x^2\right)-x}{y} \tag{5-100a}$$

导出

$$\frac{\partial P}{\partial x}+\frac{\partial Q}{\partial y}=\varepsilon\left(1-\delta x^2\right) \tag{5-100b}$$

根据上述闭轨迹不存在定理，在由直线围成的带域$-\frac{1}{\sqrt{\delta}}<x<\frac{1}{\sqrt{\delta}}$内，两个半平面$x<-\frac{1}{\sqrt{\delta}}$和$x>\frac{1}{\sqrt{\delta}}$中不存在闭轨迹。这是因为在这些半平面中，系统不满足形成闭轨迹的条件。尽管如此，该系统中仍可能存在与直线$x\pm\frac{1}{\sqrt{\delta}}$相交的闭轨迹。这意味着，虽然在直线围成的区域内没有封闭轨迹，但不排除系统整体上可能有交叉直线的闭轨迹存在。

5.4.6　闭轨迹稳定性定理

为了判断平面自治系统中闭轨迹Γ的稳定性，庞加莱引入了一些参数：

$$h=\frac{1}{\boldsymbol{T}}\int_0^T\left(\frac{\partial \boldsymbol{P}}{\partial x}+\frac{\partial \boldsymbol{Q}}{\partial y}\right)_\Gamma \mathrm{d}t \tag{5-101}$$

式中，T表示闭轨迹Γ对应的周期运动的周期，参数h被称为闭轨迹Γ的特征指数。庞加莱证明了一个关于闭轨迹稳定性的定理：若平面自治系统的闭轨迹Γ的特征指数$h<0$，则闭轨迹Γ稳定；若$h>0$，则Γ不稳定。

例 5-14　设平面自治系统的相轨迹微分方程为

$$\frac{\mathrm{d}y}{\mathrm{d}x}=\frac{2\varepsilon y\left(1-x^2-y^2\right)-x}{y} \tag{5-102a}$$

试用庞加莱定理来证明该系统的极限环具有稳定性。

解：此系统存在唯一的奇点$x_s=y_s=0$。作两个辅助圆：

$$C_1:\ \ x^2+y^2=\frac{3}{2},\quad C_2:\ \ x^2+y^2=\frac{1}{2} \tag{5-102b}$$

则有

$$\frac{\mathrm{d}y}{\mathrm{d}x}=-\frac{x}{y}-\varepsilon\in C_1,\quad \frac{\mathrm{d}y}{\mathrm{d}x}=-\frac{x}{y}+\varepsilon\in C_2 \tag{5-102c}$$

相轨迹进入C_1和C_2之间的环形域D（图 5-34），且在D域内无奇点，因此根据庞加莱－本迪克生定理，该系统在该域内存在稳定的极限环。

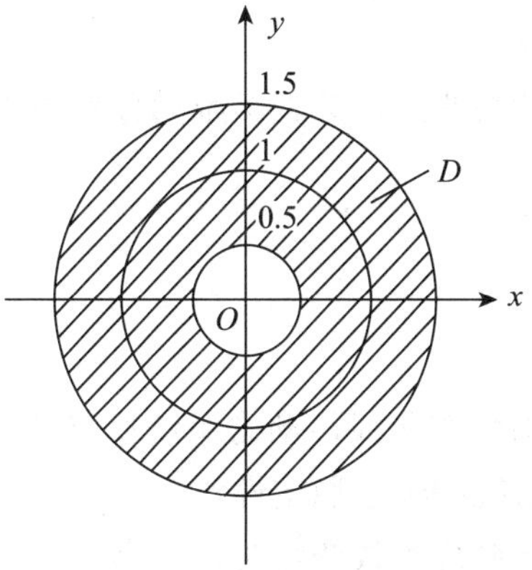

图 5-34　同心圆围成的环形域

实际上式（5-103a）具有一个孤立的周期解，表明系统存在唯一的周期性行为：

$$x^2+y^2=1 \tag{5-102d}$$

为了应用庞加莱定理证明此周期解的稳定性，我们将方程（5-103d）写成参变形式：

$$x=\cos\omega t,\quad y=\sin\omega t \tag{5-102e}$$

得出

$$\frac{\partial P}{\partial x}+\frac{\partial Q}{\partial y}=2\varepsilon\left(1-x^2-3y^2\right)=-4\varepsilon\sin^2\omega t \tag{5-102f}$$

令$T=2\pi$，代入式（5-100）计算特征指数h，得到

$$h=\frac{1}{2\pi}\int_0^{2\pi}\left(-4\varepsilon\sin^2\omega t\right)\mathrm{d}(\omega t)=-2\varepsilon<0 \tag{5-102g}$$

根据庞加莱定理，该极限环具有稳定性，表明系统在该轨迹附近保持稳定。

课后练习

1. 在非线性动力系统的定性分析中，相图的主要作用是什么？（　）

A. 定量计算系统的响应

B. 观察系统在时间上的变化

C. 研究系统的稳定性和长期行为

D. 分析系统的频率响应

2. 以下哪种现象通常与非线性动力系统的分岔分析有关？（　）

A. 周期运动

B. 混沌运动

C. 简谐运动

D. 直线运动

3. 简述李雅普诺夫函数在非线性动力系统稳定性分析中的作用。如何构造李雅普诺夫函数以证明系统的渐近稳定性？

4. 在鞍结分岔中，当系统参数变化时，一个 ________ 和一个 ________ 平衡点会相遇并相互湮灭。

第 6 章　非线性动力系统的近似解析方法

第 5 章所介绍的定性分析方法在研究振动系统的运动状态时，可以避免对动力学微分方程直接求解。然而，这种方法主要适用于自治系统，对于运动的时间历程、频率和振幅等振动特性的基本参数无法进行定量计算。因此，本章将对非线性系统进行定量研究。由于能够获得精确解析解的非线性系统非常少见，除了使用数值计算方法，我们还需要采用近似解析方法来研究这些系统，这样可以在一定程度上弥补定性分析的局限性，更全面地理解非线性振动系统的特性。近似解析方法主要研究弱非线性系统，这类系统的非线性项较小，因此可以将非线性因素视作对线性系统的一种扰动，从而在线性系统解的基础上寻找非线性系统的近似解。通常，这些方法可用于寻找非线性系统可能存在的周期解。本章主要介绍各种近似解析方法，以典型的非线性系统为分析对象，并通过分析展示出非线性系统特有的运动状态。虽然本章重点讨论单自由度系统，但这些基本思想同样适用于多自由度系统。

6.1　谐波平衡法

6.1.1　概述

谐波平衡法（harmonic balance method）是一种用于求解非线性振动问题的近似分析方法。其基本原理是通过将系统的非线性响应表示为有限个谐波分量的线性组合，从而将非线性问题转化为可解的代数方程组。该方法常用于分析周期性振动系统，特别是弱非线性系统。

谐波平衡法的分析步骤如下：首先假设系统的响应为若干个基频及其谐波分量的组合，然后将假设的响应代入系统的运动方程中，并通过调节谐波分量的幅值和相位使方程在平均意义下平衡，从而得到一组非线性代数方程，这些方程可以通过数值方法求解，从而得到系统的近似响应。

谐波平衡法的优点在于其计算效率高，适合处理具有明确谐波特征的非线性问题。然而，对于强非线性系统或者复杂的非周期振动系统，谐波平衡法可能会受到精度限制。现探讨以下普遍形式的非线性系统的受迫振动特性和行为：

$$\ddot{x}+f(x,\dot{x})=F(t) \tag{6-1}$$

为了不失一般性，假设函数$F(t)$是一个偶函数，并且不包含常值分量。当实验中观测到系统进行周期为$T=\dfrac{2\pi}{\omega}$的周期运动时，我们可以将$F(t)$展开成一个周期为 T 的傅里叶级数。通过这种傅里叶展开，我们可以更方便地分析系统的动态行为，并利用谐波分量对系统的响应进行进一步研究。这种方法在处理复杂非线性系统的周期运动时非常有效，因为它能够将系统的复杂性分解为一系列更简单的谐波分量。表达式为

$$F(t)=\sum_{n=1}^{\infty}f_n\cos(n\omega t) \tag{6-2}$$

式中，

$$f_n=\frac{1}{T}\int_{-\frac{T}{2}}^{\frac{T}{2}}F(t)\cos(n\omega t)\mathrm{d}t \quad (n=1,2,\cdots) \tag{6-3}$$

将式（6–2）代入式（6–1），得到

$$\ddot{x}+f(x,\dot{x})=\sum_{n=1}^{\infty}f_n\cos(n\omega t) \tag{6-4}$$

预计式（6–4）的解也会以频率ω呈现周期性变化，因此我们可以将式（6–4）展开为傅里叶级数进行分析：

$$x(t)=A_0+\sum_{n=1}^{\infty}\left[A_n\cos(n\omega t)+B_n\sin(n\omega t)\right] \tag{6-5}$$

将式（6–5）代入式（6–4），其中的函数$f(x,\dot{x})$包含非线性恢复力和阻尼力，通常是x的多项式形式。代入后，我们可以使用三角函数公式将其表示为各阶谐波的线性组合。接着，通过令方程两侧x的各阶谐波系数相等，我们就可以得到一个包含已知和未知系数的无穷代数方程组。

通过预先假定$x(t)$响应中的谐波个数，我们可以从有限个方程中求出待定

的系数，从而确定各阶谐波的振幅$a_n(n=1,2,\cdots)$与频率ω之间的关系。当级数收敛时，高阶谐波的振幅会变得很小，因此在实际计算中，我们可以用有限项来代替无穷级数以获得近似解。这种方法也适用于自治系统，用于计算自由振动的频率与振幅的关系。这种方法在实际应用中能够有效地简化复杂的非线性方程的求解过程，并分析系统的动态特性。

谐波平衡法的另一种表述是伽辽金（B.G.Galerkin）法。根据虚功原理，这种方法通过将动力学方程式（6–1）的各项与虚位移相乘来求解，目的是达到方程在某种意义上的平衡。此时有

$$[\ddot{x}+f(x,\dot{x})-F(t)]\delta x=0 \tag{6–6}$$

虚位移δx是由式（6–5）中各阶谐波振幅的变分$\delta a_n(n=1,2,\cdots)$来确定的，如式（6–7）所示，这意味着每个谐波振幅的微小变化都会影响虚位移的值。

$$\delta x=\sum_{n=1}^{\infty}\delta a_n\cos\left(n\omega t-\theta_n\right) \tag{6–7}$$

将式（6–2）和式（6–7）代入式（6–6），理论上这个等式应该在每个瞬时都成立。然而，作为一种近似方法，伽辽金法只要求该等式在每个周期T内的平均意义上成立。因此，我们可以通过在一个周期内对各项取平均值来简化方程，并达到近似解的目的。

6.1.2　弱非线性系统

1. 弱非线性系统的数学描述

弱非线性系统通常可以通过以下形式的微分方程描述：

$$\dot{x}=\boldsymbol{A}x+\varepsilon f(x) \tag{6–8}$$

式中，x为状态变量，$\boldsymbol{A}$为线性系统矩阵，$f(x)$为系统的非线性部分，ε为小参数（$0<\varepsilon\ll 1$），用于量化非线性项的强度。在这种表述中，系统在$\varepsilon=0$时即为线性系统。

2. 弱非线性系统的特性

（1）线性近似有效性。由于弱非线性系统的非线性项较小，因此可以通过线性近似来描述系统的大部分行为。这样一来，系统在微小非线性影响下的动态特性与其线性近似情况相似，线性系统的分析结果便可以作为弱非线性系

统的第一近似。在这种近似下，系统的主要特征由线性部分主导，非线性部分只在特定条件下引发细微调整或偏差。

（2）谐波特性。在弱非线性系统中，输入信号的谐波分量和系统的本征频率常常能够显著影响系统的动态响应特性。通常情况下，系统的非线性行为主要表现在较高次谐波上，基频和低次谐波则可以用线性近似进行有效描述。因此，对于弱非线性系统的分析，着重关注高次谐波的作用是至关重要的，因为这些高次谐波可以揭示系统的非线性特性和复杂的动态行为，基频和低次谐波则能用线性特性理解。

（3）渐进稳定性。在某些条件下，弱非线性系统可以表现出渐进稳定性，这意味着系统的响应在初始的波动和非线性干扰后，会随着时间的推移逐渐趋于一个稳定状态。这种稳定状态可能是一个固定点、周期轨道或吸引子的形式，表明系统最终会达到一种平衡状态。在这种情况下，尽管存在非线性项，但它对系统长期行为的影响是有限的，因此不会导致系统响应发散或出现不稳定的振荡。

（4）多稳态性。尽管非线性项较小，但弱非线性系统仍可能呈现多稳态行为，这意味着系统可能具有多个稳定的平衡点或状态。系统在受到外界影响或在不同初始条件下，可能趋向不同的稳定状态。因此，系统的初始条件或外部扰动会对其最终稳定状态有显著影响。这种多稳态特性反映了弱非线性系统的复杂性，因为即使是微小的非线性效应，也能使系统在不同的初始条件下产生截然不同的响应模式。

3. 弱非线性系统的应用领域

弱非线性系统的应用领域非常广泛，涉及多个学科和行业，包括机械工程、电力工程、控制系统、经济学、生态学以及生物医学工程等。这些系统的研究对于理解复杂动态行为、优化系统设计和解决实际问题具有重要意义。

（1）在机械工程领域中，弱非线性系统被广泛用于分析和设计振动控制装置。例如，在车辆悬挂系统中，弱非线性模型可以帮助工程师理解弹簧和阻尼器的动态响应，从而优化设计以提高乘坐舒适性和车辆操控性。类似地，在桥梁和建筑结构中，弱非线性分析有助于评估结构在风、地震等外部荷载下的稳定性和安全性。

（2）在电力工程领域中，弱非线性系统可用于研究电力设备和电网的动态特性。在电动机启动和变压器运行过程中，非线性效应可能导致不期望的行为，如电流过冲和谐波失真。通过分析这些弱非线性效应，工程师能够设计出更稳定和高效的电力系统。此外，在电力系统的稳定性分析中，弱非线性模型有助于识别电力网络中的潜在故障点，并提出相应的改进措施。

（3）控制系统是弱非线性系统应用的另一个重要领域。在自动控制和机电系统中，弱非线性模型可以用来评估控制器的鲁棒性。例如，在无人机和自动驾驶汽车的控制系统中，弱非线性分析有助于优化控制算法，提高系统对外界扰动的响应能力和适应性。通过理解系统的非线性特性，工程师可以设计出更具鲁棒性和稳定性的控制策略。

（4）在经济学中，弱非线性系统可用于分析市场行为和经济周期。经济系统往往具有复杂的动态特性，其中包含多种非线性因素，如市场供求、价格波动和政策影响。通过建立弱非线性模型，经济学家可以模拟经济系统的动态变化，预测市场趋势，并制定有效的经济政策。此外，在金融市场中，弱非线性模型可以用于分析股票价格、汇率等金融指标的波动，帮助投资者作出更明智的决策。

（5）在生态学研究中，弱非线性系统被用来模拟生物种群的动态变化和生态系统的平衡状态。生态系统中的相互作用通常具有非线性特性，如捕食者与猎物的关系、竞争与合作行为等。通过研究这些非线性关系，生态学家可以预测物种的生存和繁衍模式，评估生态系统对环境变化的响应，并提出有效的保护和管理策略。

（6）在生物医学工程中，弱非线性系统可用于研究生物系统的复杂动态行为。例如，在心血管系统中，血液流动和心脏泵血的动态过程具有显著的非线性特性。通过建立和分析弱非线性模型，研究人员可以更好地理解心血管疾病的病理机制，为医疗诊断和治疗提供科学依据。此外，在神经科学研究中，弱非线性系统有助于解析大脑信号传导和神经元网络的动态行为，促进神经疾病的研究和新型疗法的开发。

6.1.3　达芬系统的自由振动

达芬系统的自由振动表现出与线性系统不同的特性，主要受到非线性项βx^3的影响，这种非线性项引入了多种复杂的动态行为。

1. 软弹簧和硬弹簧行为

根据非线性参数β的正负号，达芬系统可以表现为软弹簧或硬弹簧特性。

（1）软弹簧（$\beta>0$）：非线性项使系统的刚度随着位移增大而减小，可能会出现亚谐振动和倍频现象。

（2）硬弹簧（$\beta>0$）：非线性项使系统的刚度随着位移增大而增大，系统可能会表现出倍频和分出行为，产生复杂的周期和准周期运动。

2.达芬方程描述的系统

达芬系统就是用达芬方程描述的系统。对于弱非线性情形，以三次项系数ε为小参数，动力学方程为

$$\ddot{x}+\omega_0^2\left(x+\varepsilon x^3\right)=0 \tag{6-9}$$

实验表明，原系统的自由振动仍然是周期性的，但其频率ω与派生系统的自由振动频率ω_0不同。为了分析这种差异，我们可以将基本解展开成以频率ω为变量的傅里叶级数，并作为初步近似，且只保留一次谐波。这种方法有助于理解系统在不同条件下的动态行为，特别是在频率上的变化和差异。通过这样的分析，我们可以更加清晰地揭示非线性系统在振动特性上的独特之处。此时有

$$x=A\cos\omega t \tag{6-10}$$

将式（6-10）代入式（6-8），利用三角函数公式$\cos^3 a=\dfrac{3\cos a+\cos 3a}{4}$，可得

$$\left(\omega_0^2-\omega^2+\frac{3}{4}\varepsilon\omega_0^2A^2\right)A\cos\omega t+\frac{1}{4}A^3\cos 3\omega t=0 \tag{6-11}$$

令式（6-11）中一次谐波的系数为零，可得

$$\omega^2=\omega_0^2\left(1+\frac{3\varepsilon}{4}A^2\right) \tag{6-12}$$

因此，达芬系统的自由振动频率ω是振幅A的函数。

达芬方程可以用作单摆的简化数学模型，揭示了单摆等时性的近似性。伽利略观察到的单摆等时性实际上是线性理论的结果，仅在振幅非常小时适用，反映了振幅极小时单摆的运动规律。这个观察强调了线性近似在解释小振幅运动中的局限性。

3. 受迫振动的特性

达芬系统在外部驱动力的作用下展现出多样的振动特性，主要受到系统参数和驱动条件的影响。

（1）稳态响应与共振现象。在受迫振动中，系统的稳态响应是指在驱动力的持续作用下，系统达到的稳定振动状态。达芬系统的共振现象不仅由线性部分的本征频率决定，还受非线性项的显著影响。

①线性共振。当驱动频率ω接近系统的线性本征频率时，系统响应达到最大振幅。这种共振类似于线性系统的共振，但受非线性因素影响。

②非线性共振。非线性项可能使系统出现超谐共振或次谐共振，即系统在驱动频率的整数倍或分数倍上产生显著响应。硬弹簧行为（$\beta>0$）和软弹簧行为（$\beta<0$）会影响非线性共振的具体表现水平。

（2）非线性现象：分岔和混沌。达芬系统的受迫振动中，非线性效应会产生分岔和混沌现象，这些现象会显著地影响系统的动态行为。

①分岔。当系统参数或驱动力变化时，系统可能从一个稳态转变为多个不同的稳态（周期运动或准周期运动）。分岔图显示了系统响应的多样性及其对参数变化的敏感性。

②混沌。在某些条件下，系统可能进入混沌状态，表现出复杂且不规则的振动。混沌行为对初始条件极为敏感，难以预测。

（3）频率响应与相位图。达芬系统的频率响应曲线展示了系统在不同驱动频率下的响应特性。通过分析频率响应曲线，我们可以识别共振频率及其对非线性项的敏感性。

①频率响应曲线。随着驱动频率的变化，系统的振幅变化揭示了共振点和跳跃现象。

②相位图。相位图提供了系统在相空间中的轨迹，展示了系统在不同驱动条件下的动力学状态。不同的轨迹类型（如周期轨道、混沌吸引子）显示了系统的多样动态行为。

6.1.4 达芬系统的受迫振动

达芬系统的受迫振动指的是在外部周期性驱动下，系统所呈现出的动态响应。它是研究非线性动力学中的一种经典模型，因其表现出丰富的动态行为和复杂的振动特性而广受关注。达芬系统通过其非线性特性揭示了在受迫振动下的各种现象，如非线性共振、分岔、混沌等。在外部周期性驱动力的作用下，达芬系统可以展现出与线性系统截然不同的响应特征，这些特征使达芬系统成为研究非线性动力学的重要工具，广泛应用于工程、物理学、生物医学工程和其他科学领域。达芬系统的分析能够帮助人们更好地理解和控制复杂系统的非线性行为，并推动技术进步和应用创新。在研究机械结构、电力系统、航天器设计以及生物系统时，达芬系统提供了关键的理论和实践基础。

现讨论带阻尼的达芬系统，设系统受频率ω的简谐激励，动力学方程为

$$\ddot{x}+2\zeta\omega_0\dot{x}+\omega_0^2\left(x+\varepsilon x^3\right)=B\omega_0^2\cos(\omega t+\theta) \tag{6-13}$$

当ε=0 时，方程的派生系统会出现与激励频率ω一致的简谐稳态响应。由于阻尼的存在，稳态响应与激励之间存在相位差。当激励力的相位调整到某个待定的值时，响应的相位可以达到期望的相位关系ωt。此时可将派生解写为

$$x=A\cos\omega t \tag{6-14}$$

对于$\varepsilon\neq 0$的情形，若实验观测到原非线性系统也存在频率ω的周期稳态响应，则可认为基本解也是周期函数，形式上与式（6–14）相同。将式（6–14）代入式（6–13）的左边，利用与前面类似的三角变换，可得

$$\begin{aligned}&\left[A\left(1-s^2\right)+\frac{3}{4}\varepsilon A^3\right]\cos\omega t-(2\zeta sA)\sin\omega t+\cdots\\&=B(\cos\theta\cos\omega t-\sin\theta\sin\omega t)\end{aligned} \tag{6-15}$$

式中，省略号表示超过一次的高次谐波，$s=\dfrac{\omega}{\omega_0}$为频率比。令式（6–15）两边一次谐波的系数相等，得到

$$A\left(1-s^2\right)+\frac{3}{4}\epsilon A^3=B\cos\theta,\quad 2\zeta sA=B\sin\theta \tag{6-16}$$

消去参数θ，导出达芬系统受迫振动的振幅与频率之间的关系式：

$$\left(1-s^2+\frac{3}{4}\varepsilon A^2\right)^2+(2\zeta s)^2=\left(\frac{B}{A}\right)^2 \tag{6-17}$$

式（6–17）可写为

$$\frac{A}{B}=\frac{1}{\sqrt{\left(1-s^2+\dfrac{3\varepsilon}{4}A^2\right)^2+(2\zeta)^2}} \tag{6-18}$$

线性系统的幅频特性是式（6–18）中$\varepsilon=0$时的特例。式（6–17）还可化为

$$s^4 - 2\left(1 + \frac{3\varepsilon}{4}A^2 - 2\zeta^2\right)s^2 + \left(1 + \frac{3\varepsilon}{4}A^2\right)^2 - \left(\frac{B}{A}\right)^2 = 0 \tag{6-19}$$

解出

$$s^2 = 1 + \frac{3\varepsilon}{4}A^2 - 2\zeta^2 \pm \sqrt{\left(\frac{B}{A}\right)^2 - 4\zeta^2\left(1 + \frac{3\varepsilon}{4}A^2 - \zeta^2\right)} \tag{6-20}$$

从式（6-16）中消去B，导出相位差与频率的关系式：

$$\theta = \arctan\frac{2\zeta s}{1 - s^2 + \frac{3\varepsilon}{4}A^2} \tag{6-21}$$

6.1.5　幅频和相频特性曲线

幅频和相频特性曲线是用于描述系统对不同频率输入信号的响应特性的重要工具，广泛应用于控制工程、信号处理和振动分析等领域。这两种特性曲线能够揭示系统的动态行为，包括增益和相位随频率变化的关系，从而帮助工程师和科学家分析和设计系统。

1．幅频特性曲线

（1）定义。幅频特性曲线（amplitude-frequency characteristic curve）描述了系统的输出振幅（或增益）相对于输入信号频率的变化关系，通常表示为输出振幅与输入振幅的比值。

（2）表达式。对于一个线性时间不变系统，其幅频特性通常表示为

$$|H(j\omega)| = \frac{|Y(j\omega)|}{|X(j\omega)|} \tag{6-22}$$

式中，$|H(j\omega)|$为系统的幅频响应；$|Y(j\omega)|$为输出信号的振幅；$|X(j\omega)|$为输入信号的振幅。

在对数坐标中，幅频特性通常用分贝（dB）来表示：

$$G(\omega) = 20\lg\left(\frac{|Y(j\omega)|}{|X(j\omega)|}\right) \tag{6-23}$$

（3）特点。幅频特性曲线具有以下特点。

①共振峰。幅频特性曲线上通常存在一个或多个共振峰，表示系统对特定频率输入的响应特别强烈。这些峰值通常对应于系统的本征频率。

②带宽。幅频特性曲线的半功率点（–3dB 点）之间的频率范围定义了系统的带宽，表示系统能够有效传输信号的频率范围。

③低频和高频行为。在低频段，系统可能表现为增益较高的行为，而在高频段，系统增益可能快速下降。幅频特性曲线提供了有关系统对不同频率响应的整体视图。

2. 相频特性曲线

（1）定义。相频特性曲线（phase–frequency characteristic curve）描述了系统的输出相位相对于输入信号频率的变化关系。这条曲线显示了系统在不同频率下如何改变输入信号的相位。

（2）表达式。相频特性通常表示为

$$\phi(\omega)=\arg(H(j\omega)) \tag{6-24}$$

式中，$\phi(\omega)$为系统的相位响应；$\arg(H(j\omega))$为系统传递函数的相位角。

3. 幅频和相频特性曲线的应用

（1）系统稳定性分析。幅频和相频特性曲线是系统稳定性分析的核心工具。通过评估增益裕度和相位裕度，工程师可以判断系统在特定输入频率下的稳定性。对于控制系统，波特图（Bode Plot）可以结合这两种特性，提供完整的频率响应分析手段。

（2）滤波器设计。在滤波器设计中，幅频特性曲线用于确定滤波器的通带、阻带和过渡带的特性，从而优化滤波器的性能。相频特性曲线能够帮助设计者减少相位失真，提高信号保真度。

（3）机械系统分析。对于机械振动系统，幅频和相频特性曲线提供了系统的共振特性和振动模式的信息，能够帮助设计者优化系统结构以提高振动控制效果和结构稳定性。

（4）信号处理。在信号处理领域，这两种特性曲线用于分析和设计信号调制、解调和传输系统，确保信号的完整性和精确性。

6.1.6 跳跃现象

跳跃现象（jump phenomenon）是非线性动力系统中的一种重要行为，通常发生在系统的幅频响应曲线中，特别是在共振附近。当系统的输入参数（如驱动频率或幅度）缓慢变化时，输出响应的振幅并不是平滑地变化，而是会突然跳跃到另一个稳定状态。这种现象在工程、物理和机械系统中广泛存在，对系统的稳定性和设计有重要影响。

在非线性系统中，幅频响应曲线不再是线性的或单一的。随着驱动频率的变化，系统可能出现多个稳态解，表现为多值幅频曲线。这时，系统的振幅在某些频率范围内会发生突然的跳变，即跳跃现象。这种现象主要由系统的非线性特性引起，与线性系统的平滑共振特性显著不同。

1. 产生机制

跳跃现象通常出现在非线性系统的共振区域，由系统的非线性刚度和阻尼特性产生。在这些区域，系统可能存在多个稳定和不稳定的振幅解。系统从一个稳态跳跃到另一个稳态的过程，通常伴随着参数的逐渐变化和不稳定解的消失。

2. 幅频响应中的跳跃现象

在幅频响应曲线中，跳跃现象通常表现为曲线的断裂或折返，这意味着在某一频率范围内，输出振幅的变化不再是连续的。以下是跳跃现象的典型特征。

（1）上行跳跃。当驱动频率逐渐增加到某个临界点时，系统的振幅突然从一个较低的稳态跃迁到一个较高的稳态。

（2）下行跳跃。当驱动频率逐渐减小到某个临界点时，系统的振幅从一个较高的稳态突然跃迁到一个较低的稳态。

（3）滞回现象。由于上行和下行跳跃频率不一致，系统的幅频响应表现出滞回现象，即系统的路径依赖性。

3. 跳跃现象的分析方法

分析跳跃现象需要理解系统的非线性特性，通常采用以下方法。

（1）数值模拟。利用数值仿真方法（如 Runge–Kutta 法）分析系统在不同频率和参数条件下的动态响应，可以深入揭示跳跃现象的具体表现情况。这些仿真方法能够帮助研究者观测系统在变化条件下的振幅跳跃、稳态解和滞回特性，从而更好地理解和预测系统的非线性动态行为。通过数值仿真，我们可以对系统的性能进行优化，改善其稳定性和响应特性。

（2）稳定性分析。通过计算系统的稳定性，我们可以确定不同稳态解的稳定性范围，分析参数变化如何影响稳态跳跃。稳定性分析能够帮助研究者了解系统在不同参数条件下的动态行为，包括识别稳态解的存在区域和转换条件。通过这种分析，研究者可以更好地预测系统在参数变化时的响应特性，并采取适当的措施以控制或利用跳跃现象，确保系统的可靠性和效率。

（3）分岔分析。利用分岔理论研究系统的多稳态结构，可以确定引起跳跃现象的参数条件。分岔理论分析能够揭示系统在参数空间中的不同稳定状态以及这些状态之间的转换路径。通过识别分岔点和参数条件，研究者可以预测和解释系统中的跳跃现象，包括多稳态解的形成和消失过程。分岔理论提供了一种系统化的方法来理解复杂非线性系统的动态行为，帮助工程师设计出更具稳健性的系统，避免不期望的跳跃或利用跳跃来实现特定功能。

（4）实验验证。通过实验方法验证数值和理论分析结果，观察实际系统中的跳跃现象是至关重要的。实验不仅能够确认理论预测的准确性，还能提供有关实际系统在现实条件下的动态行为的宝贵数据。在实验中，研究者可以调整系统参数，施加特定的外部刺激，以观察跳跃现象的触发条件和特性。通过对比实验结果与数值模拟和理论模型，研究者可以进一步优化系统设计，改进分析方法，从而更有效地控制和利用系统的跳跃现象。实验验证为理论研究提供了现实依据，推动了科学研究的进步。

6.2 摄动法

摄动法是矩阵理论中常用的一种方法，它通过利用连续函数的性质，将复杂的矩阵问题转化为对非异阵（可逆矩阵）的讨论。在本节中，我们将详细阐述摄动法的基本原理，并展示其在证明伴随矩阵性质和求解行列式值方面的应用。

例 6-1 设 $\boldsymbol{A}$ 是一个 n 阶方阵，求证：存在一个正数 a，使对任意的 $0<t<a$，矩阵 $t\boldsymbol{I}_n+\boldsymbol{A}$ 都是非异阵。

证明：通过简单的计算可得

$$|t\boldsymbol{I}_n+\boldsymbol{A}|=t^n+a_1t^{n-1}+\cdots+a_{n-1}t+a_n \tag{6-25}$$

式（6-25）是一个关于未定元 t 的 n 次多项式，该多项式最多具有 n 个不同的根。如果多项式的所有根都是零，那么可以选择 a=1。若多项式存在非零根，则可将 a 设为所有非零根的模长的最小值。这样一来，对于任何 $0<t_0<a$，t_0 都不会是多项式的根，这意味着在此范围内多项式对应的矩阵是非异阵（可逆矩阵）。这一选择确保了在参数 t 的选定范围内，相关矩阵能够保持非奇异性，为进一步的分析和应用提供条件。通过这种方法，我们可以保证多项式在特定范围内的稳定性和可逆性，有助于矩阵理论中的进一步研究和应用。

6.2.1　摄动法的原理

摄动法的基本原理是将一个复杂的数学问题视作一个已知问题的轻微扰动，进而通过展开来近似地求解该问题。在具体实现中，通常假设问题涉及一个小参数ϵ，并将相关变量展开为ϵ的幂级数。假设有一个关于变量 x 的方程：

$$f(x,\varepsilon)=0 \tag{6-26}$$

若已知$\epsilon=0$ 时的解 x_0，则可以将式（6–26）展开为ε的级数：

$$x=x_0+\varepsilon x_1+\varepsilon^2 x_2+\cdots \tag{6-27}$$

将式（6–27）代入原方程后，我们可将其按ε的不同次幂展开并逐项比较系数，求解各项 x_1、x_2 来获得系统的近似解。这种方法需要使ε足够小，使高阶项可以忽略，保留有限的项数以获得良好的近似。

1. 非简并态摄动

计算能级的变化

$$\Delta \boldsymbol{E}_n^{(1)}=\left\langle \boldsymbol{\psi}_n^{(0)} \middle| H' \middle| \boldsymbol{\psi}_n^{(0)} \right\rangle \tag{6-28}$$

式中，$\boldsymbol{\psi}_n^{(0)}$为未扰动的波函数，$H'$ 为扰动哈密顿量。

2. 波函数修正

$$\boldsymbol{\psi}_n^{(1)}=\sum_{m\neq n}\frac{\left\langle \boldsymbol{\psi}_m^{(0)} \middle| \boldsymbol{H}' \middle| \boldsymbol{\psi}_n^{(0)} \right\rangle}{\boldsymbol{E}_n^{(0)}-\boldsymbol{E}_m^{(0)}}\boldsymbol{\psi}_m^{(0)} \tag{6-29}$$

式中，$\boldsymbol{\psi}_n^{(1)}$为波函数的一阶修正。

6.2.2　一阶摄动分析

1. 一阶摄动分析的基本原理

一阶摄动分析假设系统的解可以用一个小参数ϵ来描述，其中ϵ通常是一个小量。例如，在处理微分方程问题时，系统的变量可以展开为ϵ的幂级数：

$$x(\epsilon)=x_0+\varepsilon x_1+\varepsilon^2 x_2+\cdots \tag{6-30}$$

在一阶摄动分析中，通常仅保留到ε的一阶项：

$$x(\epsilon)\approx x_0+\varepsilon x_1 \tag{6-31}$$

式中，x_0 为零阶解（通常是已知的简单解）；x_1 为因小扰动而引入的修正项。

2. 一阶摄动分析的应用领域

（1）量子力学。在量子力学中，一阶摄动理论可用于计算当量子系统受到微小扰动时的能量和波函数变化。例如，考虑一个电子在一个原子中的状态，当外界施加一个微小的电场时，电子的能级和波函数会发生轻微变化。

（2）结构工程。在结构工程中，一阶摄动分析可用于研究材料或结构（如桥梁、建筑物、飞机机翼等）在荷载、几何形状或边界条件发生微小变化时的响应。通过这种分析，设计人员以评估结构在小变形或小缺陷下的稳定性和安全性。

（3）控制工程与电路设计。在控制工程和电路设计中，一阶摄动分析可用于评估系统在参数（如电阻、电容、增益）发生微小变化时的性能稳定性。通过这种分析，设计人员可以优化系统参数，使系统对小扰动具有更好的鲁棒性和抗干扰能力。

6.2.3 高阶摄动分析

高阶摄动分析是一种数学工具，用于分析当系统受到扰动时，系统的响应如何变化，尤其是在扰动量较小时。高阶摄动分析扩展了基本摄动理论，通过引入高阶项来提高分析的精度，在复杂系统的求解和应用中具有重要价值。

1. 摄动方法的基础

摄动方法最初用于解决物理学和工程学中的问题，如经典力学中的小振幅振动问题或量子力学中的微扰理论。摄动理论的基本思想是，从一个已知的解（通常是未受扰动的系统解）出发，研究当系统受到小扰动时，系统解如何变化。通过引入一个小参数ε（表示扰动的强度），系统的解可以展开为关于 ε的幂级数形式：

$$u(\epsilon) = u_0 + \varepsilon u_1 + \varepsilon^2 u_2 + \cdots \tag{6-32}$$

式中，u_0为未受扰动时的解；u_1、u_2等为随着扰动逐渐增大，系统解的修正项。这种方法的优势在于，它能提供一种系统的、逐步逼近的解法，特别是在直接求解复杂方程难以实现的情况下。

2. 高阶摄动分析的必要性

在许多实际问题中，低阶摄动分析可能不足以准确描述系统的行为。例如，当扰动量不再是极小量时，低阶近似的误差会显著增加，这时，我们需要引入高阶摄动分析来提高解的精度。高阶摄动分析通过计算更高阶的修正项来捕捉系统解中的细微变化，从而获得更精确的结果。

高阶摄动分析特别适用于以下几种情况。

（1）强非线性系统。在非线性系统中，扰动通常会引起复杂的反馈效应，这些反馈效应可能会使系统响应呈现显著的非线性增长或减弱。由于这些效应的复杂性，低阶摄动分析往往无法准确捕捉系统的真实行为，因此高阶项的贡献在这种情况下尤为重要，不容忽视。

（2）多重尺度问题。当系统中存在多个不同的尺度（如时间尺度或空间尺度）时，摄动分析需要综合考虑这些尺度之间的相互作用。由于不同尺度间的耦合作用往往复杂且难以直观理解，低阶摄动分析可能无法充分捕捉这些交互效应。高阶摄动分析则能够更深入地揭示不同尺度间的耦合关系，从而提供更准确的系统行为描述和预测。

（3）近共振现象。在接近共振的情况下，系统的响应对外部扰动表现出极高的敏感性，使系统行为可能出现剧烈的变化或复杂的动力学现象。由于这种敏感性，低阶摄动分析往往无法准确预测系统的真实行为，容易忽略关键的非线性效应。而通过引入高阶项，摄动分析可以更精确地捕捉系统在接近共振时的细微变化，提供更加详尽和准确的描述，使对系统行为的预测更为可靠。

3. 高阶摄动分析的应用

高阶摄动分析广泛应用于各个领域，如流体力学、量子力学、天体力学、材料科学等。在这些领域中，高阶摄动分析不仅能够处理复杂的非线性问题，还可以揭示一些隐含的物理机制。

（1）流体力学中的应用。在流体力学中，高阶摄动分析可用于研究边界层问题、流体稳定性以及湍流现象。例如，在研究流体的层流到湍流的转变时，摄动方法可以揭示小扰动如何被放大并最终导致流动的不稳定。

（2）量子力学中的应用。在量子力学中，高阶摄动分析可用于计算复杂量子系统的能量修正。例如，在研究带有复杂势场的原子结构时，高阶摄动分析可以帮助精确计算电子能级的变化。

（3）天体力学中的应用。在天体力学中，高阶摄动分析可用于研究行星轨道的长期演化、潮汐效应和轨道共振等问题。通过高阶项的修正，研究者可以更精确地预测行星运动的细微变化。

6.3 平均法

前面提到的几种近似解析方法可以为弱非线性系统求出任意精度的周期解。然而，随着ε计算次数的增加，计算工作也会变得更加烦琐和复杂。我们如果只需要使计算精度达到ε的一次项，可以采用更为简便的非线性振动解析方法中的一次近似理论，其中最主要的方法就是平均法。平均法的基本思想可以追溯到18世纪拉格朗日时代，它当时在天体力学中用于计算行星轨道的演化。到了1920年，范德波尔在研究电子管的非线性振荡时，采用了慢变系数法，这为平均法的发展奠定了基础。随后，经过克雷洛夫、包戈留包夫等人的研究，平均法得到了进一步完善与发展。平均法通过简化复杂的非线性问题，利用时间平均化方法消除快速振荡成分，从而简化系统分析，是求解弱非线性系统的一种有效工具。该方法在许多领域得到了广泛应用，如振动分析、天体力学、电路设计等，为理解和解决复杂系统问题提供了便利和支持。

6.3.1 弱非线性系统的自由振动

现讨论弱非线性系统的自由振动，其动力学方程为

$$\ddot{x}+\omega_0^2 x=\varepsilon f(x,\dot{x}) \tag{6-33}$$

当$\varepsilon=0$时，式（6–33）的派生系统为线性保守系统，即

$$\ddot{x}+\omega_0^2 x=0 \tag{6-34}$$

此派生系统的自由振动解为

$$x=a\cos\left(\omega_0 t-\theta\right) \tag{6-35}$$

式中，任意常数a和θ取决于初始条件。将式（6–35）对t微分一次，得到

$$\dot{x}=-a\omega_0\sin\left(\omega_0 t-\theta\right) \tag{6-36}$$

当$\varepsilon\neq 0$时，原系统式（6–33）的解不同于式（6–35），甚至不一定是周期函数。但当ε充分小时，实际观察到的原系统的运动与周期运动十分接近，只是振幅和初相角会随时间t缓慢变化，此时我们可将式（6–33）的解$x(t)$和$\dot{x}(t)$在形式上仍写作式（6–35）和式（6–36），只是其中的a和θ视为时间的

函数。考虑a和θ的变化，将式（6–35）对时间t微分，消去式（6–36）后可得$\dot{a}\cos\psi + a\dot{\theta}\sin\psi = 0$，其中$\psi = \omega_0 t - \theta$。将式（6–36）对$t$微分，代入式（6–33），得到$-\dot{a}\sin\psi + a\dot{\theta}\cos\psi = \frac{\varepsilon}{\omega_0} f(x, \dot{x})$。

从式（6–35）和式（6–36）导出a和θ的微分方程：

$$\begin{cases} \dot{a} = -\dfrac{\varepsilon}{\omega_0} f\left(a\cos\psi, -a\omega_0 \sin\psi\right)\sin\psi \\ \dot{\theta} = \dfrac{\varepsilon}{\omega_0 a} f\left(a\cos\psi, -a\omega_0 \sin\psi\right)\cos\psi \end{cases} \tag{6-37}$$

当参数ε非常小时，a和θ被视为在常数附近缓慢变化的函数。在这种情况下，我们可以用一个周期内的平均值来近似代替方程组式（6–37）的右侧项，并假设a和θ在这个周期内保持不变。通过这种处理，我们可以简化原方程，得到一个描述系统长期动态行为的平均化方程，如式（6–38）所示，这种方法使分析微弱非线性系统的自由振动更加容易和直观。

$$\dot{a} = -\frac{\varepsilon}{2\omega_0} \boldsymbol{Q}(a, \theta) \tag{6-38a}$$

$$\dot{\theta} = \frac{\varepsilon}{2\omega_0 a} P(a, \theta) \tag{6-38b}$$

式中，函数P和Q定义为

$$\begin{cases} P(a,\theta) = \dfrac{1}{\pi}\displaystyle\int_0^{2\pi} f\left(a\cos\psi, -a\omega_0 \sin\psi\right)\cos\psi \,\mathrm{d}\psi \\ Q(a,\theta) = \dfrac{1}{\pi}\displaystyle\int_0^{2\pi} f\left(a\cos\psi, -a\omega_0 \sin\psi\right)\sin\psi \,\mathrm{d}\psi \end{cases} \tag{6-39}$$

上述简化方法被称为平均法，其核心思想是将每个运动周期视为简谐振动，尽管在连续的周期中，系统的振幅和初相角会发生细微变化。平均化方程可专门用于描述振幅和初相角随时间的变化规律。这种简化方程可以被形象地理解为计算振动过程包络线的方程，因为它能够描绘系统在长时间尺度上的动态行为。因此，平均法也被称为常数变易法或慢变振幅法，这些名称强调了系统参数缓慢变化的重要性，而非瞬时变化。通过应用这种方法，复杂的非线性系统问题能够得到有效简化，使系统的分析变得更为直观，操作上更为简便。在研究具有微弱非线性特征的振动系统时，平均法显得尤为有效，能够揭示系统的长期稳定性以及动力学特性。平均法的应用在工程、物理学和其他涉及周期性和准周期性现象的领域中都具有重要意义，它能提供对系统稳态和动态行为的深入理解。通过这种方法，研究者能够更好地预测系统在长时间下的行为，为解决实际问题提供理论支持。振动过程的平均化如图 6–1 所示。

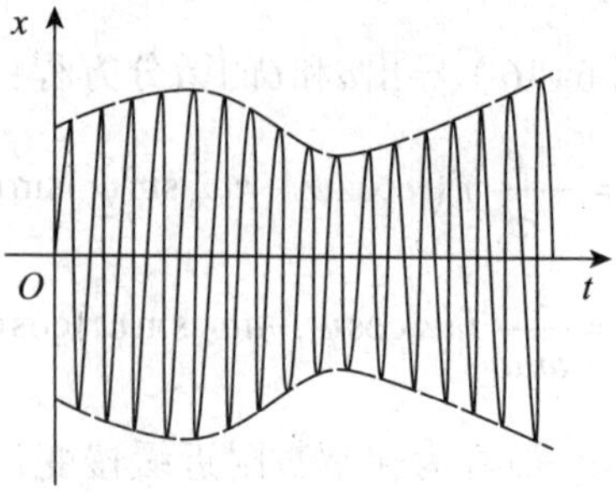

图 6–1　振动过程的平均化

6.3.2　动相平面

动相平面（phase plane）是一种用于研究动态系统行为的图形化工具，特别适用于分析二阶微分方程系统。动相平面将系统状态变量的所有可能状态表示为一个平面图，其中每个点代表系统的特定状态，如图 6–2 所示。通过这种方法，研究者可以直观地观察系统的运动轨迹、平衡点以及动力学行为特征。

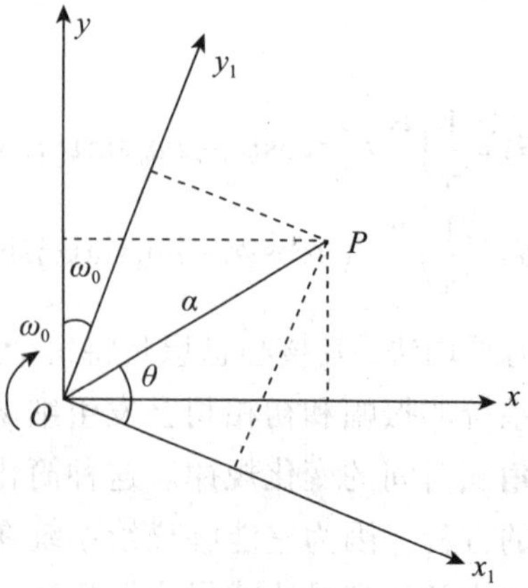

图 6–2　动相平面

在动相平面中，系统的状态用相空间中的点表示，系统的动态行为则用这些点随时间的演化轨迹来表示。动相平面的使用提供了一个简洁而有力的方式来分析复杂系统的稳定性、周期轨道和其他非线性特性。

1. 动相平面的基本概念

（1）状态变量。动相平面通常应用于二阶常微分方程系统，可将原始方程转换为一组一阶方程：

$$\dot{x} = f(x, y) \tag{6-40}$$

$$\dot{y} = g(x, y) \tag{6-41}$$

式中，(x, y)为系统的状态变量，代表动相平面上的坐标。状态变量随时间变化，描述了系统的动态行为。

（2）相轨迹。相轨迹是动相平面中的一条连续曲线，表示随时间变化的系统状态。在动相平面中，每一个轨迹都反映了系统从初始条件开始的运动路径。

（3）起始点和终止点。相轨迹可以起始于不同的初始状态，通常通过给定初始条件（如 $x(0)=x_0$）来确定。轨迹的终止点可能为稳定或不稳定的平衡点，也可能形成一个周期轨道。

（4）时间方向。轨迹是有方向的，通常用箭头标识以指示时间的前进方向。

（5）平衡点。平衡点是相空间中的一个特殊点，在此点上，系统的状态不随时间变化。这意味着：

$$f(x, y) = 0, \quad g(x, y) = 0 \tag{6-42}$$

在这些平衡点上，系统达到了稳定或不稳定的平衡状态，通常需要通过线性化分析来确定平衡点的性质。

2. 动相平面分析的步骤

首先，考虑一个二阶系统，建立状态方程：

$$\ddot{x} + a\dot{x} + bx = 0 \tag{6-43}$$

然后通过引入辅助变量$y = \dot{x}$，将式（6-43）转化为一阶方程组：

$$\dot{x} = y, \dot{y} = -ax - by. \tag{6-44}$$

3. 动相平面的应用

动相平面分析在许多领域中具有重要应用，尤其是在非线性振动分析、生物数学和控制系统设计中。

（1）非线性振动分析。动相平面可用于分析非线性振动系统的动力学行为。

通过观察轨迹的形状和分布，研究者可以判断系统是否存在周期解、混沌行为或其他复杂动力学现象。例如，在 Duffing 振动系统中，动相平面可以揭示系统从稳态到混沌的过渡过程。

（2）生物数学。在生物数学中，动相平面可用于研究生物系统的动力学行为，如种群模型、神经元模型等。通过动相平面分析，研究者可以预测系统的长期行为、稳定性和种群交互关系。

（3）控制系统设计。动相平面可用于设计和分析控制系统的稳定性。通过观察系统响应和调整控制参数，研究者可以实现系统的优化和稳定控制。

6.3.3 谐波线性化法

式（6–39）中的积分项P和Q是非线性函数关于变量$\psi=\omega_0 t-\theta$展开的周期为2π的傅里叶级数的第一阶谐波系数。在忽略其他高次谐波时，我们可以将函数近似为只含有第一阶谐波的形式，如式（6–45）所示。这种简化方法可以有效地近似非线性函数的行为，方便进行进一步的分析和计算。通过这样的处理，函数的复杂性被大大降低，特别是在分析周期运动时，这一近似方法能够揭示主要的动态特性和系统的基本频率响应。

$$f=P(a,\theta)\cos\psi+Q(a,\theta)\sin\psi \tag{6–45}$$

利用式（6–35）和（6–36），式（6–45）可改写为

$$f=\frac{1}{a}P(a,\theta)x-\frac{1}{a\omega_0}Q(a,\theta)\dot{x} \tag{6–46}$$

将式（6–46）代入式（6–33）的动力学方程中，整理后得到线性方程：

$$\ddot{x}+\left[\frac{\varepsilon}{a\omega_0}Q(a,\theta)\right]\dot{x}+\left[\omega_0^2-\frac{\varepsilon}{a}P(a,\theta)\right]x=0 \tag{6–47}$$

在讨论系统的周期运动时，我们可以将方程中的参数a和θ视为常数，此时，式（6–45）可简化为一个线性常系数微分方程，类似于分析线性系统的自由振动问题。这种方法通过假设系统参数在一个周期内保持恒定，将非线性问题简化为线性分析的过程，称为谐波线性化法。谐波线性化法是从平均法演变而来的一种近似解析方法，它允许我们利用线性系统的工具来研究和理解复杂非线性系统的动态行为，尤其在分析周期性运动中非常有效。通过这一方法，我们

可以有效地获得系统的频率响应特性，简化非线性方程的处理，提供对非线性系统的一种实用而准确的近似分析。

6.3.4　弱非线性系统的受迫振动

弱非线性系统的受迫振动是指在外部周期性驱动下，这类系统的动态响应行为。虽然非线性程度较低，但这些系统的响应特性仍然复杂多样，尤其是在接近共振频率时。通过研究弱非线性系统的受迫振动，科学家和工程师能够理解系统的共振现象、稳定性、分岔和混沌行为。

1. 弱非线性系统的数学模型

考虑一个典型的弱非线性振动系统，其动力学方程可以描述为

$$m\ddot{x} + c\dot{x} + kx + \varepsilon f(x) = F\cos(\omega t) \tag{6-48}$$

式中，m 为质量；c 为阻尼系数；k 为线性刚度系数；$\varepsilon f(x)$ 为非线性项；ε 为小参数，表示非线性的强度；$F\cos(\omega t)$ 为外部周期性驱动力；F 为驱动力幅值；ω 为驱动频率。

2. 动态响应特性

（1）非线性共振。在弱非线性系统中，当驱动频率 ω 接近系统的线性共振频率 ω_0 时，系统表现出显著的非线性共振现象。与线性系统不同，非线性共振可能产生多个稳态解，即系统可能在相同条件下表现出不同的响应振幅。

①幅频响应。系统的响应在共振附近可能呈现典型的非对称性和多稳态特征。这是由于非线性项的存在，使系统的响应不再对称。

②非线性刚度效应。非线性刚度（硬弹簧或软弹簧效应）会影响幅频响应曲线的形状。硬弹簧效应会使响应曲线向高频侧倾斜，软弹簧效应则会使响应曲线向低频侧倾斜。

（2）稳态与分岔。在弱非线性系统的受迫振动中，稳态解的存在和稳定性是重要的研究对象。通过分析系统的稳态响应，研究者可以识别潜在的分岔行为。

①分岔现象。随着驱动参数（如频率或幅值）的变化，系统可能从一个稳态解转变为另一个稳态解，甚至进入混沌状态。这种行为称为分岔，包括周期倍化、鞍结分岔等。

②稳定性分析。通过求解系统的雅可比矩阵，研究平衡点的特征值，研究者可以确定系统的稳定性，并识别不稳定的运动模式。

（3）混沌行为。在特定参数范围内，弱非线性系统可能表现出混沌行为。这意味着系统响应呈现出高度复杂且不可预测的动力学特性。

①初始条件敏感性。混沌系统对初始条件极为敏感，即使微小的变化也可能产生显著不同的系统行为。

②混沌吸引子。系统的相轨迹在相空间中会形成复杂的吸引子，反映了混沌系统的动态特征。

3. 应用实例

（1）机械振动系统。在机械工程中，弱非线性系统的受迫振动常用于分析机械结构的动态性能，如悬挂系统、桥梁和机械振动台。通过了解这些系统的非线性特性，研究者可以设计更为稳定和高效的结构。

（2）电力系统。在电力工程中，弱非线性系统可用于分析电力设备的动态特性和稳定性，如电动机启动和变压器非线性饱和效应。通过研究非线性共振和分岔行为，研究者可以提高电力系统的可靠性和效率。

（3）控制系统。在控制理论中，弱非线性系统的受迫振动可用于设计和优化控制器的性能。通过分析系统的动态响应和稳定性，研究者可设计出鲁棒性更强的控制策略。

6.3.5 分段线性系统

1. 分段线性系统的自由振动

分段线性系统的自由振动是一个复杂且具有挑战性的课题。分段线性系统的自由振动研究可以帮助我们更好地理解和控制这些系统在实际应用中的行为。在对分段线性系统进行定量计算时，虽然我们可以通过分段的解析积分来拼接精确解，但如果只需要满足ε一次项的精度要求，那么平均法将是一种更简便的获得定量结果的分析方法。这种方法简化了计算过程，同时能满足一定的精度需求，因此在某些应用中具有实用价值。通过平均法，我们能够更高效地分析系统行为，特别是在精度要求相对较低的情况下。

图 6–3 所示的分段线性系统由物块与弹簧 1 和带间隙的弹簧 2 组成。设物块的质量为 m，弹簧 1 的刚度系数为 k_1，物块与弹簧 2 接触后弹簧的总刚度系数为 k_2，间隙的宽度为 a_0，则系统的刚度以分段线性函数 $k(x)$ 表示（图 6–4）：

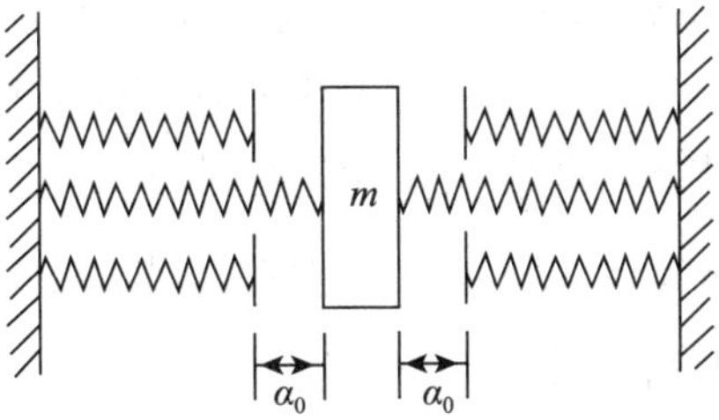

图 6-3　带间隙的弹簧－质量系统

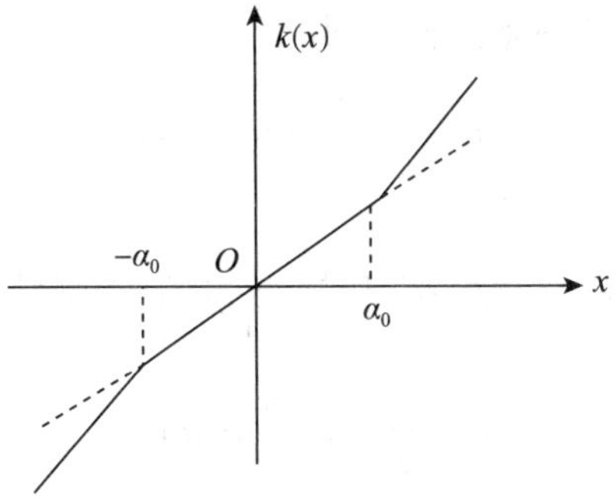

图 6-4　分段的刚度特性

$$k(x)=\begin{cases}k_1x+(k_2-k_1)(x+a_0), & x<-a_0\\ k_1x, & -a_0\leqslant x\leqslant a_0\\ k_1x+(k_2-k_1)(x-a_0), & x>a_0\end{cases} \tag{6-49}$$

系统的自由振动可由微分方程来描述其动态行为：

$$m\ddot{x}+k(x)=0 \tag{6-50}$$

引入参数$\omega_0^2=\dfrac{k_1}{m}$，$\varepsilon=\dfrac{k_2}{k_1}-1$，将式（6-50）写为式（6-49）的形式，其中$f(x,\dot{x})=-\omega_0^2g(x)$。

$$g(x)=\begin{cases}x+a_0, & x<-a_0\\ 0, & -a_0\leqslant x\leqslant a_0\\ x-a_0, & x>a_0\end{cases} \tag{6-51}$$

令$x=a\cos\varphi$，$\varphi=\omega_0t-\theta$，$a_0=a\cos\varphi_0$，代入式（6-51），得到

$$g(a\cos\psi)=\begin{cases}a(\cos\psi+\cos\psi_0), & \pi-\psi_0<\psi<\pi+\psi_0\\ 0, & \psi_0\leqslant\psi\leqslant\pi-\psi_0,\pi+\psi_0\leqslant\psi\leqslant 2\pi-\psi_0\\ a(\cos\psi-\cos\psi_0), & 0<\psi<\psi_0,2\pi-\psi_0<\psi<2\pi\end{cases} \quad (6\text{-}52)$$

当$a\leqslant a_0$时，系统做频率为ω_0的自由振动。若$a>a_0$，将式（6–52）代入式（6–45），分段进行积分，得到

$$P(a,\theta)=-\frac{2\omega_0^2 a}{\pi}\left(\psi_0-\frac{1}{2}\sin 2\psi_0\right),\quad Q(a,\theta)=0 \quad (6\text{-}53)$$

将式（6–53）代入平均化方程，得到

$$\dot{a}=0,\quad \dot{\theta}=-\frac{\varepsilon\omega_0}{\pi}\left(\psi_0-\frac{1}{2}\sin 2\psi_0\right) \quad (6\text{-}54)$$

令$\alpha=\dfrac{a}{a_0}=\sec\varphi_0$，当$a>a_0$即$\alpha>1$时，自由振动频率为$\omega=\omega_0\text{-}\dot{\theta}$，导出

$$s=\frac{\omega}{\omega_0}=1+\frac{\varepsilon}{\pi}G(\alpha) \quad (6\text{-}55)$$

式中，函数$G(\alpha)$定义为

$$G(\alpha)=\begin{cases}1 & (\alpha\leqslant 1)\\ \arccos\dfrac{1}{\alpha}-\dfrac{1}{\alpha}\sqrt{1-\left(\dfrac{1}{\alpha}\right)^2} & (\alpha>1)\end{cases} \quad (6\text{-}56)$$

图 6–5 为自由振动频率与振幅的关系曲线，表明该系统具有典型的硬弹簧特性。

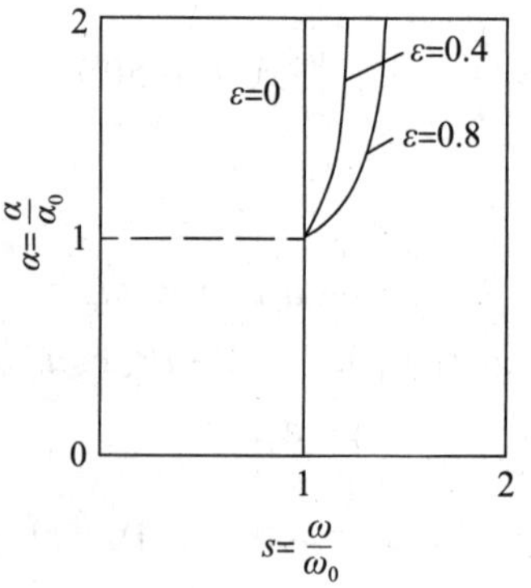

图 6–5　自由振动频率与振幅关系

2. 分段线性系统的受迫振动

在讨论分段线性系统的受迫振动时，假设系统内部存在微弱阻尼，其动力学方程为

$$\ddot{x}+2\zeta\omega_0\dot{x}+\omega_0^2[x+\varepsilon g(x)]=\varepsilon F_0\cos\omega t \tag{6-57}$$

令$\zeta=\varepsilon\zeta_1$，$\omega_0=\omega_0^2\left(1+\varepsilon\sigma_1\right)$，可得

$$f_1(x,\dot{x},\omega t)=-2\zeta_1\omega_0\dot{x}-\omega_0^2\left[\sigma_1 x+g(x)\right]+F_0\cos\omega t \tag{6-58}$$

令$x=a\cos\left(\omega t-\theta\right)$，可得

$$\varPhi(a,\omega)=2\zeta_1\omega_0 a\omega,\quad \varPsi(a,\omega)=\omega_0^2 a\left[\sigma_1-\frac{2}{\pi}G(a)\right] \tag{6-59}$$

图 6-6 为分段线性系统的幅频特性曲线，它是以图 6-5 中的自由振动频率特性曲线为基础构建的曲线族。曲线中的虚线部分因满足特定条件$\frac{\partial W}{\partial a}<0$而被证明是不稳定的。因此，类似于达芬系统，这个分段线性系统也可能出现跳跃现象。这种现象表明系统在特定频率和振幅下可能出现突然的状态改变，使系统从一个稳定状态跳跃到另一个稳定状态，这在受迫振动中是一个常见特征。

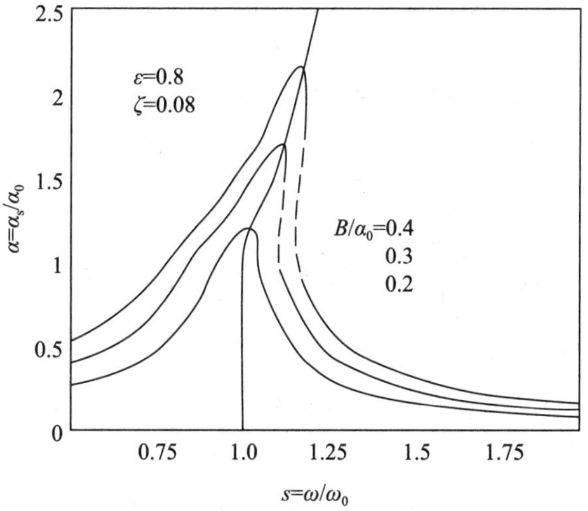

图 6-6　分段线性系统的幅频特性曲线

6.4 多尺度法

6.4.1 概述

上一节叙述的平均法是利用两种不同的时间尺度，将系统的振动分解为快变和慢变两种过程，将运动的主要参数（如振幅和初相角）在快变过程的每个周期内平均化，然后着重讨论慢变过程。为了提高平均法的计算精度，人们需要将时间尺度划分得更为精细，由此衍生出多尺度法。1957 年，斯特罗克最早提出多时间尺度的概念，这一概念经过奈弗等人的发展和完善，成为一种十分有效的近似计算方法。与摄动法相比，多尺度法的明显优点在于，它不仅能计算周期运动，还能计算耗散系统的衰减振动、稳态响应和非稳态过程，分析稳态响应的稳定性，描绘非自治系统的全局运动。

为说明振动过程中不同时间尺度的存在，我们将林滋泰德－庞加莱法计算得到的达芬方程的自由振动解

$$\begin{aligned}x&=A\cos\psi-\frac{\varepsilon A^3}{32}(\cos\psi-\cos3\psi)+\\&\frac{\varepsilon^2A^5}{1\,024}(23\cos\psi-24\cos3\psi+\cos5\psi)+\cdots\\&=\left(A-\frac{\varepsilon A^3}{32}+\frac{23\varepsilon^2A^5}{1\,024}+\cdots\right)\cos\psi+\\&\left(\frac{\varepsilon A^3}{32}-\frac{3\varepsilon^2A^5}{128}+\cdots\right)\cos3\psi+\left(\frac{\varepsilon^2A^5}{1\,024}+\cdots\right)\cos5\psi\end{aligned} \tag{6-60}$$

中的频率ω以式（6-61）

$$\omega=\omega_0+\varepsilon\omega_1+\varepsilon^2\omega_2+\cdots \tag{6-61}$$

代入，得到

$$\begin{aligned}x&=A\cos\left(\omega_0t+\omega_1\varepsilon t+\omega_2\varepsilon^2t+\cdots\right)-\\&\frac{\varepsilon A^3}{32}\Big[\cos\left(\omega_0t+\omega_1\varepsilon t+\omega_2\varepsilon^2t+\cdots\right)-\\&\cos3\left(\omega_0t+\omega_1\varepsilon t+\omega_2\varepsilon^2t+\cdots\right)\Big]+\cdots\end{aligned} \tag{6-62}$$

式（6–62）表达的振动过程包含不同的时间尺度t，εt，$\varepsilon^2 t$，⋯，$\varepsilon^n t$（n=0，1，2，⋯）的时间历程。不同的时间尺度描述了变化过程的不同节奏，阶数越低，变化越缓慢，阶数越高，变化越迅速。

引入表示不同尺度的时间变量

$$T_n = \varepsilon^n t \quad (n = 0,1,2,\cdots) \tag{6-63}$$

则非线性振动过程为不同尺度时间变量的函数，可写为

$$x(t,\varepsilon) = \sum_{n=0}^{m} \varepsilon^n x_n\left(T_0, T_1, T_2, \cdots, T_m\right) \tag{6-64}$$

式中，m为小参数的最高阶次，取决于计算的精度要求。将不同尺度的时间变量视为独立变量，则$x(t,\ \varepsilon)$成为m个独立时间变量的函数，对时间的微分可利用复合函数微分公式按ε的幂次展开，得到

$$\begin{aligned}\frac{\mathrm{d}}{\mathrm{d}t} &= \frac{\partial}{\partial T_0} + \varepsilon\frac{\partial}{\partial T_1} + \varepsilon^2\frac{\partial}{\partial T_2} + \cdots + \varepsilon^m\frac{\partial}{\partial T_m} \\ &= D_0 + \varepsilon D_1 + \varepsilon^2 D_2 + \cdots + \varepsilon^m D_m\end{aligned} \tag{6-65}$$

$$\begin{aligned}\frac{\mathrm{d}^2}{\mathrm{d}t^2} &= \frac{\mathrm{d}}{\mathrm{d}t}\left(\frac{\partial}{\partial T_0} + \varepsilon\frac{\partial}{\partial T_1} + \varepsilon^2\frac{\partial}{\partial T_2} + \cdots + \varepsilon^m\frac{\partial}{\partial T_m}\right) \\ &= \left(D_0 + \varepsilon D_1 + \varepsilon^2 D_2 + \cdots + \varepsilon^{mt} D_m\right)^2 \\ &= D_0^2 + 2\varepsilon D_0 D_1 + \varepsilon^2\left(D_1^2 + 2D_0 D_2\right) + \cdots\end{aligned} \tag{6-66}$$

式中，$D_n\left(n = 0, 1, 2, \cdots,\ m\right)$为偏微分算子符号，定义为

$$D_n \equiv \frac{\partial}{\partial T_n} \quad (n = 0,1,2,\cdots,m) \tag{6-67}$$

将动力学方程中的微分运算以式（6–65）和式（6–66）代入，变量x也按式（6–64）展开，代入动力学方程，比较同次幂系数，就得到各阶近似的线性偏微分方程组。在依次求解过程中，我们通过消除久期项的附加条件和初始条件，可导出各阶近似解的确定表达式。

6.4.2　达芬系统的自由振动

达芬方程为

$$\ddot{x} + \omega_0^2 x + \varepsilon x^3 = K\cos\omega t \tag{6-68}$$

令达芬方程中的$\omega_0^2=1$，式（6-68）可写为

$$\ddot{x}+x+\varepsilon x^3=0 \tag{6-69}$$

只讨论二次近似解，令

$$x=x_0\left(T_0,T_1,T_2\right)+\varepsilon x_1\left(T_0,T_1,T_2\right)+\varepsilon^2 x_2\left(T_0,T_1,T_2\right) \tag{6-70}$$

将式（6-70）及式（6-63）代入式（6-69），可得

$$\begin{gathered}\left[D_0^2+2\varepsilon D_0D_1+\varepsilon^2\left(D_1^2+2D_0D_2\right)\right]\left(x_0+\varepsilon x_1+\varepsilon^2x_2\right)+\\ \left(x_0+\varepsilon x_1+\varepsilon^2x_2\right)+\varepsilon\left(x_0+\varepsilon x_1+\varepsilon^2x_2\right)^3=0\end{gathered} \tag{6-71}$$

展开后，令ε的同次幂系数为零，得到各阶近似的线性偏微分方程组：

$$D_0^2x_0+x_0=0 \tag{6-72a}$$

$$D_0^2x_1+x_1=-2D_0D_1x_0-x_0^3 \tag{6-72b}$$

$$D_0^2x_2+x_2=-2D_0D_1x_1-D_1^2x_0-2D_0D_2x_0-3x_0^2x_1 \tag{6-72c}$$

将零次近似方程（6-72a）的解写为复数形式

$$x_0=A\left(T_1,T_2\right)\mathrm{e}^{\mathrm{i}T_0}+\bar{A}\left(T_1,T_2\right)\mathrm{e}^{-\mathrm{i}T_0} \tag{6-73}$$

式中，A为待定的复函数，$\bar{A}$为A的共轭复数。将式（6-73）代入一次近似方程（6-72b）的右边，得到

$$D_0^2x_1+x_1=-\left(2\mathrm{i}D_1A+3A^2\bar{A}\right)\mathrm{e}^{\mathrm{i}T_0}-A^3\mathrm{e}^{3\mathrm{i}T_0}+cc \tag{6-74}$$

式中，cc 表示左边各项的共轭复数。为避免久期项出现，函数A必须满足

$$2\mathrm{i}D_1A+3A^2\bar{A}=0 \tag{6-75}$$

则由式（6-74）可解出

$$x_1=\frac{1}{8}A^3\mathrm{e}^{3T_0}+cc \tag{6-76}$$

式中，振幅A随时间T_1的慢变规律由式（6-75）确定。平均法中的方程两边需除以ε，即化为以T_1为自变量的微分方程。因此，我们也可以将平均法理解为多尺度法的一次近似情形。

将式（6-73）和式（6-76）代入二次近似方程式（6-72c）的右边，得到

$$D_0^2x_2+x_2=-\left(2\mathrm{i}D_2A-\frac{15}{8}A^3\bar{A}^2\right)\mathrm{e}^{\mathrm{i}T_0}+\frac{21}{8}A^4\bar{A}\mathrm{e}^{3\mathrm{i}T_0}-\frac{3}{8}A^5\mathrm{e}^{5\mathrm{i}T_0}+cc \tag{6-77}$$

为消除久期项，要求

$$2\mathrm{i}D_2A-\frac{15}{8}A^3\overline{A}^2=0 \tag{6-78}$$

由式（6-77）可解出

$$x_2=-\frac{21}{64}A^4\overline{A}\mathrm{e}^{3\mathrm{i}T_0}+\frac{1}{64}A^5\mathrm{e}^{5\mathrm{i}T_0}+cc \tag{6-79}$$

微分方程式（6-78）可确定振幅A随T_2的变化规律。

将复函数A对t的导数写为

$$\frac{\mathrm{d}A}{\mathrm{d}t}=D_0A+\varepsilon D_1A+\varepsilon^2D_2A \tag{6-80}$$

式中，$D_0A=0$，D_1A和D_2A分别由式（6-75）和式（6-78）确定，导出A应满足的常微分方程：

$$\frac{\mathrm{d}A}{\mathrm{d}t}=\frac{3\mathrm{i}\varepsilon}{2}A^2\overline{A}-\frac{15\mathrm{i}\varepsilon^2}{16}A^3\overline{A}^2 \tag{6-81}$$

将复函数A写为指数形式：

$$A=\frac{1}{2}a(t)\mathrm{e}^{\mathrm{i}\theta(t)} \tag{6-82}$$

式中，$a(t)$和$\theta(t)$皆为t的实函数。将式（6-82）代入式（6-81），将实部与虚部分开，得到a和θ的一阶常微分方程组：

$$\dot{a}=0 \tag{6-83}$$

$$\dot{\theta}=\frac{3}{8}\varepsilon a^2-\frac{15}{256}\varepsilon^2a^4 \tag{6-84}$$

对式（6-83）和式（6-84）进行积分，得到

$$a=a_0 \tag{6-85}$$

$$\theta=\left(\frac{3}{8}\varepsilon a_0^2-\frac{15}{256}\varepsilon^2a_0^4\right)t+\theta_0 \tag{6-86}$$

式中，积分常数a_0和θ_0取决于初始条件。将式（6-85）和式（6-86）代入式（6-82），得到

$$A=\frac{1}{2}a_0\mathrm{e}^{\mathrm{i}\left(\frac{3}{8}\varepsilon a_0^2-\frac{15}{256}\varepsilon^2a_0^4\right)t+\mathrm{i}\theta_0} \tag{6-87}$$

联立式（6–87）、式（6–71）、式（6–74）和式（6–77），最终得到达芬方程的二阶近似解：

$$x = a_0\cos\psi + \frac{1}{32}\varepsilon a_0^3\cos 3\psi + \frac{1}{1\,024}\varepsilon^2 a_0^5(-21\cos 3\psi + \cos 5\psi) \quad (6\text{–}88)$$

式中，

$$\psi = \left(1 + \frac{3}{8}\varepsilon a_0^2 - \frac{15}{256}\varepsilon^2 a_0^4\right)t + \theta_0 \quad (6\text{–}89)$$

6.4.3 达芬系统的受迫振动

现讨论达芬系统接近共振的受迫振动。令达芬方程式为

$$\ddot{x} + 2\zeta\omega_0\dot{x} + \omega_0^2\left(x + \varepsilon x^3\right) = \varepsilon F_0\cos(\omega t + \theta) \quad (6\text{–}90)$$

$$\omega^2 = \omega_0^2\left(1 + \varepsilon\sigma_1\right) \quad (6\text{–}91)$$

式中，$\zeta = \varepsilon\zeta_1$，$\omega_0^2\sigma_1 = \sigma$，$\theta = 0$。则式（6–90）和式（6–91）可写为

$$\ddot{x} + 2\varepsilon\zeta_1\omega_0\dot{x} + \omega_0^2\left(x + \varepsilon x^3\right) = \varepsilon F_0\cos\omega t \quad (6\text{–}92)$$

$$\omega^2 = \omega_0^2 + \varepsilon\sigma \quad (6\text{–}93)$$

将式（6–93）代入式（6–92），可得

$$\ddot{x} + \omega^2 x = \varepsilon\left(F_0\cos\omega t - 2\zeta_1\omega_0\dot{x} - \omega_0^2 x^3 + \sigma x\right) \quad (6\text{–}94)$$

只讨论一次近似解，令

$$x = x_0\left(T_0, T_1\right) + \varepsilon x_1\left(T_0, T_1\right) \quad (6\text{–}95)$$

将式（6–95）代入式（6–94），展开后令两边ε的同次幂系数相等，得到各阶近似方程：

$$D_0^2 x_0 + \omega^2 x_0 = 0 \quad (6\text{–}96)$$

$$D_0^2 x_1 + \omega^2 x_1 = F_0\cos\omega t - 2\zeta_1\omega_0 D_0\dot{x}_0 - \omega_0^2 x_0^3 + \sigma x_0 - 2D_0 D_1 x_0 \quad (6\text{–}97)$$

将零次近似方程式（6–96）的解写为复数形式：

$$x_0 = A\left(T_1\right)\mathrm{e}^{\mathrm{i}\omega T_0} + \overline{A}\left(T_1\right)\mathrm{e}^{-\mathrm{i}\omega T_0} \quad (6\text{–}98)$$

代入一次近似方程式（6–97）的右边，得到

$$D_0^2 x_1 + \omega^2 x_1 = \left(\frac{1}{2} F_0 - 2\mathrm{i}\zeta_1 \omega_0 \omega A - 3\omega_0^2 A^2 \overline{A} + \sigma A - 2\mathrm{i}\omega D_1 A \right) \mathrm{e}^{\mathrm{i}\omega T_0} - \omega_0^2 A^3 \mathrm{e}^{3\mathrm{i}\omega T_0} + cc$$

（6–99）

为避免出现久期项，要求函数A满足

$$\frac{1}{2} F_0 - 2\mathrm{i}\zeta_1 \omega_0 \omega A - 3\omega_0^2 A^2 \overline{A} + \sigma A - 2\mathrm{i}\omega D_1 A = 0 \qquad (6\text{–}100)$$

由式（6–99）解出

$$x_1 = \frac{1}{8} A^3 \mathrm{e}^{3\mathrm{i}\omega T_0} + cc \qquad (6\text{–}101)$$

列出函数A应满足的微分方程：

$$\frac{\mathrm{d}A}{\mathrm{d}t} = \left(D_0 + \varepsilon D_1 \right) A \qquad (6\text{–}102)$$

式中，$D_0 A = 0$，$D_1 A$可从式（6–100）解出。由此可得

$$\frac{\mathrm{d}A}{\mathrm{d}t} = -\frac{\mathrm{i}\varepsilon}{2\omega} \left(\frac{1}{2} F_0 - 2\mathrm{i}\zeta_1 \omega_0 \omega A - 3\omega_0^2 A^2 \overline{A} + \sigma A \right) \qquad (6\text{–}103)$$

将式（6–86）代入式（6–103），并将实部与虚部分开，令$\varepsilon\zeta_1 = \zeta$，$\varepsilon F_0 = \omega_0^2 B$，得到$a$和$\theta$的一阶常微分方程：

$$\dot{a} = -\frac{\omega_0^2}{\omega} \left[2\zeta \left(\frac{\omega}{\omega_0} \right) a + B \sin\theta \right] \qquad (6\text{–}104)$$

$$\dot{\theta} = \frac{\omega_0^2}{2a\omega} \left\{ \left[1 - \left(\frac{\omega}{\omega_0} \right)^2 + \frac{3}{4} \varepsilon a^2 \right] a - B \cos\theta \right\} \qquad (6\text{–}105)$$

此方程的非零常值特解a_s和θ_s对应于稳态周期运动。令$\dot{a} = \dot{\theta} = 0$，$s = \dfrac{\omega}{\omega_0}$，得出

$$2\zeta s = -\left(\frac{B}{a_\mathrm{s}} \right) \sin\theta_\mathrm{s} \qquad (6\text{–}106)$$

$$1 - s^2 + \frac{3}{4} \varepsilon a_\mathrm{s}^2 = \left(\frac{B}{a_\mathrm{s}} \right) \cos\theta_\mathrm{s} \qquad (6\text{–}107)$$

消去θ_s后，得到与用谐波平衡法或林滋泰德－庞加莱法导出的完全相同的幅频关系式：

$$\left(1-s^2+\frac{3}{4}\varepsilon a_s^2\right)^2+(2\zeta s)^2=\left(\frac{B}{a_s}\right)^2 \tag{6-108}$$

消去$\frac{B}{a_s}$后，导出有关关系式。

6.4.4 达芬系统的超谐波共振和亚谐波共振

以上所讨论的派生系统的固有频率ω_0接近激励频率ω时产生的共振现象称为主共振。实践中还可观察到ω_0接近激励频率ω的整数倍或分数倍的共振现象，分别称为超谐波共振和亚谐波共振，统称为次共振。

讨论带阻尼达芬系统的受迫振动。为叙述方便，将式（6-92）中的εF_0以F_0代替，改用$\mu=\zeta_1\omega_0$表示阻尼系数，将非线性项的系数$\varepsilon\omega_0^2$以$\varepsilon\alpha$代替，可得

$$\ddot{x}+2\varepsilon\mu\dot{x}+\omega_0^2x+\varepsilon\alpha x^3=F_0\cos\omega t \tag{6-109}$$

只讨论一次近似解，将式（6-98）代入式（6-109），展开后令两边ε的同次幂系数相等，得到各阶近似方程：

$$D_0^2x_0+\omega_0^2x_0=F_0\cos\omega T_0 \tag{6-110}$$

$$D_0^2x_1+\omega_0^2x_1=-2D_0D_1x_0-2\mu D_0x_0-\alpha x_0^3 \tag{6-111}$$

零次近似方程的解为

$$x_0=A(T_1)\mathrm{e}^{\mathrm{i}\omega\omega_0T_0}+\Lambda\mathrm{e}^{\mathrm{i}\omega T_0}+cc \tag{6-112}$$

式中，A为复数形式的自由振动振幅，而受迫振动振幅Λ为实数，

$$\Lambda=\frac{F_0}{2\left(\omega_0^2-\omega^2\right)} \tag{6-113}$$

将零次近似解代入一次近似方程，整理后得到

$$D_0^2 x_1 + \omega_0^2 x_1 = -\left[2\mathrm{i}\omega_0\left(D_1 A + \mu A\right) + 6\alpha A\Lambda^2 + 3\alpha A^2 \overline{A}\right]\mathrm{e}^{\mathrm{i}\omega_0 T_9} -$$
$$a\left[A^3\mathrm{e}^{3\mathrm{i}\omega_0 T_0} + \Lambda^3\mathrm{e}^{3\mathrm{i}\omega}T_0 + 3A^2\Lambda\mathrm{e}^{\mathrm{i}(2\omega_0+\omega)T_0} + \right.$$
$$\left. 3\,\tilde{A}A^2\Lambda\mathrm{e}^{\mathrm{i}(\omega-2\omega_0)T_0} + 3A\Lambda^2\mathrm{e}^{3\mathrm{i}(\omega_0+2\omega)T_0} + 3A\Lambda^2\mathrm{e}^{\mathrm{i}(\omega_0-2\omega)T_0}\right] - \Delta\left(-2\mathrm{i}\mu\omega + 3\alpha\Lambda^2 + 6aA\overline{A}\right)\mathrm{e}^{\mathrm{i}\omega T_0}$$

（6–114）

在式（6–114）的右边各项中，不仅含$\mathrm{e}^{\mathrm{i}\omega_0 T_0}$的项可引起久期项，含$\mathrm{e}^{3\mathrm{i}\omega_0 T_0}$和$\mathrm{e}^{\mathrm{i}(\omega-2\omega_0)T_0}$的项在$3\omega=\omega_0$或$\omega=3\omega_0$时也能产生久期项。因此，系统不仅会在$\omega_0\approx\omega$时产生主共振，还可能在$\omega_0\approx 3\omega$或$\omega_0\approx\dfrac{\omega}{3}$时出现次共振现象，分别称为 3 次超谐波共振和$\dfrac{1}{3}$次亚谐波共振。

1. 超谐波共振

设ω_0与3ω的差别为ε的同阶小量，写为

$$3\omega = \omega_0 + \varepsilon\sigma \tag{6–115}$$

将式（6–115）代入式（6–114）右边的$\mathrm{e}^{3\mathrm{i}\omega_0 T_0}$，令右边含$\mathrm{e}^{\mathrm{i}\omega_0 T_0}$的项的系数为零以消除久期项，得到

$$2\mathrm{i}\omega_0\left(D_1 A + \mu A\right) + 6\alpha A\Lambda^2 + 3aA^2\overline{A} + a\Lambda^3\mathrm{e}^{\mathrm{i}\sigma T_1} = 0 \tag{6–116}$$

将A写为式（6–82）的指数形式，代入式（6–80）表示的A对t的导数，其中的$D_0 A=0$，$D_1 A$由式（6–116）确定。将实部与虚部分开后，得到a和θ的一阶常微分方程组：

$$\dot{a} = -\mu a - \frac{\alpha\Lambda^3}{\omega_0}\sin\left(\sigma T_1 - \theta\right) \tag{6–117}$$

$$a\dot{\theta} = \frac{\alpha}{\omega_0}\left[3a\left(\Lambda^2 + \frac{a^2}{8}\right) + \Lambda^3\cos\left(\sigma T_1 - \theta\right)\right] \tag{6–118}$$

令$\gamma=\sigma T_1-\theta$，可得

$$\dot{a} = -\mu a - \frac{\alpha\Lambda^3}{\omega_0}\sin\gamma \tag{6–119}$$

$$a\dot{\gamma}=\left[\sigma-\frac{3\alpha}{\omega_0}\left(\varLambda^2+\frac{a^2}{8}\right)\right]a-\frac{a\varLambda^3}{\omega_0}\cos\gamma \tag{6-120}$$

式（6–119）和式（6–120）的非零常值解对应于系统的稳态周期运动。令 $\dot{a}=\dot{\gamma}=0$，得出a和γ的常值解a_s和γ_s应满足的条件：

$$\mu a_s=-\frac{a\varLambda^3}{\omega_0}\sin\gamma_s \tag{6-121}$$

$$\left[\sigma-\frac{3\alpha}{\omega_0}\left(\varLambda^2+\frac{a_s^2}{8}\right)\right]a_s=\frac{\alpha\varLambda^3}{\omega_0}\cos\gamma_s \tag{6-122}$$

令式（6–121）和式（6–122）两边平方后相加消去γ_s，得到

$$\left[\mu^2+\left(\sigma-\frac{3a\Lambda^2}{\omega_0}-\frac{3\alpha a_s^2}{8\omega_0}\right)^2\right]a_s^2=\frac{\alpha^2\varLambda^6}{\omega_0^2} \tag{6-123}$$

设$a_s\neq0$，可得

$$\sigma=\frac{3\alpha}{\omega_0}\left(\varLambda^2+\frac{a_s^2}{8}\right)\pm\left(\frac{\alpha^2\varLambda^6}{\omega_0^2a_s^2}-\mu^2\right)^{\frac{1}{2}} \tag{6-124}$$

由此可以看出，当$\omega_0\approx3\omega$时，即使存在阻尼，式（6–124）的非零解a_s也存在，即ω_0频率的自由振动振幅a_s并不衰减为零。从而解释了超谐波共振现象。

利用式（6–118）计算a_s对σ的导数，令$\dfrac{\mathrm{d}a_s}{\mathrm{d}\sigma}=0$，导出振幅$a$的峰值：

$$a_{\max}=\frac{\alpha\varLambda^3}{\mu\omega_0}=\frac{\alpha}{\mu\omega_0}\left|\frac{F_0}{2\left(\omega_0^2-\omega^2\right)}\right|^3 \tag{6-125}$$

与主共振不同，超谐波共振的峰值不仅受到激励力幅值和阻尼系数的影响，还与非线性项系数a有关。根据式（6–124）确定的幅频特性曲线（图 6–7），由于曲线的弯曲产生的多值性，超谐波共振也会出现类似主共振的跳跃现象。这种跳跃现象表现为在一定参数范围内，系统响应会突然从一个稳定状态跳到另一个稳定状态，显示出明显的非线性动力学特征。

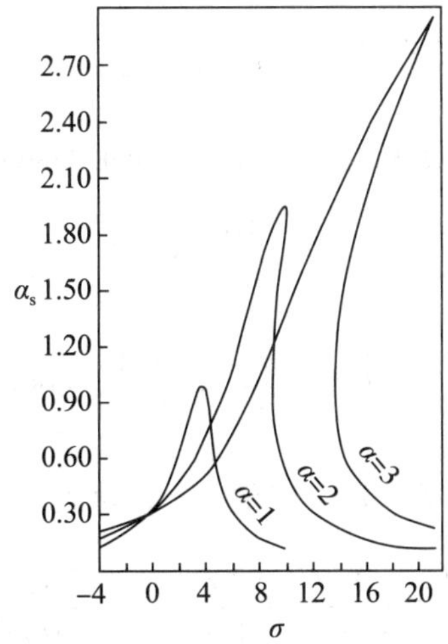

图 6-7　超谐波振动的幅频特性曲线

2. 亚谐波共振

设ω与$3\omega_0$的差别为ε的同阶小量，写为

$$\omega = 3\omega_0 + \varepsilon\sigma \tag{6-126}$$

将式（6-126）代入式（6-114）右边的$e^{i(\omega-2\omega_0)T_0}$，令右边含$e^{i\omega_0 T_0}$的项的系数为零以消除久期项，得到

$$2i\omega_0\left(D_1A+\mu A\right)+6aAA^2+3aA^2\overline{A}+3\alpha\overline{A}^2\Lambda e^{i\sigma T_1}=0 \tag{6-127}$$

由于$\omega > \omega_0$，式（6-127）中的Λ为负实数。将A写为式（6-82）的指数形式，代入式（6-80）表示的A对t的导数，其中的$D_0A=0$，D_1A由式（6-126）确定。将实部与虚部分开后，得到a和θ的一阶常微分方程组：

$$\dot{a}=-\left[\mu+\frac{3\alpha\Lambda}{4\omega_0}a\sin\left(\sigma T_1-3\theta\right)\right]a \tag{6-128}$$

$$\dot{\theta}=\frac{3a}{\omega_0}\left[\Lambda^2+\frac{a^2}{8}+\frac{\Lambda}{4}a\cos\left(\sigma T_1-3\theta\right)\right] \tag{6-129}$$

令$\gamma=\sigma T_1-3\theta$，可得

$$\dot{a}=-\left(\mu+\frac{3a\Lambda}{4\omega_0}a\sin\gamma\right)a \tag{6-130}$$

$$\dot{\gamma}=\sigma-\frac{9\alpha}{\omega_0}\left(\Lambda^2+\frac{a^2}{8}+\frac{\Lambda}{4}a\cos\gamma\right) \tag{6-131}$$

令$\dot{a}=\dot{\gamma}=0$，得出a和γ的稳态值a_s和γ_s应满足的条件：

$$\mu=-\frac{3\alpha\Lambda}{4\omega_0}a_s\sin\gamma_s \tag{6-132}$$

$$\sigma-\frac{9\alpha}{\omega_0}\left(\Lambda^2+\frac{a_s^2}{8}\right)=\frac{9\alpha\Lambda}{4\omega_0}a_s\cos\gamma_s \tag{6-133}$$

从式（6–132）和式（6–133）中消去γ_s，得到

$$9\mu^2+\left(\sigma-\frac{9\alpha\Lambda^2}{\omega_0}-\frac{9\alpha}{8\omega_0}a_s^2\right)^2=\frac{81\alpha^2\Lambda^2}{16\omega_0^2}a_s^2 \tag{6-134}$$

式（6–134）为a_s^2的二次代数方程，可写为

$$a_s^4-2pa_s^2+q=0 \tag{6-135}$$

式中，

$$p=\frac{8\omega_0\sigma}{9\alpha}-6\Lambda^2,\quad q=\left(\frac{8\omega_0}{9\alpha}\right)^2\left[9\mu^2+\left(\sigma-\frac{9\alpha\Lambda^2}{\omega_0}\right)^2\right] \tag{6-136}$$

解出

$$a_s^2=p\pm\sqrt{p^2-q} \tag{6-137}$$

由于q总是正数，则$p>0$，$p^2\geqslant q$为振幅a_s的实数解条件。此条件要求：

$$\Lambda^2<\frac{4\omega_0\sigma}{27\alpha},\quad \frac{\alpha\Lambda^2}{\omega_0}\left(\sigma-\frac{63\alpha\Lambda^2}{8\omega_0}\right)-2\mu^2\geqslant 0 \tag{6-138}$$

引入以下的参数：

$$\beta=\frac{\sigma}{\mu},\quad \Gamma=\frac{63\alpha\Lambda^2}{4\omega_0\mu} \tag{6-139}$$

式（6–138）可改写为

$$\Gamma<\frac{21}{9}\beta,\quad \Gamma^2-2\beta\Gamma+63\leqslant 0 \tag{6-140}$$

则对于给定的σ值，振幅a_s的实数解条件归结为

$$\beta-\left(\beta^{2}-63\right)^{\frac{1}{2}}\leqslant\Gamma\leqslant\beta+\left(\beta^{2}-63\right)^{\frac{1}{2}} \tag{6-141}$$

根据式（6–141），我们可在$(\beta,\ \Gamma)$参数平面上画出a_s的实数解存在域，即亚谐波共振的存在域，其边界曲线为

$$\Gamma=\beta\pm\left(\beta^{2}-63\right)^{\frac{1}{2}} \tag{6-142}$$

$a>0$时的边界曲线如图 6–8 所示。在图中的实数解存在域内，当激励频率ω接近$3\omega_0$时，系统可出现不衰减的ω_0频率的周期运动，即亚谐波共振。但当$\sigma=0$，即激励频率ω为准确的$3\omega_0$时，系统反而不能发生亚谐波共振。阻尼足够大时亚谐波共振也不可能发生。

对于无阻尼的特殊情形，令式（6–134）中$\mu=0$，则$\sin\gamma_s=0$，从式（6–134）导出a_s的二次代数方程：

$$a_s^2+2\Lambda a_s+8\left(\Lambda^2-\frac{\omega_0\sigma}{9\alpha}\right)=0 \tag{6-143}$$

解出

$$a_s=-\Lambda\pm\sqrt{\frac{8\omega_0\sigma}{9a}-7\Lambda^2} \tag{6-144}$$

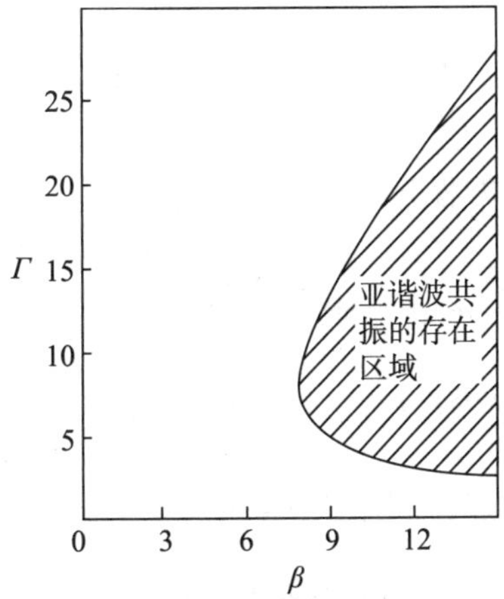

图 6–8　亚谐波共振的存在域

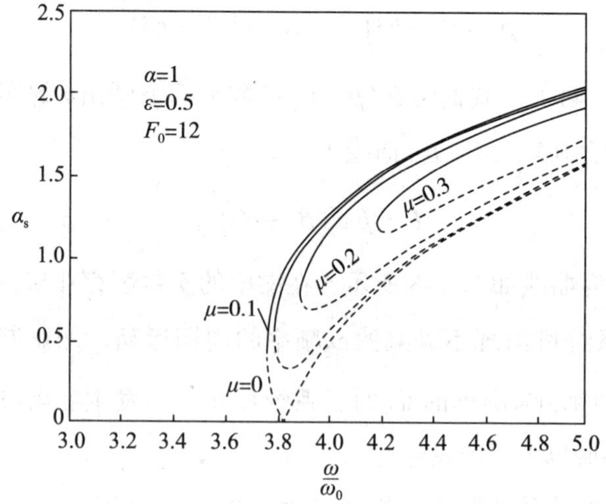

图 6-9　亚谐波共振的幅频特性曲线

图 6-9 为根据式（6-139）和式（6-145）计算得出的幅频特性曲线。图中每条曲线均有两个分支，因此同一激励频率对应于振幅的两个不同值。为判断亚谐波振动的稳定性，我们引入扰动变量$\varepsilon = a - a_s$，列出稳态值附近的一次近似方程：$\eta = \gamma - \gamma_s$。

$$\begin{cases} \dot{\xi} - \mu\xi + \left(\dfrac{3\alpha a_s^2}{4\omega_0}\Delta\cos\gamma_s\right)\eta = 0 \\ \dot{\eta} + \dfrac{9\alpha}{4\omega_0}(a_s + \Lambda\cos\gamma_s)\xi + 3\mu\eta = 0 \end{cases} \tag{6-145}$$

线性扰动方程的本征方程为

$$\begin{vmatrix} \lambda - \mu & \dfrac{3\alpha a_s^2}{4\omega_0}\Lambda\cos\gamma_s \\ \dfrac{9\alpha}{4\omega_0}(a_s + \Lambda\cos\gamma_s) & \lambda + 3\mu \end{vmatrix} = \lambda^2 + 2\mu\lambda + b = 0 \tag{6-146}$$

式（6-146）中的常数b可利用式（6-139）和式（6-142）化为

$$b = \frac{3}{2}\left(\frac{3\alpha a_s}{4\omega_0}\right)^2\left(a_s^2 - p\right) \tag{6-147}$$

根据李雅普诺夫的一次近似稳定性判据，由于$\mu>0$，因此稳态解a_s和γ_s为渐近稳定的充分条件为$b>0$。此稳定性条件可利用式（6–147）化为

$$a_s^2 > p \tag{6-148}$$

与a_s^2应满足的式（6–130）相对照不难看出，在幅频特性曲线的两个分支中，幅值大的一支稳定，幅值小的一支不稳定。图 6–9 分别以实线和虚线表示稳定和不稳定。

对式（6–145）作数值积分，可作出动相平面内的相轨迹。典型的相轨迹曲线族如图 6–10 所示。图中S_1为稳定焦点，S_2为鞍点，阴影区为S_1的吸引盆，即可能出现亚谐波共振的区域。

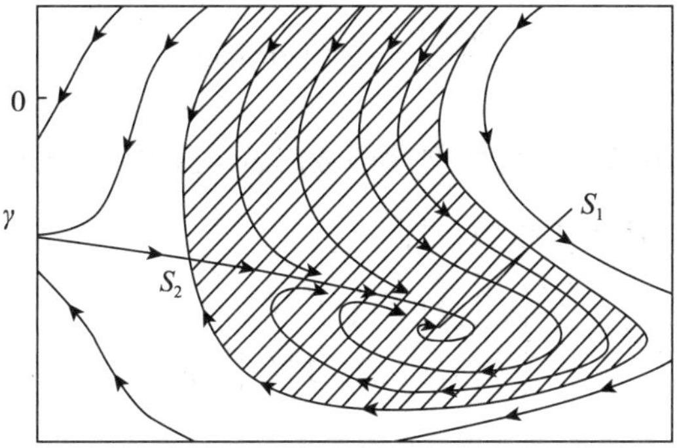

图 6–10 亚谐波共振的动相平面相轨迹

稳定的亚谐波共振的存在表明：机械系统也能被远大于固有频率的激励力激起强烈的共振。例如，有记载称，一架飞机被螺旋桨激起机翼的$\frac{1}{2}$阶亚谐波共振，机翼的振动又激起舵面的$\frac{1}{4}$阶亚谐波共振而导致破坏。

6.5 切比雪夫级数方法

为了获得较高精度的稳态响应，2014 年周薇等人在切比雪夫级数的基础上，利用移位的第一类切比雪夫级数（切比雪夫级数定义区间为 [–1，1]，移位的

切比雪夫级数定义区间为 [0, 1]）提出了求解非线性振动系统稳态周期响应的切比雪夫级数积分方法、无约束优化方法以及等式约束优化方法。

6.5.1 积分方法

任意一个连续函数在区间$[0,1]$上可以展开为移位的第一类切比雪夫级数。设非线性振动系统方程具有如下形式：

$$\dot{\boldsymbol{q}}(t)=f\left(\boldsymbol{q}(t),t\right) \tag{6-149}$$

首先，对时间变量t做变换$t=T\cdot s$（$s\in[0,1]$），然后进行周期归一化，将式（6-149）转化为关于s求导：

$$\frac{\mathrm{d}\boldsymbol{q}(s)}{\mathrm{d}s}=T\cdot f\left(\boldsymbol{q}(s),s\right) \tag{6-150}$$

再把状态向量$\boldsymbol{q}(s)$和非线性周期函数$f\left(\boldsymbol{q}(s),s\right)$中每个元素在$[0,1]$上展开为$m$项移位的第一类切比雪夫级数，即

$$\begin{cases}\boldsymbol{q}_i(s)=\boldsymbol{T}^*(s)^{\mathrm{T}}\cdot\boldsymbol{b}^i\\ f_i\left(\boldsymbol{q}(s),s\right)=\boldsymbol{T}^*(s)^{\mathrm{T}}\cdot\boldsymbol{d}^i\end{cases} \tag{6-151}$$

式中，$\boldsymbol{T}^*(s)=\left[T_0^*(s)\,T_1^*(s)\cdots T_{m-1}^*(s)\right]^{\mathrm{T}}$为$m\times1$维列向量，其元素为移位的第一类切比雪夫多项式的前$m$项；$\boldsymbol{b}^i=\left[b_{i0}\ b_{i1}\cdots b_{i,m-1}\right]^{\mathrm{T}}$和$\boldsymbol{d}^i=\left[d_{i0}\ d_{i1}\cdots d_{i,m-1}\right]^{\mathrm{T}}$均为$m\times1$维未知列向量，$\boldsymbol{d}^i$可由$\boldsymbol{b}^i$元素求出。设式（6-150）中的$\boldsymbol{q}(s)$为$n\times1$维，定义$n\times nm$维矩阵$\bar{\boldsymbol{T}}(s)^{\mathrm{T}}$为

$$\bar{\boldsymbol{T}}(s)^{\mathrm{T}}=\boldsymbol{I}\otimes\boldsymbol{T}^*(s)^{\mathrm{T}} \tag{6-152}$$

式中，$\boldsymbol{I}$为$n\times n$单位矩阵，$\otimes$代表 Kronecker 乘法。

由移位的第一类切比雪夫多项式的乘积和积分运算性质，在区间$[0,1]$上将式（6-150）对s进行积分：

$$\bar{\boldsymbol{T}}(s)^{\mathrm{T}}\cdot\boldsymbol{B}-\bar{\boldsymbol{T}}(s)^{\mathrm{T}}\cdot\boldsymbol{q}(0)=\bar{\boldsymbol{T}}(s)^{\mathrm{T}}\cdot\boldsymbol{D} \tag{6-153}$$

式中，$\boldsymbol{B}=\left[b_0^1\ b_1^1\cdots b_{m-1}^1\cdots b_0^n\ b_1^n\cdots b_{m-1}^n\right]^{\mathrm{T}}$为由$nm\times1$维未知数组成的列向量，$nm\times1$维未知列向量$\boldsymbol{D}=\left[d_0^1\ d_1^1\cdots d_{m-1}^1\cdots d_0^n\ d_1^n\cdots d_{m-1}^n\right]^{\mathrm{T}}$为关于$\boldsymbol{B}$的未知列向量。

由式（6–153）知，以下非线性代数方程组成立

$$(\boldsymbol{I}-\boldsymbol{A})\cdot\boldsymbol{B}=\boldsymbol{q}(0) \tag{6–154}$$

求解式（6–154），得到系数$\boldsymbol{B}$，则$q(s)$可知。做逆变换$s=\dfrac{t}{T}$，得到$\boldsymbol{q}(t)$，即为系统在$[0,T]$时刻的响应。

6.5.2　无约束优化方法

在非线性振动中，与确定平衡点相比，确定周期运动的存在性和数目是更加困难的问题，通常仅求解所关心的一部分周期运动。设系统的周期解为

$$\boldsymbol{q}(t)=\left[q_1(t)q_2(t)\cdots q_n(t)\right]^{\mathrm{T}} \tag{6–155}$$

将式（6–155）展开为m项移位的第一类切比雪夫级数：

$$q_i(t)=\left[T_0^*\ T_1^*\ T_2^*\cdots T_{m-1}^*\right]\cdot\left[m_{i0}\ m_{i1}\ m_{i2}\cdots m_{i,m-1}\right]^{\mathrm{T}} \tag{6–156}$$

$$\dot{q}_i(t)=\left[T_0^*\ T_1^*\ T_2^*\cdots T_{m-1}^*\right]\cdot\left[n_{i0}\ n_{i1}\ n_{i2}\cdots n_{i,m-1}\right]^{\mathrm{T}} \tag{6–157}$$

式中，T_i^*为第i项移位的第一类切比雪夫多项式，m_{ij}、n_{ij}为未知切比雪夫系数。

为了能在优化计算时合理估计初值，同时将周期解展开为N阶三角级数（或者其他类型级数）：

$$q_i(t)=a_{i0}+\sum_{k=1}^{N}\left(a_{ik}\cos\frac{k2\pi t}{jT}+b_{ik}\sin\frac{k2\pi t}{jT}\right) \tag{6–158}$$

式中，a_{ik}和b_{ik}为周期解中$(2N+1)$个未知系数，$i=1,2,\cdots,n$。对于单周期轨道，取$j=1$; 对于倍周期轨道，取$j=2^n$, n为周期倍化分岔的次数。以单周期轨道为例，此时式（6–156）至式（6–158）满足如下关系：

$$q_i(t)=\left[1 \quad \cos(\omega t) \quad \sin(\omega t)\cdots\cos(N\omega t) \quad \sin(N\omega t)\right]\cdot\left[a_{i0}\ a_{i1}\ b_{i1}\cdots a_{iN}\ b_{iN}\right]^{\mathrm{T}}$$

$$=\left\{T_0^*\ T_1^*\ T_2^*\cdots T_{m-2}^*\ T_{m-1}^*\right\}\cdot\begin{bmatrix}1 & c_{10} & c_{20} & \cdots & c_{2N-1,0} & c_{2N,0}\\ 0 & c_{11} & c_{21} & \cdots & c_{2N-1,1} & c_{2N,1}\\ 0 & c_{12} & c_{22} & \cdots & c_{2N-1,2} & c_{2N,2}\\ \vdots & \vdots & \vdots & \ddots & \vdots & \vdots\\ 0 & c_{1,m-1} & c_{2,m-1} & \cdots & c_{2N-1,m-1} & c_{2N,m-1}\end{bmatrix}\cdot\begin{bmatrix}a_{i0}\\ a_{i1}\\ b_{i1}\\ \vdots\\ b_{iN}\end{bmatrix}$$

$$=\left[T_0^*\ T_1^*\ T_2^*\cdots T_{m-1}^*\right]\cdot\left[m_{i0}\ m_{i1}\ m_{i2}\cdots m_{i,m-1}\right]^{\mathrm{T}} \tag{6-159}$$

$$\dot{q}_i(t)=\left[\sin(\omega t) \quad \cos(\omega t)\cdots\sin(N\omega t) \quad \cos(N\omega t)\right]\cdot\left[-\omega a_{i1} \quad \omega b_{i1}\cdots -N\omega a_{iN} \quad N\omega b_{iN}\right]^{\mathrm{T}}$$

$$=\left\{T_0^*\ T_1^*\ T_2^*\cdots T_{m-1}^*\right\}\cdot\begin{bmatrix}c_{20} & c_{10} & \cdots & c_{2N-1,0}\\ c_{21} & c_{11} & \cdots & c_{2N-1,1}\\ c_{22} & c_{12} & \cdots & c_{2N-1,2}\\ \vdots & \vdots & \ddots & \vdots\\ c_{2,m-1} & c_{1,m-1} & \cdots & c_{2N-1,m-1}\end{bmatrix}\begin{bmatrix}-\omega & & & \\ & \omega & & \\ & & -2\omega & \\ & & & \ddots & \\ & & & & N\omega\end{bmatrix}\begin{bmatrix}a_{i1}\\ b_{i1}\\ a_{i2}\\ \vdots\\ b_{iN}\end{bmatrix}$$

$$=\left[T_0^*\ T_1^*\ T_2^*\cdots T_{m-1}^*\right]\cdot\left[n_{i0}\ n_{i1}\ n_{i2}\cdots n_{i,m-1}\right]^{\mathrm{T}} \tag{6-160}$$

式中，T_i^*为第i项移位的第一类切比雪夫多项式，$\omega=\dfrac{2\pi}{T}$，矩阵$\left[c_{ij}\right]$列向量的值为相应三角函数展开为m项切比雪夫级数时的系数。

因为移位的第一类切比雪夫多项式定义区间为$[0,1]$，所以必须对系统进行周期归一化，即做变换$t=T\cdot s$且$s\in[0,1]$（在实际计算时，只需将系统方程展开为切比雪夫级数，并将所有ω代换为2π，t代换为s，T_i^*取为关于s的多项式即可）。将式（6–149）右端移项，求得系统残值$\boldsymbol{R}(s)$：

$$\boldsymbol{R}(s)=\bar{\boldsymbol{T}}(s)^{\mathrm{T}}\cdot\boldsymbol{F}\left(a_{ik},b_{ik}\right) \tag{6-161}$$

式中，$\bar{\boldsymbol{T}}(s)^{\mathrm{T}}_{n\times nm}=\boldsymbol{I}\otimes\left[T_0^*(s)\,T_1^*(s)\,T_2^*(s)\cdots T_{m-1}^*(s)\right]^{\mathrm{T}}$，$\otimes$代表 Kronecker 乘法，$\boldsymbol{I}$为单位矩阵; $\boldsymbol{F}\left(a_{ik},b_{ik}\right)$为由系统方程决定的$nm\times1$维未知列向量。对精确解而言，在一个周期上任意时刻$s_0\in[0,1]$，均有残值$\boldsymbol{R}(s_0)$等于零。设$R_i(s)$为残值$\boldsymbol{R}(s)$每

一行的分量，则所设周期解与精确解误差越小，等价于在周期$[0,1]$上任意时间点处$R_i(s)$的绝对值越小，表示成非线性最优化问题为

$$\min_{a_{ik},b_{ik}\in R} J=\frac{1}{n}\sum_{i=1}^{n}\int_0^1 R_i(s)^2\,\mathrm{d}s \tag{6-162}$$

利用优化算法可以求得未知系数a_{ik}和b_{ik}，再由公式（6–159）求得m_{ij}，即为周期解的切比雪夫系数。

这里不妨采用局部优化方法中的拟牛顿法求解式（6–156）。由于初值选取对优化结果有影响，通过调整式（6–159）中谐波展开项数（也可直接参照谐波平衡法选取谐波项数），使优化初值处于合理范围。特别地，一些工程问题的周期解虽然能够估计出一个合理的可行域闭区间，从而利用确定性方法求全局最优解，但却会大大增加时间复杂度和计算复杂度，有时并不必要。

6.5.3 等式约束优化方法

考虑到m项移位的第一类切比雪夫级数在对时间t进行积分运算时会产生截断误差，而在求导运算时却不会产生截断误差，这里引入移位的第一类切比雪夫级数的求导算子矩阵$\boldsymbol{D}$：

$$\dot{\boldsymbol{T}}^*(t)=\boldsymbol{D}\cdot\boldsymbol{T}^*(t) \tag{6-163}$$

式中，

$$\boldsymbol{D}=\begin{bmatrix} 0 & 0 & 0 & 0 & 0 & \cdots & 0 & 0\\ 2 & 0 & 0 & 0 & 0 & \cdots & 0 & 0\\ 0 & 8 & 0 & 0 & 0 & \cdots & 0 & 0\\ 6 & 0 & 12 & 0 & 0 & \cdots & 0 & 0\\ \vdots & \vdots & \vdots & \vdots & \vdots & \ddots & \vdots & \vdots\\ 0 & 4(m-1) & 0 & 4(m-1) & 0 & \cdots & 0 & 0\\ 2m & 0 & 4m & 0 & 4m & \cdots & 4m & 0 \end{bmatrix} \tag{6-164}$$

由式（6–163）可知，周期解对时间t求导后得

$$\dot{q}_i(t)=\left[T_0^*\ T_1^*\ T_2^*\cdots T_{m-1}^*\right]\cdot\boldsymbol{D}^{\mathrm{T}}\cdot\left[m_{i0}\ m_{i1}\ m_{i2}\cdots m_{i,m-1}\right] \tag{6-165}$$

将式（6–163）和式（6–165）代入系统方程，进行周期归一化后，求得系统残值$\boldsymbol{R}(s)$为

$$\boldsymbol{R}(s)=\bar{\boldsymbol{T}}(s)^{\mathrm{T}}\cdot\boldsymbol{F}(m_{ij})\tag{6-166}$$

式中，$\bar{\boldsymbol{T}}(s)^{\mathrm{T}}_{n\times nm}=\boldsymbol{I}\otimes\left[T_0^*(s)T_1^*(s)T_2^*(s)\cdots T_{m-1}^*(s)\right]^{\mathrm{T}}$，$\otimes$代表 Kronecker 乘法，$\boldsymbol{I}$为单位矩阵；$\boldsymbol{F}(m_{ij})$为由系统方程决定的$nm\times1$维未知列向量。设$R_i(s)$为残值$\boldsymbol{R}(s)$每一行分量，则所设周期解与精确解误差越小，等价于在周期$[0,1]$上任意时间点处$R_i(s)$的绝对值越小，表达成含等式约束的非线性最优化问题为

$$\begin{cases}\min\limits_{m_{ij}\in R} & J=\dfrac{1}{n}\sum\limits_{i=1}^{n}\int_0^1 R_i(s)^2\,\mathrm{d}s\\ \text{s.t.} & \boldsymbol{q}(0)=\boldsymbol{q}(1)\end{cases}\tag{6-167}$$

由于含等式约束的非线性最优化问题经过等价变换可转换为一个无约束最优化问题，最终同样可利用上节中优化方法求得未知系数m_{ij}，代入式（6–163）即为系统的切比雪夫级数周期解。

课后练习

1. 多尺度方法主要用于解决以下哪种类型的问题？（　）

A. 线性系统的精确解

B. 非线性系统的稳态解

C. 非线性系统中存在多个时间尺度的情况

D. 仅适用于无阻尼系统平衡点附近的行为分析

2. 在分析非线性系统时，使用摄动法的主要目的是（　）

A. 找到系统的精确解

B. 将非线性问题转化为线性问题

C. 研究系统在平衡点附近的行为

D. 解决混沌运动

3. 简述多尺度方法的基本原理，讨论其在非线性振动问题中的应用。为什么多尺度方法在处理弱非线性问题时特别有效？

4. 伽辽金法是求解非线性动力系统近似解的一种常用方法。请说明伽辽金法的基本步骤，并讨论其适用范围和可能的局限性。

第 7 章　混沌运动与控制

线性系统与非线性系统之间存在许多根本差异。线性系统在周期激励下只会产生与激励同频的周期响应；而非线性系统不仅会产生同频响应，还会出现超谐波和亚谐波响应。此外，无阻尼线性系统的自由振动周期与初始条件无关，而非线性系统的自由振动周期与初始条件有关。不过，之前的讨论仅限于非线性系统的周期运动，但实际上，非线性系统可能会出现更复杂的振动现象，即混沌振动，这是本章讨论的重点。

混沌振动是一种由确定性振动系统产生的复杂非周期运动，它对初始条件极为敏感，因此表现出内禀的随机性和长期预测的不可能性。混沌振动的研究已成为非线性振动领域中迅速发展的新方向，不仅极大地促进了数学、物理和力学等学科的发展，还为化学、生物学、生态学、经济学等领域提供了新的分析方法。对因果性、决定论和随机性等自然界基本概念的理解也产生了深远的影响。随着混沌理论研究的深入，它在工程中的应用也受到越来越多的关注。在工程中，非线性因素普遍存在，并且在特定的参数和初始条件下，系统可能会出现混沌振动。

本章将叙述混沌振动的基础知识和若干研究进展。

7.1　混沌概述

7.1.1　混沌运动的控制

混沌运动的控制是指通过特定的方法和策略，将系统从无序、不可预测的混沌状态引导至有序、稳定的状态，这在工程、物理、化学、生物等领域中有着广泛应用。控制混沌运动的主要方法包括参数调整、反馈控制和外部干预等。

参数调整是通过调节系统中的某些关键参数，使系统偏离混沌区，达到稳定状态。反馈控制涉及引入一个反馈机制，利用实时监测的数据动态调整系统的行为，使系统趋于稳定。外部干预通常通过施加外力或添加控制装置来影响系统的运动。

混沌运动的控制在实践中具有挑战性，因为系统的非线性和敏感性使小变化可能引发大幅度的行为改变。然而，成功的控制不仅可以提高系统的效率和安全性，还可以在复杂系统中实现精确调节。例如，在电力系统中控制混沌运动可以稳定电网，在化学反应中则可以提高产率。随着对混沌理论的深入研究，新的控制策略和方法不断涌现，为解决实际问题提供了更多可能性。

1. 混沌控制的目标

混沌控制主要关注混沌系统对外部驱动信号的响应，研究系统的非线性响应规律，并利用这些规律来影响和改造混沌系统，使系统朝着预期的目标发展。这种方法可以引导系统从无序状态向更为有序和可控的状态过渡。

混沌控制的目标大体上分为两类：一类是基于无穷多的不稳定周期轨道嵌入混沌吸引子中，控制的目标是对其中某个不稳定周期轨道进行有效的控制，根据人们的意愿控制到所需的周期轨道，这类控制方法的特点是不会改变系统中原有的周期轨道；另一类则不要求必须稳定原有系统中的周期轨道，只需要抑制住混沌，即通过对系统的控制获得人们所需的新的动力学行为，包括各种周期态及其他行为。混沌控制的目标主要包括以下几点。

（1）抑制或消除某些类型的混沌态。

（2）稳定地、有效地控制混沌吸引子中的不稳定周期态，尽可能地达到从低周期到高周期都能按需控制。

（3）控制后达到人们所需的新的动力学行为，即可以改变原系统的行为而达到新的时空有序结构。

（4）消除多重的混沌吸引子流域。

（5）稳定控制系统中的某些平衡点。

（6）稳定控制混沌吸引子中所需的非周期态等。

2. 混沌控制方法

（1）参数调节法。参数调节法是混沌控制的一个经典方法，它通过对系统内部参数的精确调整，使系统从无序的混沌状态过渡到稳定的周期状态。参数调节的核心思想是识别系统参数空间中的关键参数，并找到合适的参数值，使系统的行为符合预期。此方法适用于系统特性可通过某些参数进行描述和调节的情况。

在实际应用中，参数调节法通常依赖于对系统的详细数学建模和分析。首先，工程师和科学家通过数学分析或数值仿真识别出哪些参数对系统的动态行为起关键作用；接着，通过实验或数值模拟，调节这些参数以改变系统的动力学性质。例如，在化学反应器中，控制反应温度和浓度可以影响反应过程的稳定性，从而避免出现不稳定的化学振荡；类似地，在电子电路中，调整电阻或电容的值可以抑制不期望的振荡或混沌现象。

参数调节法的一个典型应用是激光器中的混沌控制。在光学系统中，激光器可能由于内外部扰动出现不稳定的混沌状态。通过调节激光器腔内的反馈增益和其他参数，研究人员可以有效地将激光器的输出稳定在特定频率下，进而提高系统的稳定性和效率。

参数调节法的优点在于实现相对简单，只需要对系统的参数进行调整，而不需要增加复杂的控制装置或反馈机制。然而，参数调节法也有其局限性，即当系统的复杂性增加或者参数的影响关系不明确时，单纯依靠参数调节可能无法有效实现混沌控制。此外，在一些多参数系统中，参数调节的效果可能受到参数间相互作用的复杂影响，导致难以找到理想的参数组合。

（2）外部力干预法。外部力干预法通过施加额外的外部力或信号来影响混沌系统的行为，从而实现对系统的控制。这种方法的基本思路是通过外部输入改变系统的动力学特性，使系统从混沌态过渡到有序态。外部力干预法通常分为周期性干预和随机干预两种方式。

周期性干预是一种常用的外部力干预方法，它通过施加一个周期性信号，与系统的自然频率相匹配，可以实现对混沌的有效抑制。这种方法类似于在一个摇晃的秋千上施加特定频率的推力，以便稳定秋千的运动。一个典型的例子是在机械振动系统中，通过周期性外力来减少或消除不稳定振动，从而实现系统的稳定运行。

随机干预则涉及向系统施加随机信号，这种方法利用系统的随机特性来扰动系统的动力学行为，使系统从混沌状态中被动地引导到稳定的轨道上。随机干预的方法常用于复杂生物系统或化学反应中，通过调节输入的随机性来实现系统稳定化。

外部力干预法的优势在于其适用范围广，不依赖对系统内部结构的复杂理解，而是通过直接施加外部干预来控制系统行为。这种方法在许多领域中得到了成功应用，如在流体力学中通过周期性震荡来减少湍流，或者在电子设备中使用外部脉冲抑制干扰信号。

（3）反馈控制法。反馈控制法是混沌控制中非常重要且广泛使用的方法之一，这种方法通过引入一个反馈机制，将系统的输出信息用于调节输入信号，进而实现对混沌现象的控制。反馈控制可以是线性的，也可以是非线性的，具体选择取决于系统的复杂性和控制目标。

线性反馈控制是最基本的反馈控制形式，在这种控制中，系统输出的一个线性组合被反馈回系统的输入，以校正系统的动态行为。线性反馈控制方法的优点在于实现简单且易于分析，常用于简单的线性或近线性系统中。然而，对于复杂的非线性系统，线性反馈可能无法有效抑制混沌行为。

非线性反馈控制适用于复杂的非线性系统，它利用非线性反馈策略，以适应系统的非线性特性。非线性反馈控制更灵活，可以更准确地反映和响应系统的动态变化。一个常见的例子是在复杂电路中应用非线性反馈来稳定电压输出，防止由于电路元件的非线性而引发的混沌振荡。

反馈控制法的核心在于实时性和动态性，它可以根据系统的状态变化来调整控制策略。这种实时调节能力使反馈控制在动态复杂的环境中具有显著优势。例如，在机器人控制中，利用反馈控制来调节机器人的关节运动，可以确保机器人在执行任务时的稳定性和精确性。

（4）时延反馈控制。时延反馈控制是一种在反馈信号中引入时间延迟以改变系统动力学特性的方法。通过引入适当的时间延迟，时延反馈控制可以在不改变系统结构的情况下实现对混沌系统的有效控制。这种方法非常适合那些自然具有时延特性的系统，如神经网络、通信网络和生物系统等。

时延反馈控制的关键在于选择合适的延迟时间，使反馈信号能够有效地引导系统行为。例如，在生物体内，神经信号的传输存在固有的时间延迟，合理调整这种延迟可以调节生物节律或行为反应；在工程系统（如通信网络）中，时延反馈可以有效抑制信号传输中的混沌现象，提高数据传输的稳定性和可靠性。时延反馈控制的一个重要特性是它能够改变系统的动态响应，甚至可以引入新的动力学行为。通过精确控制时延参数，工程师可以实现系统行为的精准调节，使系统满足特定的控制目标。这种方法在光电子系统、化学反应系统以及经济系统中的应用也显示出巨大的潜力。

然而，时延反馈控制也面临着挑战，尤其是在时延选择和调节方面。过短或过长的时延可能导致反馈失效或引发新的不稳定性。此外，时延引入后，系统分析和稳定性评估变得更加复杂，需要使用先进的数学工具进行精确分析。

（5）鲁棒控制。鲁棒控制方法是为提高系统对不确定性和扰动的耐受性而设计的控制策略。鲁棒控制的目标是设计出一种稳定的控制机制，使系统即使在面对各种不确定性和外部扰动时，也能保持稳定的动态行为。这种控制方法特别适用于复杂系统，尤其是在未知环境或条件下运行的系统。

在混沌控制中，鲁棒控制可以通过增强系统对外部扰动的抵抗能力，减少不确定性对系统行为的影响。通过设计鲁棒控制器，系统可以在一定范围内自动调整自身响应，以应对外部变化。例如，在自动驾驶系统中，鲁棒控制可用于处理道路条件、天气变化以及交通状况带来的不确定性，以确保车辆的安全和稳定运行。鲁棒控制方法的优势在于其灵活性和广泛适用性，它不要求对系统的所有参数和动态特性有详细了解，只需确保控制器能够适应变化并保持系统的稳定性。因此，鲁棒控制在工业过程控制、航空航天系统和电力网络中得到了广泛应用。

然而，设计鲁棒控制器也面临挑战，包括如何精确定义和评估系统的不确定性、如何设计控制器以实现最优的鲁棒性能以及如何在实际应用中平衡控制器的复杂性与系统的响应速度。这些问题需要通过先进的控制理论和实践经验来解决。

（6）能量控制法。能量控制法是一种通过调节系统的能量流动来实现混沌控制的方法，这种方法强调对系统内部能量的管理，通过减少或重新分配能量流动以抑制混沌行为。能量控制法适用于那些以能量交换或转换为系统核心特征的领域，如物理振动系统、化学反应系统和生物能量代谢。

能量控制的关键是识别和控制能量输入和输出的平衡，控制能量输入可以直接影响系统的动力学行为。例如，在机械振动系统中，控制驱动能量可以降低系统的振幅和频率，从而避免不期望的混沌振动；在化学反应系统中，调节反应热或反应速率可以控制反应过程中的混沌现象。能量控制法的优点在于其直观性和易于实施，特别是在具有明确能量交换的系统中。这种方法不需要复杂的数学建模或控制算法，只需对能量输入和输出进行合理管理即可实现混沌控制。然而，能量控制法的效果依赖于对系统能量流动的准确理解和管理能力。在一些复杂系统中，能量流动的路径可能非常复杂，直接控制能量可能不现实。

（7）自适应控制。自适应控制是一种能够根据系统状态和环境变化自动调整控制策略的方法。这种控制方法通过实时监测系统的动态变化，能够调整控制参数以适应系统行为的变化，从而实现对混沌的有效控制。自适应控制特别适用于那些动态特性可能随时间或条件改变的系统，如环境监测、机器人控制和金融市场。

在自适应控制中，系统的控制策略会根据实时数据进行调整。这意味着控制器能够对系统的非线性变化和不确定性作出动态响应，从而提高控制精度和鲁棒性。通过机器学习和人工智能技术，自适应控制能够实现更高水平的自动化和智能化。

例如，在无人机飞行控制中，自适应控制被用于处理风速、温度变化等环境因素的干扰，以保持无人机的稳定飞行；在工业自动化中，自适应控制可以实时优化生产过程，以提高效率和产品质量。自适应控制的一个显著优势是其自主学习能力和灵活性，可以在复杂和动态变化的环境中发挥重要作用。然而，实现自适应控制也面临着挑战，包括如何设计和实现自适应算法、如何处理自适应控制带来的计算复杂性以及如何确保自适应系统的稳定性和安全性。

（8）观测器设计。观测器设计方法通过构建一个观测器来估计系统的状态，从而实现对混沌的有效控制。这种方法的基本原理是利用观测器来获取系统的状态信息，并根据这些信息设计控制策略，以实现对混沌系统的有效干预。观测器设计在许多应用中都发挥了重要作用，包括通信系统、网络安全和生物医学工程。

在观测器设计中，观测器被用于实时监测系统的输出信号，并根据这些信号重构系统的状态信息。这些信息被用于设计控制策略，以引导系统行为朝向期望的目标。观测器的设计需要考虑系统的动态特性、测量噪声和外部干扰等因素。

例如，在通信系统中，观测器设计可以用于识别和抑制信号传输中的混沌现象，从而提高通信质量；在生物医学工程中，观测器设计被用于监测和控制生理信号，以改善患者的健康状况。观测器设计方法的优点在于其高效性和精确性，可以实现对复杂系统的细致控制。然而，观测器的设计和实现需要考虑许多复杂因素，包括系统的动态特性、观测器的响应速度和精度以及观测器在噪声和不确定条件下的性能。

3. 混动控制的应用及开发前景

混沌的奇异特性及混沌控制方法的突破性进展，使混沌在实际应用中具有广阔而引人注目的发展前景。

通过应用时间混沌控制方法，工程师可以对混沌吸引子中的不稳定周期轨道进行稳定控制，从而获得多种不同的周期信号。将这些信号按顺序写入光盘中，可以实现信息识别和存储，开发出信息存储器。此外，直接利用这些周期信号可以制造出特殊的周期信号发生器。若将这些周期信号转换为频率，则可以生产出特殊的频率发生器。这种技术的灵活应用为信息存储和信号生成提供了新的可能性，展现了混沌控制在工程领域中的广泛应用潜力。

在空间混沌的情况下，由于周期窗口和分布在特定参数和控制条件下不随时间变化，因此工程师可以利用空间分布来编码信息，实现信息存储和识别功能。同样地，在时间－空间混沌的情况下，通过对时间混沌进行有效控制，工程师可以利用时间和空间上的稳定周期信号来实现超高容量的动态信息存储和识别。这种特性表明，混沌及其控制技术为开发混沌计算机提供了理论基础和实现的可能性，能够支持更复杂的计算和信息处理任务。

实际的非线性系统种类繁多，由此产生的混沌现象及其控制应用也将展现出丰富多样的特性。在激光系统中，由于激光本身具有众多重要用途，对激光中的混沌进行控制将是锦上添花。应用混沌控制方法可以实现高单色性、高品质和高功率的激光器，这对已开发和未开发的激光应用领域都将产生重大影响。例如，在未来能源受控聚变的加热以及军事通信中的混沌编码和解码技术等高科技领域，混沌控制的应用将展现出越来越多的重要作用，进一步推动高精尖技术的发展。

7.1.2　混沌振动的几何特征

混沌振动是一种非线性动力学系统中的复杂行为，它具有独特的几何特征，这些特征使混沌现象在自然界和工程系统中都非常重要。以下是对混沌振动几何特征的详细探讨。

1. 分形结构

分形结构是混沌系统中引人注目的几何特征之一。分形是一种复杂的几何形态，具有自相似性，即无论在何种尺度下观察，形态的局部细节都与整体相似。在混沌系统中，分形结构通常表现为相空间中的吸引子，即混沌吸引子。例如，洛伦兹吸引子就是一个三维的分形结构，它展示了系统状态在混沌运动中的复杂路径。分形维数是衡量分形结构复杂性的重要指标，混沌吸引子的分形维数通常是非整数，介于拓扑维数和欧氏维数之间。

2. 吸引子的复杂性

混沌系统中的吸引子并不像传统系统中的点吸引子、极限环或极限环面那样简单。混沌吸引子是非周期性的，且具有极其复杂的几何形态。它们并不简单地重复，而是在相空间中形成密集且复杂的结构，轨迹在吸引子上以非周期的方式密集分布。这种复杂性使混沌吸引子在相空间中显得非常富有魅力且难以预测。

3. 对初始条件的敏感依赖性

混沌系统对初始条件的敏感依赖性是其显著特征之一，通常称为“蝴蝶效应”。这意味着系统在初始条件上的微小变化会产生长期行为上的巨大差异。几何上，这种特性表现为相空间轨迹的指数分离。即使是两个非常接近的初始点，它们的轨迹随着时间的推移也会变得完全不同。这种行为使混沌系统难以预测，尽管它们在短期内可能看似有规律。

4. 非线性特征

混沌振动是由非线性动力学方程引起的，线性系统通常具有简单的周期性或准周期性行为，而混沌系统由于其非线性特征，轨迹在相空间中展现出复杂的演化模式。这种非线性特征使混沌系统能够在相空间中展示丰富的几何结构，而这些结构通常无法通过线性分析方法来理解或预测。

5. 多重周期性与准周期性

混沌系统虽然表现为非周期性，但其频谱中通常包含多个准周期成分，即在混沌系统中可能存在一些特定的频率成分，这些频率之间的相互作用产生混沌行为。这些准周期成分形成了复杂的频谱特征，研究混沌系统的频谱特征可以帮助我们更好地理解系统的动力学行为。

6. 遍历性

遍历性是混沌系统的一个重要特征，混沌系统的轨迹通常会遍历吸引子上的所有可能状态，虽然在特定的时间点上，它不会完全重复任何一个特定的状态。这意味着混沌系统在较长时间尺度上表现出某种统计规律性，尽管其瞬时行为是不可预测的。遍历性使混沌系统在实际应用中具有一定的可利用性，如在随机数生成和信息加密中，混沌的遍历性可以用于产生高质量的伪随机序列。

7. 相空间中的复杂轨迹

混沌振动的几何特征还体现在相空间中轨迹的复杂形态上。与简单的周期运动不同，混沌运动的轨迹不会闭合，而是在相空间中形成一个复杂的图案。这种复杂的轨迹形态展示了混沌系统中丰富的动力学行为。这种轨迹的复杂性也是混沌吸引子的一部分，进一步展示了混沌系统的不可预测性和复杂性。

8. 动力学的非定常性

混沌振动表现出显著的非定常性，即其动力学行为随着时间的推移是不断变化的。混沌系统中的状态不会趋于一个固定点，而是不断地在相空间中移动，这种不断变化的特性使混沌系统表现出极高的动态复杂性，即便在相同的初始条件下，不同时间段的轨迹形态也可能大相径庭。

9. 多尺度动力学

混沌振动还表现出多尺度动力学特征，这意味着混沌系统可能在不同的时间尺度上表现出不同的动力学行为。例如，在某些时间尺度上，系统可能表现出相对简单的周期性行为，在其他时间尺度上则呈现出复杂的混沌特征。这种多尺度特性使混沌系统的分析更加复杂，但也提供了更多的研究视角和应用可能。

10. 应用领域的广泛性

混沌振动的几何特征不仅在理论研究中具有重要意义，在实际应用中也具有广泛的应用前景。例如，在控制系统中，混沌现象被用于提高系统的鲁棒性和适应性；在生物系统中，混沌理论能够解释复杂的生物动力学行为；在市场分析中，混沌理论为金融市场的不可预测性提供了一种解释框架。

7.1.3　产生混沌振动的途径

混沌振动是一种复杂的动力学行为，可以通过多种途径产生。以下是一些常见的方法和机制，这些途径可以在不同的系统中诱导出混沌振动。

1. 非线性动力学

非线性是产生混沌振动的核心原因。在线性系统中，输入和输出之间的关系是线性的，因此系统行为是可预测的。但在非线性系统中，输出不再只是输入的简单函数，会产生复杂的动力学行为。以下是一些常见的非线性机制。

（1）非线性方程。如洛伦兹方程、范德波尔方程和杜芬方程，这些非线性微分方程能够在一定条件下产生混沌行为。

（2）非线性耦合。当多个系统通过非线性方式耦合时，整体系统可能展现出混沌行为。例如，两个摆锤通过弹簧连接时，系统的非线性耦合可能产生混沌振动。

2. 参数变化

在某些动力学系统中，改变系统参数可以诱导混沌行为。这种途径通常涉及对系统参数进行缓慢调节，使系统穿过分岔点，从而进入混沌状态。

（1）Hopf 分岔。Hopf 分岔是常见的引发混沌的分岔形式，当系统从稳态进入周期性振动并进一步进入混沌状态时，Hopf 分岔可能发生。

（2）周期倍增分岔。当系统参数变化时，周期倍增（或倍周期）现象可能发生，系统的周期性行为逐渐复杂化，最终进入混沌。

3. 外部驱动

外部驱动是诱导混沌的一种重要方法，通过施加特定的外部刺激或扰动，系统可能从有序状态转变为混沌状态。

（1）周期外力。对系统施加周期性外力（如周期性驱动的杜芬振子）可以产生复杂的动力学行为，包括混沌。

（2）随机扰动。随机噪声或扰动可以使系统在某些条件下表现出混沌行为，特别是在原本接近于混沌的临界状态下。

4. 时滞反馈

时滞反馈是另一种产生混沌的机制，在很多控制系统和生物系统中都可以观察到。时滞会使系统对输入的响应存在延迟，可能产生复杂的动力学行为。

（1）时滞微分方程。方程中包含时滞项会使系统的状态在时间上发生复杂变化，从而引发混沌。

（2）时滞控制回路。在某些控制系统中，时滞反馈环节可能引发振荡和混沌行为。

5. 高维系统

在高维系统中，混沌行为更容易出现。这是因为高维度为系统提供了更多的相空间自由度，使系统能够以更复杂的方式演化。

（1）多体相互作用。在粒子群体、分子动力学等高维系统中，由于各个成分之间的复杂相互作用，混沌行为常常被观察到。

（2）高维映射。如 Henon 映射和 Ikeda 映射，这些高维映射在特定条件下会呈现出混沌行为。

6. 非对称性

在某些物理和工程系统中，系统的不对称性可能是产生混沌振动的原因。非对称性可能来自结构设计、材料属性或者外部作用。

（1）结构不对称性。例如，建筑结构中由于设计不对称可能产生地震响应中的混沌振动。

（2）材料非线性。材料的非线性响应特性在力学系统中可能产生混沌振动。

7. 阶次与动力学限制

混沌振动的产生通常需要系统满足一定的阶次和动力学限制。在理论上，人们通常认为至少三阶或更高阶的非线性微分方程才有可能产生混沌行为。然而，在一些特殊情况下，低阶系统中也可能出现混沌现象。这一点可以通过 Lorenz 系统得到验证。Lorenz 系统由三个非线性微分方程组成，是比较简单的混沌系统之一，它展示了即使在低阶非线性系统中，混沌行为也可以出现。这说明混沌现象并不是高阶系统的专利，而是更普遍的现象，它的产生不仅与系统的阶数有关，还与具体的动力学特性和参数设置有关。

通过研究不同阶次的非线性系统，人们发现，即使是简单的非线性方程在特定条件下也可能展现出复杂的混沌行为。这种现象的研究对人们理解自然界中的复杂系统具有重要的意义，同时在工程、物理和生物等领域中有着广泛的应用前景。这说明人们不能仅仅根据阶数判断系统的复杂性，而是需要深入分析系统的动力学性质。

7.2　工程中的混沌现象

7.2.1　人造卫星的姿态运动

设人造卫星沿椭圆轨道运动，轨道的半轴参数为p，偏心率为e，地球的引力常数为μ，以真近地点角 θ 确定卫星在轨道上的位置。卫星绕与轨道平面法线Z平行的主轴z做大幅度平面摆动，摆角为φ。卫星的主转动惯量为A，B，C，设$B>A$。考虑与摆动角速度成正比的结构内阻尼，比例系数为c。利用轨道运动规律，可得卫星的平面摆动动力学方程为

$$r=\frac{p}{1+\mathrm{e}\cos\theta} \tag{7-1}$$

利用式（7-2）变换为以 θ 为自变量：

$$\omega = \dot{\theta} = \sqrt{\frac{\mu}{p^3}}(1 + \mathrm{e}\cos\theta)^2 \tag{7-2}$$

得到

$$\varphi'' + \left[\frac{\delta - 2\mathrm{e}\sin\theta(1 + \mathrm{e}\cos\theta)}{(1 + \mathrm{e}\cos\theta)^2}\right]\varphi' + \left(\frac{K}{1 + \mathrm{e}\cos\theta}\right)\sin 2\varphi = 0 \tag{7-3}$$

式中，

$$\varphi' = \frac{\mathrm{d}\varphi}{\mathrm{d}\theta},\quad \varphi'' = \frac{\mathrm{d}^2\varphi}{\mathrm{d}\theta^2},\quad \delta = \frac{c}{C}\sqrt{\frac{p^3}{\mu}},\quad K = \frac{3(B - A)}{2C} \tag{7-4}$$

7.2.2　转子系统

在讨论一个简单的转子系统时，考虑到弹性轴的变形，我们可以观察到两种不同的运动模式：大轨道运动和小轨道运动，如图 7–1 所示。大轨道运动是指转子中心绕着变形前转轴的位置进行的运动，小轨道运动则是转子绕其自身中心的转动。这种运动行为可以用$z = x + y\mathrm{i}$来描述，从而推导出系统的动力学方程，如式（7–5）所示。通过对这些运动模式进行分析，我们可以更好地理解转子系统的复杂动态行为以及其在实际应用中的表现水平，这种分析对于提高机械设备的性能具有重要意义。

$$\ddot{z} + c\dot{z} + z\left(-a + bz^2\right) = P\mathrm{e}^{\mathrm{i}\Omega t} \tag{7-5}$$

在转子系统中，Ω是激励频率，a和b是与轴材料的物理特性相关的常数。若忽略非线性特性并令$b=0$，则高速转子的计算误差会过大。研究表明，在幅频特性曲线上，当转子的运动在大轨道和小轨道之间跳跃时会发生混沌运动，如图 7–2 所示。这意味着在分析高速转子系统时，我们必须考虑非线性效应，以准确描述系统复杂的动态行为。

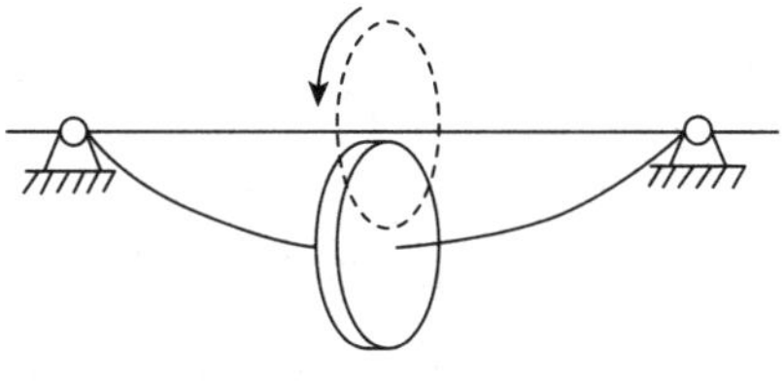

（a）大轨道运动

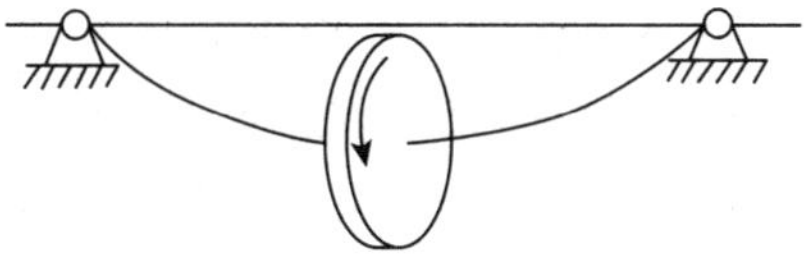

（b）小轨道运动

图 7-1　转子的两种运动

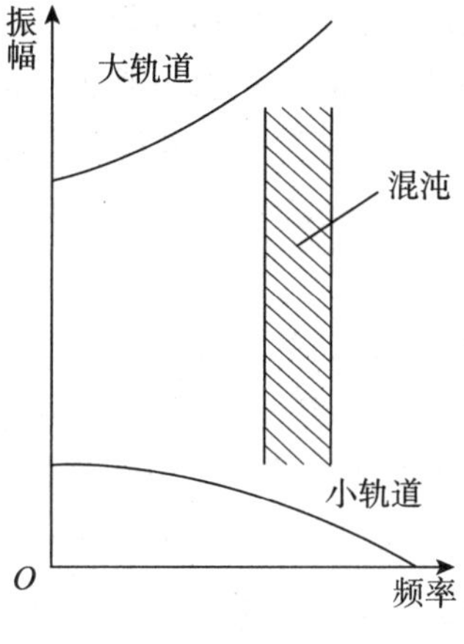

图 7-2　有混沌带的幅频特性曲线

7.2.3　海洋平台上设备的振动

海洋平台上的设备振动是一个复杂且多方面的问题，对平台的安全性、稳定性和操作效率有着重要的影响。海洋环境的特殊性使这些设备面临着独特的振动挑战，这些挑战主要来自环境因素和机械设备本身的运行特性。海浪、风力和洋流是主要的环境因素，它们不断对平台施加作用力，使平台和设备发生振动。尤其是在恶劣天气条件下，强风和巨浪会显著提高平台的振动强度，这对平台结构的强度和设备的可靠性提出了严峻的挑战。

设备本身也是振动的主要来源之一，如钻井设备在工作时，由于钻头的旋转和与地层的相互作用，可能会产生剧烈的振动；压缩机和泵等设备由于其旋转部件的不平衡，可能在运转过程中产生不规则的振动；发电机和涡轮机也是如此，当它们的转子不平衡或者发生故障时，振动可能变得更加明显。这些振动如果不加以控制，会对平台结构和设备造成损害，加速设备的磨损和老化，从而缩短设备的使用寿命。

振动对海洋平台的影响不仅体现在设备上，还会对整体结构和操作人员带来不利影响。长期振动可能导致平台结构疲劳，增加维护和修理的频率，导致更高的运营成本。振动还可能影响设备的工作效率，造成不必要的停机时间和经济损失。此外，过度的振动还会对在平台上工作的人员带来身体上的不适和心理上的压力，增加操作环境的复杂性。

为了应对这些挑战，现代海洋平台通常采用多种策略来控制和管理设备振动。在设计阶段，设计人员可通过优化结构设计来减少振动的发生，特别是在共振频率的避让方面。结构设计的优化可以帮助平台在面对环境振动源时降低共振风险。设计人员还可以在平台上安装各种减振设备（如阻尼器和隔振器），通过吸收和衰减振动来保护平台结构和设备，这些设备可以有效减少振动传递，提高平台的整体稳定性。

此外，先进的振动监测系统也被广泛应用，它通过实时监测振动数据，能够帮助工程师及时发现和处理振动问题。这些监测系统可以识别出振动的源头和模式，为维护和调整提供科学依据。使用数值仿真技术和人工智能分析振动数据也是当前的一种趋势，这些技术可以模拟不同环境下的振动行为，预测潜在问题并提出解决方案。通过这些技术手段，海洋平台可以更好地管理振动，提高设备的可靠性和安全性。例如，一些海洋平台通过安装高效阻尼系统和振动监测设备，显著降低了由于海浪引起的结构振动；墨西哥湾的某些平台采用了先进的仿真技术来优化设备布置，减少了机械设备之间的振动干扰，取得了良好的效果。这些成功的案例证明，合理的振动控制措施可以显著提高海洋平台的安全性和运营效率。

7.3　混沌现象的分析与判断

对于确定性非线性系统来说，混沌现象把表现的无序性与内在的规律性巧妙地融为一体。不过人们发现，虽然混沌运动是确定性系统中局限于有限相空间的高度不稳定的运动，并且由于这种不稳定性，系统对初始状态非常敏感，但是混沌体系却具有许多区别于周期运动或随机运动的本质特征。因此，我们可以利用相应的特征来分析和判断某个体系是不是混沌体系，或某个现象是否属于混沌现象，以便为有效地控制和利用混沌提供一定的理论指导。

随着计算机技术的飞速发展和应用的普及，我们能够有条件对复杂体系的动力学行为进行深入而广泛的研究，特别是能够对大量的时间序列进行分析观测，从而掌握系统的动力学特性和演变规律。

7.3.1　定性分析方法

实际系统中常常同时存在确定性成分和随机性成分，所以要完全区分序列是混沌的、周期的还是随机的有很大困难。定性分析方法主要根据观测序列在时域或频域内表现出的特殊性质对序列的主要特性进行粗略分析，常用的有观察图像法、庞加莱截面法、功率谱法、相空间重构法等。

1. 观察图像法

我们可采用波形图或相轨图，观察体系输出信号的时间序列曲线。例如，我们可根据体系输出信号的时间序列作出相应的关系曲线，即波形图，对于混沌运动来说，波形图一般呈现为不规则的杂乱波；而在二维相轨图中，混沌运动会呈现出不规则的螺旋杂乱曲线。这种方法是观察体系输出信号是否具有混沌行为的最简单直接的方法，但精确度和可靠性不高。

2. 庞加莱截面法

在三维及以上的耗散结构体系中，我们可以通过使用庞加莱映射图来降低一维，从而描绘系统的动力学行为。这种方法通过将高维系统的复杂动态特性简化为二维图形，使分析和理解系统的演变过程和状态变化更加直观和可行。通过这种简化，我们能够更容易地识别系统的周期性、稳定性以及可能存在的混沌特征，从而更有效地研究系统的动力学特性。

在相空间中，通过适当选择一个截面，我们可以有效地观察和分析系统的运动特征和变化，这个截面被称为庞加莱截面。庞加莱截面上的交点是系统轨迹与截面的交点，这些交点的集合构成了庞加莱截面，用于简化和分析系统的动力学行为。当系统是周期运动时，庞加莱截面上出现的是 n 个离散点，称为周期 n 运动；当系统是准周期运动时，庞加莱截面上的交点形成闭合曲线；而当系统处于混沌状态时，交点呈现出分形结构的密集分布。因此，通过观察庞加莱截面的这些特征，我们可以判断一个系统是否具有混沌性质。庞加莱映射提供了一种直观的方法来分析和理解复杂系统的动力学行为，是研究非线性动力学的重要工具。

当系统同时受到两个频率的简谐激励时，我们可以通过两个相应的周期将信号离散化，生成双频庞加莱映射图。通过这样的图，我们可以清晰地观察到奇怪吸引子的结构和形状。双频庞加莱映射图提供了一种有效的方法来分析和理解系统在复杂激励条件下的动力学行为，使系统中的非线性现象变得更为显著，从而揭示系统内在的混沌特性。

庞加莱映射通常用来判断已知动力学系统的周期、准周期与混沌行为。然而，当动力学系统未知时，吸引子的相空间重构变得困难，时间序列的嵌入维数也难以确定。在这种情况下，单一时间序列只能绘制出吸引子的二维庞加莱截面，此时庞加莱映射只能直观地描述时间序列相空间轨道的某个截面，难以有效地区分混沌运动与完全随机运动。这意味着，在没有完整动力学信息时，庞加莱映射的应用会受到一定限制，尤其是在区分复杂动态行为的具体性质方面。

3. 功率谱法

功率谱法是一种根据信号的频谱强度分布来进行分析的方法，通过研究频率成分揭示信号的特性。给定一个信号 $x(t)$，其功率谱为

$$P(\omega)=|\overline{x}(\omega)|^2 \tag{7-6}$$

式中，$|\overline{x}(\omega)|=\dfrac{1}{2\pi}\int x(t)\mathrm{e}^{\mathrm{i}\omega t}\mathrm{d}t$求功率谱的方法有很多，其中利用作图软件中的快速傅里叶变换功能是常用的一种，可以高效地获得信号的频谱信息。

不同运动类型对应的功率谱图各不相同：周期运动的功率谱是离散的，仅包括基频及其谐波或分频；而随机白噪声和混沌运动的功率谱是连续的，混沌序列的功率谱表现出连续性和宽峰特征。通过分析这些特征，我们可以利用功率谱判断系统是否为混沌系统。这种方法为辨别系统行为提供了一种有效的工具，特别是在研究复杂动力学系统时具有重要意义。当功率谱图为垂直直线或窄尖脉冲时，变量表示周期或拟周期运动；若为连续曲线，则表示白噪声；而当功率谱为非水平的连续曲线时，表明变量为混沌运动。然而，在实际应用中，噪声干扰或数据限制可能使我们很难仅通过频谱特征区分运动模式，因此需要引入其他判断方法，如噪声限方法。

4. 相空间重构

相空间重构是非线性动力学和混沌理论中的一个重要概念和工具，用于分析时间序列数据以揭示底层动力系统的动态特性。由于在许多现实世界的系统中，动力学方程和相空间结构往往是未知的，因此相空间重构为我们提供了一种通过时间序列数据来近似恢复系统相空间结构的方法，能够帮助我们更好地理解系统的长期行为，包括周期性、准周期性以及混沌特性。

（1）基本原理。相空间是描述动态系统状态的一种多维空间，系统的每一个状态可以用一个点在相空间中表示。对于一个由 n 个变量描述的系统，其相空间是 n 维的。然而，现实中我们常常只能观测到一个或几个变量的时间序列，而不是所有的状态变量。为了从有限的时间序列中重构系统的相空间，我们引入了延迟嵌入的技术。

延迟嵌入定理由 Takens 于 1981 年提出，该定理证明了一种可以用时间延迟方法从一个标量时间序列中重构相空间的方法。通过适当的延迟时间 τ 和嵌入维数 m，我们可以构建一个新的多维空间，该空间与原来的相空间在拓扑上等价，能够有效地反映系统的动力学特性。

（2）延迟坐标方法。延迟坐标方法是相空间重构的核心。具体来说，给定一个时间序列 $x(t)$，我们可以构建一个延迟向量：

$$X(t)=[x(t),x(t+\tau),x(t+2\tau),\cdots,x(t+(m-1)\tau)] \tag{7-7}$$

式中，τ 为延迟时间；m 为嵌入维数。通过改变 τ 和 m 的值，我们可以在新的 m 维空间中构建系统的相空间轨迹。选择适当的 τ 和 m 非常关键，因为它们会直接影响重构相空间的质量。

延迟时间 τ 的选择通常基于自相关函数或互信息函数，一般选择使时间序列的自相关性下降到一定程度的 τ 值，以确保每个嵌入维度之间有足够的信息差异。常用的方法是选择互信息函数的第一个局部最小值作为延迟时间。

嵌入维数 m 的选择需要保证重构的相空间在拓扑上等价于原来的系统相空间。常用的方法有 False Nearest Neighbors（FNN）算法，该算法通过识别虚假邻近点来确定合适的嵌入维数。

（3）相空间重构的步骤。

①时间序列采集。从实际系统中采集时间序列数据，这些数据可能是单变量或多变量。

②选择延迟时间。使用自相关函数或互信息方法选择适当的延迟时间 τ。

③选择嵌入维数。使用 FNN 方法或其他统计方法确定适合的嵌入维数 m。

④构建延迟坐标。根据选定的 τ 和 m，构建延迟坐标向量，形成重构的相空间。

⑤分析相空间轨迹。通过观察重构相空间中的轨迹行为，判断系统的动力学特性，如周期性、准周期性或混沌性。

7.3.2 定量分析方法

科研者在检验时间序列的混沌动力学特性时，发展了两类定量分析方法：一类是直接识别时间序列中的混沌特性，另一类是通过检验数据中的非线性成分来间接判断混沌特性。直接识别法通过分析时间序列的行为模式来确定混沌性质，间接方法则侧重于检测数据的非线性特征，以此推断系统是否具有混沌动力学特性。这两种方法互为补充，为研究复杂系统的混沌行为提供了强有力的工具。

1. 直接方法

在直接方法中，已有很多原理上有效的定量描述混沌系统的重要特性指标，包括功率谱指数、分数维，标度指数、测度熵、最大 Lyapunov 指数等。系统是否发生混沌运动，可用这些特性指标定量分析，从而进行混沌识别。

（1）功率谱指数。功率谱指数可以用来刻画系统的能量，它是反映混沌态能量变化的定量标志。

（2）分数维。混沌态的分数维是混沌态几何构造复杂程度的定量标志。其中，使用和讨论最广泛的是关联维数。

（3）标度指数。不同混沌状态的自相似结构可由标度指数确定，它是混沌态的自相似性的定量标志。

（4）测度熵。测度熵又称 K 熵或 KS 熵，是信息损失率的平均值，它能区别规则运动、混沌运动与随机运动。对于规则运动，$K=0$；在随机系统中，$K\to\infty$；若系统表现为确定性混沌运动，K 是一个正值。

（5）最大 Lyapunov 指数。混沌运动的基本特点是运动对初始条件极为敏感，即从两个相邻点出发的轨道经过一段时间后，系统按指数级迅速分离。Lyapunov 指数（λ）就是定量描述系统相空间中邻近轨线之间发散速率的参数，能够反映解对初值的敏感程度。

当λ为正时，相邻轨道会随着时间演化分离，长时间行为对初始条件敏感，运动呈混沌状态；当λ为负时，相邻轨道随着时间演化靠拢，体积收缩，运动稳定，且对初始条件不敏感；当λ为零时，随着时间演化相邻轨道的距离保持不变，对应于稳定边界，属于一种临界情况。λ的个数一般与重构相空间的维数相同，但混沌系统的维数是未知的，因此计算λ要基于相空间的重构。在实际应用中，我们一般计算最大λ，然而由单一时间序列计算λ却比较困难，一般的方法有小数据量法、Wolf 方法、Jaco-bian 法等。

2. 间接方法——时间序列的非线性检验

近年来，科研工作者发现，尽管关联维和最大 Lyapunov 指数是判断时间序列是否源于混沌系统的重要指标，但在某些条件下，正的 Lyapunov 指数只是混沌轨道的必要条件，不足以作为充分的定量判断依据。尤其是在含噪声或受噪声污染的有限长实验观测时间序列中，估计的关联维数和最大 Lyapunov 指数可能存在较大误差，这种误差在低维混沌信号的数据检验中尤为明显，容易导致误判。因此，为了克服这些局限性，在进行混沌特性判定之前，对时间序列进行非线性检验是必要的。非线性检验方法主要分为替代数据检验法和模型检验法两大类，其中模型检验法提供了一种系统化的方式来分析和验证时间序列的混沌特性。

通过直接比较时间序列的线性模型和非线性模型的建模误差或基于建模误差的统计量，研究人员可以判断时间序列的混沌特性。线性模型通常使用线性 AR 模型或 ARMA 模型，而非线性模型可以选择 Volterra 级数模型、指数 AR 模型或随机非线性 AR 模型等。通过分析不同模型的误差水平，研究人员能够更准确地评估序列中的非线性特征，并识别是否存在混沌行为。这种方法为时间序列分析提供了一个有效的手段，使混沌系统的识别和分析变得更加系统化和准确。

如果时间序列基于非线性模型的建模误差明显小于线性模型，这意味着序列包含非线性成分。然而，确定模型本身及其阶数并不容易，且时间序列的长度和模型参数的估计方法会直接影响建模误差。同时，测量噪声对性能有显著影响，导致由非线性动力系统产生的确定性混沌信号可能被误认为是随机噪声。因此，在进行混沌特性分析时，研究人员必须小心处理这些因素，以避免误判混沌信号为随机噪声。这一复杂性要求对时间序列进行细致的分析，以确保对系统非线性特征的准确识别。

为此，研究者提出了一种非线性时间序列检验法，称为 Volterra Wiener Korenberg（VWK）模型检验法。该方法的基本思想是先利用原始数据重构系统的线性和非线性 VWK 模型，计算各模型的正规化方差值（normalized variance，NV），然后根据 NV 计算信息准则（information criterion，IC）。如果非线性模型的 IC 小于线性模型的 IC，表明原始时间序列中存在确定性的非线性成分，甚至可能是混沌，这是非线性成分的一种特例。这种方法特别适用于受噪声污染或强周期干扰的短时间序列的非线性检验，其中短时间序列数据可以是离散的，也可以是连续的。

（1）基本原理。VWK 非线性检验方法的基本思想是将时间序列数据用于构建系统的线性和非线性模型，并通过比较这两种模型的性能来判断时间序列是否包含非线性成分。

（2）步骤。

①构建 VWK 模型。使用原始时间序列数据来构建系统的 Volterra 级数模型。Volterra 级数是一种用于描述非线性系统的多项式模型，可以捕捉系统的线性和非线性特性。Wiener 理论提供了处理噪声的能力，而 Korenberg 技术可用于优化模型参数，使模型能够准确地描述时间序列中的动态特性。

②计算正规化方差值。对于构建的线性和非线性模型，计算其误差的正规化方差值。NV 用于评估模型对数据的拟合程度。正规化方差值越小，表示模型越能够准确地描述数据。

③计算信息准则。使用信息准则来评估模型的复杂性和拟合效果，这些准则能够帮助在模型复杂性和拟合效果之间找到平衡。

④模型比较。通过比较线性和非线性模型的 IC 值，判断时间序列是否具有非线性特性。如果非线性模型的 IC 值小于线性模型的 IC 值，表明时间序列中存在显著的非线性成分。这可能指示系统具有混沌特性，这是非线性行为的一种表现。

课后练习

1. 混沌系统的基本特征之一是（　）

A. 对初始条件高度敏感

B. 长期行为可预测

C. 系统行为呈现周期性

D. 线性稳定性强

2. 混沌控制的主要目标是（　）

A. 完全消除混沌行为

B. 将混沌行为转化为稳定的周期运动

C. 使系统随机化

D. 增强混沌特性

3. 简述几种常见的混沌控制方法，并讨论它们的基本原理和应用场景。

参考文献

[1] 胡海岩 . 机械振动基础 [M]. 北京：北京航空航天大学出版社，2005.

[2] 张雄，王天舒，刘岩 . 计算动力学 [M]. 2 版 . 北京：清华大学出版社，2015.

[3] 洪嘉振，刘锦阳 . 机械系统计算动力学与建模 [M]. 北京：高等教育出版社，2011.

[4] 李谦，秦永成 . 探讨烟草机械工程设备管理与维护措施分析 [J]. 上海轻工业，2024（4）：145–147.

[5] 邓想，郭朝博，郭战永，等 . 基于现代信息技术的《机械工程材料》课程教学改革与实践 [J]. 内江科技，2024，45（7）：66–68.

[6] 耿冉冉，史建军，孙梦馨，等 ."机械工程基础" 课程的项目化教学改革探索与研究 [J]. 工业和信息化教育，2024（7）：73–78，89.

[7] 岳波 . 探讨工程机械管理在公路工程施工中的重要性 [J]. 汽车周刊，2024（8）：154–156.

[8] 刘俊丽，吕发奎，亓欣，等 . 工程教育专业认证背景下化工设备机械基础课程改革与探索 [J]. 云南化工，2024，51（7）：199–203.

[9] 庄梅山 . 基于机械工程中激光视觉传感的焊缝跟踪技术 [J]. 锻造与冲压，2024（14）：46–49.

[10] 王明江 . 一种工程机械远程操控舱设计 [J]. 机电信息，2024（13）：31–36.

[11] 中国设备管理协会工程服务部 . 工程机械再制造绿色发展高峰论坛在广西壮族自治区柳州市召开 [J]. 中国设备工程，2024（13）：2–3.

[12] 王玉 . 基于工程机械的液压系统驱动调试控制方法研究 [J]. 工程机械，2024，55（7）：11，93–97.

[13] 钱磊 . 建筑工程机械维护保养技术的分析运用 [J]. 模具制造，2024，24（7）：219–221.

[14] 杨彰元 . 基于公路工程的路面机械智能化施工技术分析 [J]. 交通科技与管理，2024，5（13）：115–117.

[15] 张博，张璐，张丽娟．工程机械维修与保养管理的优化策略研究 [J]. 内燃机与配件，2024（13）：91–93.
[16] 王利东．机械工程中金属材料的疲劳与断裂分析 [J]. 产品可靠性报告，2024（6）：117–118.
[17] 甘志鹏．机械制造数字化设计中照明条件对精度的影响研究 [J]. 中国照明电器，2024（6）：96–98.
[18] 张周．金属基复合材料在机械制造中的应用 [J]. 现代制造技术与装备，2024，60（6）：63–65.
[19] 张凤，周光平．电动汽车动力总成设计与机械性能分析 [J]. 汽车维修技师，2024（12）：121–123.
[20] 伍赛特．动力机械技术发展史研究及展望 [J]. 科技视界，2024，14（3）：66–70.
[21] 张朝阳．动力机械动力吸振器数值优化研究 [J]. 中国机械，2023（33）：12–15.
[22] 高瑞遥，李睿，李广宇，等．混合动力农业机械研究现状及展望 [J]. 农业工程，2023，13（10）：5–9.
[23] 尹鹏，杨靓，石磊，等．无动力上肢助力机械外骨骼对手臂抬举作业的影响研究 [J]. 机械，2023，50（8）：16–25.
[24] 李凯强，史雨雨，于志华．混合动力工程机械轮边电力驱动控制策略分析 [J]. 工程机械，2023，54（8）：12，134–136.
[25] 仲军．动力机械中的电子控制技术研究 [J]. 铸造，2023，72（7）：946.
[26] 伍赛特．建筑机械动力装置技术特点及应用研究 [J]. 建筑机械，2023（7）：36–39.
[27] 郭金道．透平机械微小间隙流体静力与动力特性研究 [D]. 沈阳：沈阳航空航天大学，2023.
[28] 罗江涛．机载液压机械臂及其动力单元设计与实现 [D]. 济南：山东大学，2023.
[29] 王冬姣．含机械整流动力输出之多自由度波能转换装置的水动力性能 [J]. 船舶力学，2023，27（5）：646–658.
[30] 任善彬．水下机械臂水动力性能分析 [D]. 济南：济南大学，2023.
[31] 高立，桑劲鹏，章文显，等．矿山机械动力主轴相控阵超声波检测技术研究 [J]. 金属加工（热加工），2023（5）：113–117.
[32] 赵吉军．高速深螺旋槽机械密封热流体动力润滑性能研究 [D]. 兰州：兰州理工大学，2023.

[33] 马亚春 . 混合动力轨道养路机械牵引传动分析 [J]. 内燃机与配件，2022（24）：94–96.
[34] 王齐松 . 氢动力运载机械燃料制备过程中焦油的脱除机理研究 [D]. 杭州：浙江科技学院，2022.
[35] 常林，何家齐 . 机械抓斗无动力自动润滑系统 [J]. 港口科技，2022（12）：35–38.
[36] 冯锋 . 工程机械液压系统动力匹配及控制技术设计 [J]. 现代工业经济和信息化，2022，12（11）：57–59.
[37] 钟阳，李小聪 . 混合动力农业机械多功能小车的初步设计 [J]. 南方农业，2022，16（22）：204–206.
[38] 何聪，王显雷，付优，等 . 超声监测胃残余量及胃窦动力在机械通气患者营养治疗中的作用 [J]. 中国超声医学杂志，2022，38（6）：661–664.
[39] 汪丽 . 农业机械化对农业绿色全要素生产率的影响研究 [D]. 蚌埠：安徽财经大学，2022.
[40] 吴亚玲 . 函数型数据分析方法在农业机械总动力研究中的应用 [D]. 长沙：湖南农业大学，2022.
[41] 李珀瑶 . 机械投入对蔬菜全要素生产率增长的影响研究：基于土地规模门槛视角 [D]. 武汉：华中农业大学，2022.
[42] 王小伟 . 透平机械典型密封动力特性研究与结构优化 [D]. 沈阳：沈阳航空航天大学，2022.
[43] 刘鑫，邓纪辰，何凡 . 动车组动力车机械间出风口过滤器设计及试验 [J]. 铁道机车与动车，2022（5）：9，21–23，31.
[44] 李贤哲，张辉，徐立友，等 . 液力机械复合传动拖拉机动力系统匹配特性研究 [J]. 中国农机化学报，2022，43（4）：46–52.
[45] 岳进，贺专，白庆霞，等 . 不同光动力疗法对根牙本质机械性能及与纤维桩粘接强度的影响 [J]. 实用口腔医学杂志，2022，38（2）：239–242.
[46] 钱袁萍 . 混合式教学评价机制研究：以省在线开放课程机械工程力学为例 [J]. 沙洲职业工学院学报，2018，21（3）：13–16.
[47] 周薇，韩景龙，陈全龙 . 一种求非线性振动系统周期解的切比雪夫级数方法 [J]. 振动与冲击，2013，32（24）：1–5，14.
[48] 周薇，韩景龙 . 直升机桨叶 / 吸振器系统的组合共振研究 [J]. 振动工程学报，2015，28（2）：248–254.